U0509070

湖南省普通高等学校重点研究基地

"差异与和谐社会研究中心"（08K008）资助项目

走向后现代的环境伦理

崔永和 等著

人民出版社

目　　录

导　论

　　工业文明以来,全球生态危机急剧蔓延,自然价值凸显为不可回避的现实价值形态。然而,由于人的价值选择和认知视角的差异,自然价值却在工具理性维度、人文精神维度和生态系统维度被分别地作出不同的解读。于是,如何善待自然、实现人生价值、开创社会生态可持续发展之路,便成为环境伦理学特别关注的重要论题。

　　在生成论意义上,自然价值是人和自然的双重“应然存在”的生成过程,它理应成为当代哲学社会科学研究的重要价值形态。在全球资本化市场经济背景下,自然价值的生成过程出现了普遍而严重的扭曲和错位:工业资本吞噬自然资本,经济发展破坏生态环境,自然资源日趋匮乏,环境质量急剧下降,人类与自然的存在样态同时陷入不可持续的危机之中。这就很自然地提出了一系列的环境伦理问题:如何对待自然价值? 如何珍惜自然资源? 如何把经济发展与环境保护统一起来? 如何把人际伦理的“善”扩展到自然界? 这些问题表明,自然价值与环境建设不仅成为伦理学难以回避的重大理论问题,而且成为攸关人类生存与发展的空前紧迫的现实问题。在价值论视阈内,人的价值与自然价值是相互规定、相互过渡、相互包含、相互依存的应然生成过程。作为自然的应然生成过程的自然价值,是无须人去评价的,它本然地生成着、存在着、延续着,但需要人类去维护、去尊重、去珍惜、去选择、去利用,自觉帮助自然并参与其健康有序的修复、创生过程。因为我们所能够言说的自然,只能是人化自然。因此,任何分割人与自然、人文价值与自然价值的有机关联的做法,都必然导致人与自然的双重异化。

自然本身所有"应然存在"的生成过程,都不是与人无关的"自生自灭"的自在过程,而是和人的应然生成彼此相依的复合历史过程。或者说,人的自然的生成与自然的人生成是密切交织在一起的,人化的自然与自然的人化,不仅对于人类具有至关重要的意义,而且是整个自然生态系统的基本存在样态和基本演化秩序。人类作为生态系统中唯一有理性的一员,对于自然界负有神圣的伦理责任和道德义务。因此,唯物史观的当代形态很有必要认真关注自然价值和环境伦理,在双重主体、双重选择和双重价值共生并存的总体框架下,不仅要以主体性思维扬弃和超越客体性思维,并且要以主体间性思维扬弃和超越主体性思维,切实尊重自然"对象主体",把人的环境需要置于同物质生活需要与精神生活需要同等重要的地位;与此相联系,环境生产与生活资料的生产和人类自身的生产同等重要,人的需要、人的生存和人的发展历来都不曾离开过它。在生态危机依然严峻的当今时代,环境需要更加显得紧迫而特别令人珍惜,环境生产也就特别令人翘首仰望和全力推进。

当代生态危机的主要根源,在于工业文明以来人的实践方式的偏差与失误。因此,急需对于近代以来的人类思维方式和实践方式作出认真的批判反思,诸如环境污染、生活污染、尤其工业生产中的高耗能、高污染,农业生产中的大量施用化肥农药,养殖业中的普遍施用添加剂,以及豢养宠物所引发的生态伦理悖谬等,都是十分必要的,并在实践中切实加以矫正。

工业文明以来的大量经验事实证明,整个自然生态系统一旦持续地受到致命伤害,那么,人类的生存及其价值实现将难以持续。面对空前的生态危机,人类需要充分发挥自身的人生智慧,珍惜自然,尊重自然生命和人的环境需要,切实把环境生产同生活资料的生产与人类自身的生产有机统一起来,把自然无机物、动植物和人类视为三个不同层级的生态因子,厘清客体论思维、主体论思维、主体间性思维的不同逻辑路向,在价值论领域把自利性的内在价值、利他性的工具价值和互利性的系统价值有机统一起来,并由此在实践上兼顾自然价值与人文价值、经济价值与环境价值、当代价值与历史价值的同步生成。这不仅是生态文明建设的基本思维方式和实践形式,而且直接关乎着环境正义、代内正义、代际正义原则的实现,关乎着"天人共生"的未来命运。

　　当今时代,既然人与自然关系的日趋恶化已经成为人们体验到的经验事实,那么,为什么人们在实际活动中却不能自觉地尊重自然、改善生态、保护环境呢? 其中涉及认知问题、价值问题、社会制度配置和社会结构优化问题,以及社会生活深层的文化反思、批判与重建。自然价值的生成、环境伦理的建设,是否能够得到人们的普遍认同和普遍选择,人们能否自觉地皈依和赞美自然生态系统,取决于人生智慧的全面提升和后现代生态文化的普遍重建,取决于现实人的生态素质和环境意识的孕育程度,取决于人的生存样态能否步入同自然和谐相处的可持续发展轨道。

　　在人类社会发展史上,生产力的发展始终与人的解放程度密切相关。发展生产力只是手段,人的解放与全面发展才是目的,这个基本的关系不容颠倒。但是,一个时期以来,生产力原则和生产力最终决定论似乎被当成了唯物史观的最高原则,甚至把历史唯物主义的基本原则望文生义地理解为"强调物质生产在社会发展中的决定性作用"。然而,随着人类历史画面的现代展现,生产力的要素与属性越来越明晰地呈现在人们面前。其中,既有生产力的实体性要素,又有生产力的非实体性要素;既有生产力的主体性因素(人的因素),又有生产力的对象性因素(物的因素);既有生产力的自然因素,又有生产力的社会因素和精神文化因素。诚如马克思所说:"劳动生产力是由多种情况决定的,其中包括:工人的平均熟练程度,科学的发展水平和它在工艺上应用的程度,生产过程的社会结合,生产资料的规模和效能,以及自然条件。"①这就决定了发展生产力的多种可能性、多维路径和多重后果。当今时代条件下,在经济利益驱动下的生产力发展,已经呈现多重效应:既有可能获得有利于人的生存发展和自然界持续演化的正价值,也有可能导致有碍于人的生存发展、导致自然界蜕变的负价值。如果只注重发展生产力所取得的物质成果,完全无视生产力的人文价值,无视生产力所内含的人的自然属性、社会属性和文化底蕴,抹杀生产力服务于人的自然生成和自然的人的生成的复合价值,那就必然导致工具价值销蚀目的价值、生产力发展扭曲和阻碍人的全面发展,从而导致干扰和破坏自然生态系统持续演化的反生态、反人道、反人

① 马克思:《资本论》第1卷,人民出版社2004年版,第53页。

类的价值论扭曲。有鉴于此,对于生产力发展的价值评价、理论反思和伦理审视就是非常必要的。在生态危机的全球性蔓延的时代背景下,发展生产力以谋求经济效益的过程,尤其需要经受环境伦理规范的制导、审视、批判和提升。

在影响生产力的诸条件中,自然条件至少包括与社会生产有关的地质和地貌状况、资源分布、地矿品位、环境质量、气候条件和土壤肥力等。值得回味的是,在马克思所强调的影响生产力的多种因素中,无不是以自然为基础,不仅劳动力本身就是一种自然力,社会物质财富和使用价值的具体形式都包含着经过劳动加工的自然质料。而且,无论社会生产发展到何种程度,劳动的效率或盈利性都要受到自然条件的制约或限制,这包括人自身的生理体魄和生存本性以及人周围的生态环境,无不体现着自然界浸润万物的效能和魅力。自然条件构成人类生存的自然基础与活动限度,在原生态意义上孕育着人类社会的生产资料和生活资料。从资源的有限性和自然条件的制约性来说,任何历史条件下的经济发展都是有条件的和有限度的,而不是无条件的、绝对的和无限增长的,不可能随着人的欲望而无限膨胀。其实,经济增长或 GDP 增长幅度从来都是有限的,增长过快在经济学领域被视为非健康的反常经济现象,从长远的和根本的意义上看,经济增长过快并非是值得庆幸的好事。人类文明初期,生活资料的自然富源在劳动过程中居于支配地位;人类文明的高级阶段,生产资料的自然富源在劳动过程中则居于支配地位。随着科学技术的发展,劳动力越来越多地包括人类对于科学技术的运用,于是,在人与自然界的关系中,科学技术充当了特殊的中介环节,在生产力发展过程中充当了日益重要的角色。但是,这并没有改变人类劳动对自然条件的依赖。现在看来,科学技术本身的深层的和长远的社会作用,很值得认真反思和警惕。实际上,马克思既不是生产力至上论者,也不是工具理性和资本规则的崇拜论者,而是始终坚信劳动生产率是一个自然条件和社会条件综合作用的结果,其中人的主体品格、自然气质和文化素养乃是看不见的生产力"内核",人类社会历史应该是一个自然、社会、人文和生态环境的彼此互动、和谐共存、持续演进的过程。

现代工业文明以来,由于人与自然关系的急剧恶化,生态环境的污染破坏几乎成了难以遏制的全球灾难。造成环境恶化的原因,主要在于现实人实践活动中的精神文化缺失,特别是环境伦理规范和相应法规的严重缺位。人对于生态环境的负面影响具有不同的表现形式:有人以发展经济的形式破坏环境,有人以利己利人的形式破坏环境,有人以利己害人的形式破坏环境,有人以害人害己的形式破坏环境,有人则怀着环境保护的良好动机破坏环境等等;与此同时,也伴有自然界自身的蜕变因素所发生的消极作用。从主体角度来说,社会环境的人文关怀和自然环境的生态关怀是同样重要的,而在恶性膨胀的物欲需求的驱动下,主体品格、道德情操和文化素养的全面失落,是导致生态环境持续恶化的深层主体原因。

当今世界范围内,在所谓"发达国家"和"发展中国家"的划分中,透射着过于明显的感性物质标准,对于财产的占有和能源的耗费,几乎成了"富人"与"穷人"、"文明人"与"愚昧人"的分界线。于是,"全球化"潮流中浸透了"穷人"尾随于"富人"、"愚昧人"归附于"文明人"的世界经济霸权和话语霸权。在这种特定的世界霸权境遇下,追求经济发展,满足物欲享受,一切向"富人"看齐,就成了统领"全球化"的基本潮流。今天,地球上几乎到处都盛行着"以强凌弱"的反生态、反文明的强权逻辑,这很类似于"狮豹式的食肉动物"蹂躏吞噬"牛羊式的食草动物"的自然竞争法则。然而,自然竞争法则是不必经受伦理规范规制的,如果把自然竞争法则简单地推延到人类社会,那就必然违背和颠覆伦理秩序。当人类社会的文明尺度代之以自然选择的肉体攻击力尺度、发展经济的物欲洪流淹没了道德公平原则之时,所谓人类文明的真谛就被彻底遮蔽了。支配当今许多国家和地区的单纯追求经济增长的主流价值观,不仅存在着严重的人际不公平和代际不公平,同时也引发了人与自然之间的严重不公平;本来是自然属性与社会属性内在统一的人,却越来越被践踏自然的片面价值追求所扭曲。于是,片面的人取代了全面的人。

现代市场经济体制本身既有其历史的合理性,又有其历史的局限性,因此,市场经济体制绝不是解决一切问题的万能经济体制。面对全球日益严峻的生态危机,有必要在市场经济体制之外寻求解决社会问题和生态问题的现实途径。例如,传统意义上关于"两种革命类型"理论的解释力度愈来愈受到质疑和挑战,从而促使人们的视野从"两种社会基本矛盾"拓展为"三种社会基本矛盾"。人类社会与自然界的矛盾空前尖锐,人与自然界的双重异化步步加深,令人类社会和自然界同步陷入难以为继的深刻危机之中,这就可能引起第三类"社会革命理论",即超越惯常的思维模式与行为模式,用"生态革命"或"绿色革命"的方式破解人与自然矛盾关系的死结。这样一来,生产力发展本身也不能不遭到伦理质疑和文化拷问。人们不能不重新反思科学发展、技术进步、经济繁荣、生产力发展所带来的环境后果、生态危机与文化灾难。这就提出了一个根本性的时代话题:当今生产力发展本身也可能会出现有违伦理规范的问题,也会导致妨碍以致堵塞自然生命的有序存活与人本身正常发展道路的问题,在经济繁荣、生产发展的过程中,仍然会发生类似于资本原始积累时期那种泯灭人性的"羊吃人"的"反生产力"、"反人类"、"反自然"的历史现象,这就提出了反思现代人的活动方式、关注自然价值、全面推进环境建设、不断调整和拓展哲学社会科学研究视阈的现实课题。

20世纪30年代以后,一批生态思想家发动了一场绿色革命,他们猛烈抨击人类对自然的征服和掠夺行为,从哲学高度重建人与自然的关系。利奥波德、克劳斯·福格特、巴里·康芒纳、蕾切尔·卡森等都属于这类思想家,其中,利奥波德的大地伦理思想尤其富有扬弃工业文明的时代前瞻性和学术前沿性。高举环境伦理学旗帜的霍尔姆斯·罗尔斯顿宣称,他自己是"一个走向荒野的哲学家",在伦理观上实现了从文化向荒野的转向。他希望人们既要有文化气质,又要有荒野情怀和泥土气息。这种哲学荒野的转向,引发了关于"人类中心主义"、"大地伦理"、"代际伦理"、"自然内在价值"、"物种歧视"、"动物权利"以及从根本上摧毁传统自然观的讨论。这表明,人类关于人与自然关系的认识逐步进入到了一个更加全面、更加系统的新层次。

在西方世界的环境伦理学领域,对于如何理解环境伦理学的理论性质问题,长期以来存在着"自然中心主义"与"人类中心主义"、乐观的生态主义与悲观的生态主义的分歧。"类哲学"立足于人的实践本性,以"双重生命"并存共在的观点为理论基础,认为环境伦理学的理论根据,正在于人的既超越自然又皈依自然、既实现自身又关注人类命运的"类本性",在于人的社会本质和自然本质彼此交融、同步生成的具体的历史的统一,从而以所谓"深绿色"的生态环境情怀,在关照和尊重非人类生命体的价值中,在高度重视人的环境需要与环境生产中,全面地维护生态系统价值,即一方面维护人类的生命价值、生存价值、历史价值;另一方面维护非人类生命体的内在价值和自然生态系统的整体价值,在坚持"两个尺度"相统一的原则下,追求人与自然相互生成的"双重应然存在"。

在日益严峻的全球生态危机背景下,重视自然价值正是环境伦理学的现实依据。自然价值包括两个层面的内容:自然的工具价值和自然的内在价值。如果否认自然的工具价值,甚至把人的内在价值仅仅归结为自然的工具价值,那就是"自然中心主义"的片面价值观;反之,如果否认自然的内在价值,甚至用"人的尺度"处处排斥或取消"物的尺度",狂热追求自然的工具价值,那就是"人类中心主义"的片面价值观。探讨人与自然的关系,存在着两个思维向度:一个是发生论思维向度,即从万物演化的自然科学视角出发,认为自然史先于人类史,地球史先于社会史,于是只能简单地得出诸如先有自然界后有人类、没有自然界就没有人类社会的尽人皆知的常识性结论,从而把人与自然的关系视为彼此外在的关系。另一个是生成论思维向度,即从人与自然的相互依赖、相互作用、相互生成的历史和逻辑相统一的角度看问题,立足于实践的根基并兼顾自然选择法则,认为人的自然的生成与自然的人的生成是相互交融的统一过程,从而把人与自然的关系视为彼此内在的关系。人的自然的生成和自然的人的生成同时也是历史的生成,是人把自身的尺度处处自觉地运用到对象上去,在人的理性自觉和环境伦理情怀能动外化的过程中,把人类史和自然史有机统一起来。这就有可能既克服"自然中心主义"的片面价值观,又克服"人类中心主义"的片面价值观。探讨自然内在价值问题的难点在于,它要求既要防止和纠正忽视自然内在价值的纯经济主义的工具理性倾向,又要防止和克服忽视人的内在价值的道德扩张主义的反人类倾向。前者以追求GDP 的线性发展为目的,从而以破坏自然生态环境为代价;后者实际上是一种"万物有灵论"的现代翻版,它把伦理情怀无限泛化,把伦理规范一厢情愿地强加于所有生命体,从而把物拔高为人,实际上是将人混同于物,从而不可避免地导致人类取消主义的结论。

面对新时期人与自然的紧张关系,发掘、继承和发挥发展中华民族"天人合一"的文化传统,将有利于重新感悟到它的厚重和魅力。它远远甩去那"主客二分"的狭隘,摒弃那精心牟利的谋划,超越那聚敛钱财的"工具理性",向着人与自然和谐共处的理想彼岸驶去。在现实生活层面,"天人合一"文化传统有利于引导人们冷静地对待市场经济的利润和竞争原则,在人文精神的鼓舞下,正确摆正"利"、"义"关系,以矫正和防止人的生态良知和文化意蕴的失落;在走出生态危机、建设生态文明的道路上,"天人合一"文化传统将有利于在尊天道、兴人道的进路中,为热爱自然、保护生物多样性、促进人与自然的和谐发挥积极作用;在塑造人的自由、全面、持续发展的主体素质方面,"天人合一"文化传统有利于提升人的人生情怀,并在与世界文化交流中克服"主客二分"的思维传统,引领全人类步入"天人和谐"的生态境界。

本书在探究自然价值与环境伦理的过程中,呼吁把人际伦理规范之"善"拓展到人与自然关系领域;在人与自然的双重矛盾运动或"主体间性"关系的交流对话、互依共在的动态生成过程中,坚持两类主体与两重价值相统一的原则,探寻生态退化的根源并施之以实践的、伦理的、文化的拯救,追问和纠正经济发展中的生态隐患、道德缺失、人文退化和价值论偏颇,关注新时期人类生存与发展的生态困境和时代特征,倡导用利己、利他、利环境的"三维伦理"规范,有效制导和矫正环境正义缺失。这一超越和扬弃工业文明的理论诉求,虽然未免带有几分理想主义色彩,但对于反思和矫正现代工业文明的负效应,回溯和继承"天人合一"的传统文化、亲近自然,警惕和遏制自然生态环境的进一步恶化,寻求人与自然的彼此和谐与持续发展之路,终将具有清醒的预见和启迪意义。

在价值论研究领域,经济价值强势与自然价值弱势的长期并存,表征着传统伦理学和价值论研究的固有理论症结。工业文明以来所发生的日益严峻的生态危机,决定了自然价值越来越成为价值论研究的前沿视阈。从发生论的意义上说来,自然价值是人文价值的"母体"和人的生命之源;人类主体和非人类生命体是同时并存的两类价值主体,二者均有其满足自身需要、追求其"应然存在"的内在价值。这就要求在人与自然的关系中,把自利性的内在价值、利他性的工具价值、互利性的系统价值有机统一起来。自然选择与实践选择是两类主体共生共在与双重价值生成的现实中介。在自然生态系统的大背景下,坚持双重主体与双重价值的相依互动、和谐共存,将是后现代环境伦理学研究的终极关怀。

　　自然价值与环境伦理的深入研究,涉及如何正确评价科学理性的问题。应当说,在人类历史上,理性的启蒙、应用与发展,曾经在反对宗教迷信和增加社会物质财富方面,起到了推进人的解放、满足人的生活需要的积极作用。这种作用迄今不衰,特别是在当今经济发展相对滞后的国家和地区,人们对于提高生产效率、发展经济过程中的科学理性的崇拜,几乎是不容怀疑的。但是,工业文明以来人类所遭际的能源枯竭、生态危机、生存灾难的大量事实说明,科学理性的积极作用具有一定的历史限度。或者说,张扬科学理性的过程同时是精神家园丧失的过程,物质欲求的满足并不与人的自由解放程度的提高成正比,因为全面的人的自由解放,还同时包括精神价值的实现,是经济富庶、环境舒适、道德高尚的"真、善、美"的统一。

　　关注自然价值和环境伦理,需要对现代工业文明重新进行历史定位,在超越现代工业文明、摆脱生态困境、建设生态文明的过程中,依据时代特点和人类新的需求与生存样态,从理论上认真开拓和推进哲学社会科学的研究论域。为了走出生态困境,现代人类应当把人际伦理中的"善"推广拓展到人与自然的关系领域,热爱自然,关爱生命,把人类满足自身需要和全面发展的价值诉求,自觉纳入自然生态大系统之中,切实把人与自然、人与人的生境彼此协调统一起来。

　　在人与自然的和谐相处问题上,至今有人对此存有误解,以为追求人与自然的和谐相处、关爱生命、保护物种多样性,就是历史的退步,甚至会降低人的生活质量。其实,珍惜自然,关爱生命,保护物种多样性,并非让每个物种的所有个体永生。一个自然物种的衍生、存续和发展,既有赖于一定数量的个体支撑,又受到个体数量过度膨胀的威胁。在物种与个体之间,物种既是个体的依托和归属,同时,个体又往往需要为物种作出牺牲,这是自然选择不可抗拒的法则。因此,人们保护物种多样性,绝不意味着人不能利用自然生命体、不能吃肉,而只是警惕吃肉别把物种吃垮就行。所以,人们在捕鱼,宰杀牛、羊、猪、鸡、鸭……享受肉食美味的同时,必须兼顾这些动物的持续繁衍。

　　凡是影响和破坏人与自然关系的和谐共存、互动发展的实践活动,不管它是以何等的"现代性"做招牌,都是对于自然价值和人类价值的损害,都应该受到来自环境伦理的规制、反思、矫正,这是扬弃和超越现代工业文明、建设生态文明的迫切需要。在后现代环境伦理规范中,人类将不再是自然的立法者和自然的统治者,而是自然的朋友,是与自然和谐相处、互生共在的伙伴;人不能仅仅根据自身的利益行事,不能只注重自然界对人的工具价值,而要学会尊重自然的内在价值,尊重那"随风潜入夜,润物细无声"的自然力的伟大、神圣与魅力,认真履行维护自然生态平衡的神圣权利和庄严义务。随着人与自然的崭新关系的确立,工业文明时代即将结束,人类将迎来一个新的文明形态——生态文明。这是一个对于"现代化"运动和整个人类文明的辩证扬弃过程,而不是对于"现代化"和一切既有文明的一笔勾销。在这个历史转型期,一切个人利益、集体利益、民族利益、国家利益乃至全人类利益,都必然要受到重新反思、过滤、甄别;一切追求经济发展的实践活动,一切健康、文明、全面发展的人生追求,都必须在尊重自然价值、维护自然生态系统价值的门口领取通行证。

第一章

人的自然与自然的人

从存在论角度来说,人与自然不仅具有同质同构的静态联系,而且具有彼此互动的相互生成、彼此共在的动态关系;在整个自然生态系统中,自然选择与实践选择共同创生着人与自然"应然生成"的双重价值过程。现代工业文明以来,以发展经济、获取最大经济利益为目的的实践活动中,"主客二分"和"人类中心论"的思维范式日益得到强化,从而膨胀了人的追逐利益最大化的能动性,严重干扰了自然的固有法则,忽略了人的自然规定性。这正是扭曲人与自然的内在关系、遮蔽人的全面本质、损害自然价值和引发生态危机的主要根源。

第一节　自然史与人类史的耦合互动

一、人类史依赖于自然史

自然生态系统创造生命的历史,远比人类史悠久得多,宏伟得多,自然乃是人类的生命之根和永久的家园。工业文明以来,人类在选择、加工、利用自然资源的过程中,逐渐淡忘了自然家园的根源意义,于是,在把自然单方面地当做工具加以利用的过程中,作茧自缚式地用自己的双手把自己投进了生态危机的深渊。

在如何全面把握和正确处理人与自然界关系的问题上,马克思从方法论角度给出了一个重要前提,他断言:"被抽象地理解的,自为的,被确定为与人分隔开来的自然界,对人来说也是无。"①这显然是超越了发生论的视域而转向了生成论视域。即是说,这里所说的与人分隔开来的自然界是"无",并不是说根本不存在外域的宇宙天体、自然万物这些先在自然,而是说对于一切外域的自在自然,人们绝对说不出什么,即关于人类诞生以前和人类活动领域以外的自然界,人们什么也说不出。根据自然科学常识,自然史和人类史在时间上是不可同日而语的,即使和地球史相比,人类的历史也只不过是短暂的一瞬。但是,从生成论角度说来,即从人化的自然与自然的人化相互生成的意义上说来,人与自然是彼此统一、不可分离的,离开一方,另一方则无以生成,不复存在。

无论人类和人类社会发展到何等高级的程度,都不可能超脱自然而凌驾于自然界之上,更不能悬置于自然界之外。工业文明以来的大量事实证明,尽管人的物质生活水平可以依靠现代科学技术的力量不断提高,可以不断地变换方式使自身的生活走向现代化,人们似乎可以随心所欲地增加社会财富。但是,只要有人类存在,只要人类不想灭亡,就必须同自然界打交道,而且必须遵从自然法则,兼顾物的尺度,要像尊崇自己的生命那样尊崇自然、爱护自然、保护自然生态系统。这是因为,人们每时每刻都需要依赖自然界生存,需要生活在一定的自然环境之中,人人都必须保证自己的环境需要,即使那些用财富把自己层层包裹起来的富人,一旦断绝了环境需要,比如断了水或断了供呼吸用的氧气,他就注定难以生存。当然,自然界对于人类社会历史的基础作用,还不仅仅只是为人类提供自然生理意义上所需的原始物质资料,而同时在人的全面需要和全面发展的意义上,将为人类提供陶冶心境的自然环境,在审美层面上提供精神愉悦的自然资源或加工素材,尽管这些自然的高层次非物质性价值的生成,有赖于人的相应的选择加工、自然情怀和审美能力。这就足以说明,谁忽视自然、蹂躏自然、污染自然环境和破坏自然生态平衡,谁就必然要遭到自然界的报复,而且还会殃及后人。

---

① 《马克思恩格斯全集》第3卷,人民出版社2002年版,第335页。

二、人类史丰富了自然史

人类是大自然的精美之作，自从有了人类，自然生态系统里就新增了有智慧、有理性、有实践能力的特殊生命体。这一特殊成员以其自身所特有的理性和能动性，反过来对自然界产生着巨大的影响：荒野变成了良田、野草变成了牧草、矿石变成了工具或机器、地表冒出了高楼大厦……乡村、城市、汽车、火车、公路、铁路、商店、街道等应有尽有。人类史改变了自然史，原来单值一维的自然过程，由于有了人类的价值选择与实践活动的锲入，呈现为多值多维的复合过程。不过，近代以来的工业化过程，既丰富了自然史，又扭曲了自然史。

人作为自为主体，其本身的素质和能力的生成与发展，是与自然的人的生成彼此同步的，即人在自己的对象性活动中把自身的本质力量对象化到自然物中，从而引起自然物既"合规律"又"合目的"的变化，这便是人的自然的生成过程，是人的本质力量的确证；而这种人的本质力量对象化的过程，同时也是自然物的"人的生成"过程，比如土地生长出"为人的"结果：粮食、蔬菜、水果……社会过程中每一种地域性特产，都同时是自然选择与实践选择的双重结果，蕴涵着人的能力与自然力的"合作"。例如，我国"吐鲁番的葡萄"、"哈密的瓜"、"陕北的大枣"、"河南的小麦"等等，决定它们良好特质的，不仅取决于当地人的主体素质和实践能力，而且取决于当地的自然地理条件或自然资源的独特属性。

要全面把握人的本质，就需了解人的生成过程所内含着的有形与无形、外在与内在、知性与感性、理性与非理性、现实性与可能性、自然本性与社会本性诸种关系的生动辩证法。无论在其历时性维度还是在其共时性维度，人的生存样态同时取决于人的实践选择和自然选择。按照传统哲学的理解，人的实践选择是现实人作为实践主体，有目的地运用自身的素质、能力和一定的现实手段，作用和改变实践对象的能动过程。实践活动的内在机制包括以下几个主要环节：(1)建构实践观念；(2)选择实践对象和实践手段；(3)实践主体与实践对象相互作用；(4)实践结果以及对于实践结果的评价；(5)将评价信息反馈于实践观念之中，参与和指导下一系列的实践活动。如果实践对象是自然物，那么，它就要同时受到双重选择的作用：人的实践选择与自然选择，从而在"人的尺度"与"物的尺度"相统一的原则制约下,同时展现人类史和自然史。在这里,如果用自然选择法则弱化或消解了人的实践活动,人类就会倒退回归到无理性的动物界,这是一切旧唯物主义的理论症结;反之,如果用人的实践活动完全掩盖或消解了自然选择法则,人类和自然界就会同时陷入不可持续的生态危机之中,这是当今时代全球性生态危机的根源。

按照马克思"从主体出发"的实践观的本意,人的本质力量与实践是相互规定的关系,即人的本质力量发展到何等程度,就会有与之相对应的实践;反之,有什么样的实践活动,就会塑造出与之相应的主体。因此,实践本身并不仅仅局限于改变自然、处理人与自然的关系,同时还包含改变人自身、处理人与人之间的社会关系。判定实践发展水平,不能单以人们从自然界获取物质生活资料的质量与数量为标准,同时还要以人对于自身的改变和提升的状况来判定。从一定意义上来说,改变人自身的实践活动是更加重要的实践,因为它不仅影响和制约人们改变自然的实践,而且它直接实现人的目的。如果从事实践活动的人不能有效地改变和提升自身的素质和能力,不能优化和控制自身的消费结构,不能及时反思自身实践活动的后果,那么,他改变自然的实践活动就会出现偏差或失误。这也正是现代实践活动引发生态危机的实践论根源。

三、人类史与自然史的相互生成

现实的人从来就是一个能动的生成过程,在这个生成过程中,人通过自身的对象性活动选择自然对象,改变对象世界,并在活动结果中实现自己的目的,确证自己的本质力量,追求自己的"应然存在"。其中内含着如下的必然逻辑:人要在对象性活动中真正实现自己的目的,则必须遵从"两个尺度"相统一的原则,即把自己的目的建立在符合对象尺度或符合客观规律之上。比如,人们在农业生产活动中,要想实现种出大白菜、满足人的需要的目的,就要了解和尊重大白菜生长的条件,诸如白菜对于土壤、温度、水分、阳光、肥料等等的要求,这就意味着在栽培大白菜的活动中,必须同时兼顾实现人的需要和大白菜的需要。如果只顾一方的需要而忽视另一方的需要,或者违背大白菜的尺度而把人的尺度强加于大白菜,那么,种植大白菜的活动与人的目的之间就可能是南辕北辙。马克思曾经作出这样的论断："没有自然界,没有感性的外部世界,工人什么也不能创造。它是工人的劳动得以实现、工人的劳动在其中活动、工人的劳动从中生产出和借以生产出自己的产品的材料。"①可见,自然界或自然条件在劳动中的地位和作用是何等的重要、何等的不可或缺。这里,我们不妨换一种说法,人的劳动或实践活动,实质上是人的体力和智力同外在自然力或外部环境的彼此互动与相互生成的过程。在《资本论》中,马克思指出:"简言之,种商品性,是自然物质和劳动这两种要素的结合……人在生产中只能像自然本身那样发挥作用,就是说,只能改变物质的形式。不仅如此,他在这种改变形态的劳动本身中还要经常依靠自然力的帮助。因此,劳动并不是它所生产的使用价值即物质财富的唯一源泉。正像威廉·配第所说,劳动是财富之父,土地是财富之母。"②离开自然界,不仅劳动无法进行,而且人的存在本身就会大成问题。只有当人自身的自然力和人以外的自然力在实践中以适当的方式相结合,形成一种自然的、现实的"合力",才能谱写出自然史和人类史相统一的实际过程。

马克思在《1844年经济学哲学手稿》中指出:"社会是人同自然界的完成了的本质的统一,是自然界的真正复活,是人的实现了的自然主义和自然界的实现了的人道主义。"③如果说,实践是侧重于实现"人的尺度"的能动环节的话,那么,自然选择就是侧重于实现"物的尺度"的能动环节。在人与自然相互生成的动态过程中,"两个尺度"在自然选择与实践选择的综合作用之下彼此统一。如果用一种尺度的实现去妨碍、取消、破坏另一种尺度的实现,那就必将引起"两败俱伤"或"双重异化"的后果。因此,无论是把人的价值作为"终极关怀",还是把自然价值作为"终极关怀"的提法,都具有致命的片面性。同理,那种"为了人而保护自然",或"为了自然而保护人"的价值观,都是相对于自然生态系统价值观的片面价值观。

---

① 《马克思恩格斯全集》第3卷,人民出版社2002年版,第269页。
② 马克思:《资本论》第1卷,人民出版社2004年版,第56—57页。
③ 《马克思恩格斯全集》第3卷,人民出版社2002年版,第301页。

第二节 人类社会的三重基本矛盾

一、人类社会的基本矛盾

按照传统哲学的见解,人类社会的基本矛盾是:生产力与生产关系的矛盾、经济基础与上层建筑的矛盾。并且,这两对基本矛盾始终贯穿于一切社会形态之中,其他一切社会矛盾,都统统受制于这两对基本矛盾,或者说,都是这两对基本矛盾的派生物。

工业文明以来的大量事实说明,传统的"两类基本矛盾论"难以完全覆盖或涵摄基本的社会关系,因为它忽略了人与自然的基本关系。实际上,在人类社会的历史过程中,同时并存着三重基本的矛盾关系:生产关系与生产力的矛盾,上层建筑与经济基础的矛盾,人与自然界的矛盾。其中,人与自然的矛盾内在地蕴涵并制约着生产关系与生产力的矛盾、上层建筑与经济基础的矛盾。这是因为:(1)现实的人及其实践活动,都不可能脱离自然界;(2)没有自然界,人就不能生存,现实的人就成了虚无的人;(3)没有了现实的人,也就没有了人的社会实践活动,当然也就不可能有任何的其他社会关系;(4)离开了人与自然的关系,社会生产力就没有了生成和发展的根基,社会经济形态就失去了基本内容,政治上层建筑和思想上层建筑也就成了无源之水、无本之木。

可见,传统哲学关于生产关系与生产力、上层建筑与经济基础的"两对基本矛盾论"的主张,在一定意义上弱化了人与自然的矛盾关系,忽略了人的自然规定性和自然的社会规定性。人类要想从根本上摆脱生态危机,就必须认清工具理性和人的能动性的限度,认清经济发展的限度,尊重自然,保护环境,珍惜自然资源,拯救由于人的失当活动而濒临灭亡的动植物物种,着力改善人与自然的关系,修复人类生存所仰仗的自然之根。近百年来市场经济发展的历史,尽管在经济领域推进了人的解放,但是,它本身利益最大化的原则又驱使着人们普遍地以破坏生态环境作为换取物质财富的代价,由此便把人与自然的矛盾推到了空前突出和激化的地步。这就清楚地表明,人与自然的矛盾是人类社会基本的矛盾,它决定着人类的生死存亡,不下大气力解决这一矛盾,就谈不上生产关系与生产力的矛盾、上层建筑与经济基础的矛盾的合理解决与彼此适应。

二、三重社会矛盾的内在关联

人与自然的矛盾,是人类社会历史过程中的基本矛盾,贯穿于人类历史的一切社会形态。人与自然相互作用的方式、过程及其结果,同时影响和制约着生产关系与生产力、上层建筑与经济基础的矛盾。(1)人与自然的相互作用方式,是现实生产力状况的基本特征。(2)现实的人是特定的自然属性和社会属性的统一,而生产关系或经济基础的深层内涵,乃是具体的人性本质。因此,人类历史上根本不存在没有自然属性的人和没有自然根基的生产关系或经济基础。(3)自然"是人的精神的无机界",是靠人用以加工的精神食粮,社会的政治上层建筑和思想上层建筑一方面远离自然界,一方面又植根于自然界。(4)工业文明以来的大量事实证明,自然生态系统的破坏是与社会生态系统的破坏互为因果、密切相关的,工业化生产和商品经济追逐利润的无限扩张,导致人性文化的严重缺失,这是生态危机的深层社会根源。人与自然关系的全面恶化,加剧了人与人的社会关系的全面紧张,生产关系与生产力、上层建筑与经济基础的对立与冲突也就随之出现新的问题,引发种种经济危机和社会危机。

由此可见,人与自然的矛盾是贯穿人类历史始终的社会矛盾,它影响和制约着生产关系与生产力、上层建筑与经济基础的矛盾。当今历史条件下,如果不解决人与自然的矛盾,不改善人与自然的关系,那么,生产力、生产关系和上层建筑的发展和优化就会遇到难以克服的矛盾或难以破解的死结。因此,祈望越过自然生态环境去引领世界经济大潮、赌上环境代价以追求经济发展的一切决策,无论近期看来是多么的切实有效,多么的气吞山河,最终都必然导致或诱发人类的灾难,从生产样态、生活质量,到环境需要、价值评价,全面地把人类投入到生态灾难的深渊。

历来的生产力和生产关系都无不植根于自然基础,脱离一定的自然条件和生态环境,生产力和生产关系就失去了客观依托;脱离了自然的现实规定性,撇开了人对于自然的"人化"或"文化"加工过程,人就成为虚无缥缈的"无",于是,社会的上层建筑也就失去了根基。工业文明以来,尽管人与自然的关系被大工业和资本主义的商业扩张远远地抛到了脑后,自然生态系统被严重地边缘化,然而,从历史的长河中不难发现,假如忽视了人与自然的关系,人类必将遭到自然界毫不留情的报复。从人与自然的相互作用、相互生成的意义上可以说,自然界不仅是人类生存之根,同时也是社会生产力之根、社会生产关系之根、政治上层建筑与思想上层建筑之根。不论哪个社会形态,只要拔除了它的自然之根,这个社会形态就无异于被悬置在沙滩上,失去了根基,它的存活就不久于世了。

三、人与自然矛盾的时代特征

工业文明以前,人类在与自然打交道的过程中,基本上是限定在自然承载力所允许的限度以内,即使自然界受到了人类活动的创伤,也能够自行修复。这并非当时的人类多么高明,也不是自然能力过于强大,而是当时人类所拥有的生产力水平比较低下,对自然的作用力度十分有限的缘故。

工业文明以来,随着现代科学技术的迅猛发展,人类所拥有的生产力远远超过了前工业文明时代的水平,机器大生产及资本主义经济的扩张性,全球经济无限度地迅猛增长,促使人类对于自然资源的破坏性掠夺远远超过了自然界的承载力度。于是,外观上的自然弱势与人类强势的力量悬殊,普遍地呈现在人们的面前。然而,亲手挖掘自身的自然根基的人们,不要很久就尝到了自然界报复的苦头,有些报复简直是出乎意料的惨烈,从而令人们全面陷入生态危机的困扰之中。

当今时代人与自然的矛盾已经上升到空前尖锐的地步,与之相应,环境伦理学也就在不太长的时间内迅速上升为显学。这不仅是因为当今人类的利益已经受到了普遍威胁,而且整个自然生态系统都遭到了根本性的颠覆,于是,在深度文化层面急需唤起人类对自然之根的回溯与自觉皈依。

中国社会演进到今天,人们从实践中越来越领悟到一个重要的生活哲理:作为一个现代文明的社会,只有当社会的经济领域、政治领域和思想文化领域同步实现改革开放,认真反思和扬弃工业文明的思维方式和行为方式,在超越工具理性支配下的物欲追求之上,才有望寻求到可持续发展之路。这就急需面对和正确处理社会的三重基本矛盾关系:其一,在生产力与生产关系的矛盾中,围绕解放与发展生产力,需要不断优化和调整生产关系,在这个最基础的社会领域,无论是发展生产力还是改变生产关系,都要始终坚持"人是目的"的最高原则,尊重人的正当利益,力求不断满足人的健康的、积极的、正向的、全面的需要。其二,在人与自然的矛盾中,需要彻底破除"主客二分"和"自然工具论"的思维定势和实践方式,尊重人与自然的内在关系,把人与人的生境视为一个动态生成的有机整体,坚持"人的尺度"与"物的尺度"相统一的原则,保护自然环境,维护生态平衡,杜绝赌上环境代价片面发展经济的功利主义、本位主义和畸形物欲消费的反人类、反生态和不可持续的思维方式与活动样态。

回溯过去,我们的深刻教训是无视人与自然界的矛盾,在追求经济发展的工具理性支配下把自然界绝对工具化,盲目地拔除了人类生存的自然之根,盲目夸大人本身的力量,把被现代化武装起来的人推崇为自然界的主宰。人类社会的自然之根是丝毫不能忽视的,人们只有遵循自然界与人自身同步演进的实践方式,才有望实现自然的持续发展、社会的持续发展和人自身的持续发展。现在流行着一种比较普遍的误解,即认为人类社会和人的生存样态似乎越是远离自然就越进步,越接近和回归自然就越落后,这其实是一种典型的反生态的虚幻遐想。

第三节 人的自然属性与社会属性

一、人的自然属性

在哲学论域,人和自然从来就是交相共生的。人与自然界的关系,是间接的对象性关系,其中只有通过人与自然的交相互动作用的实践活动和自然选择的中介,才能实现人的自然属性与人的社会属性的具体的历史的统一,才能实现人与自然的双向生成过程。马克思指出:"整个所谓世界历史不外是人通过人的劳动而诞生的过程,是自然界对人来说的生成过程,所以,关于他通过自身而诞生、关于他的形成过程,他有直观的,无可辩驳的证明。因为人和自然界的实在性,即人对人来说作为自然界的存在以及自然界对人来说作为人的存在,已经成为实际的、可以通过感觉直观的,所以,关于某种异己的存在物、关于凌驾于自然界和人之上的存在物的问题,即包含着对自然界的和人的非实在性的承认的问题,实际上已经成为不可能的了。"①这就意味着,要全面把握人的本质,必须同时关注内在于人的自然本质和社会本质,忽略了其中任何一个方面,都将是对于人的完整本质的遮蔽。人的有目的的实践活动以及来自生态系统的自然选择,是人的自然本质和人的社会本质相互过渡、相互规定、彼此统一的能动中介和现实基础。

正如人一旦脱离社会关系的规定就不成其为人一样,人脱离了自然关系的规定同样不成其为人。具体说来,人的自然属性从理论上大致可以析分出如下内容:(1)人的肉体生理结构与自然物质具有同构性。例如,人的骨骼与动物的骨骼同构,含有同样的钙质等物理化学成分,人体的肌肉是碳水化合物等等,为了维持自身的生存,人需要参与自然物质循环,不断从大自然摄取自然物质能源。(2)人的生理本能活动与非人类生命体具有相似性。诸如人体内的新陈代谢需要呼吸,饥渴需要饮食,异性爱慕产生性欲要求,有性繁衍需要性活动,等等,此类生理反应与动物相差无几。(3)人类生命个体的世代延续与自然生态系统的有序存活具有同一性。在大生物圈的家族内部,人类生命个体与自然生态系统是彼此同质的,二者具有内在的相互蕴涵、相互生成的关系,是同一个过程的不同因子。因此,人与自然界的关系并非外在的包含与被包含、征服与被征服、占有与被占有的"目的—工具"关系。(4)人的心理、习性、体魄、嗜好等,深受自然地理环境的熏染。自然界是人类生存的基础或根源,尽管人的自然属性常常渗透着一定的理性成分,但其本真的自然属性是不可能消除和摆脱的,离开自然界人类将无法生存。当然,人的自然属性是与其社会属性交融一体、相互规定的,因此,不能把人的自然属性与非人类生命体的自然属性混为一谈。因为,即使人的本能也总是"被意识到了的本能","吃、喝、生殖等等,固然也是真正的人的机能。但是,如果加以抽象,使这些机能脱离人的其他活动领域并成为最后的和唯一的终极目的,那它们就是动物的机能"②。

---

① 《马克思恩格斯全集》第3卷,人民出版社2002年版,第310—311页。
② 同上书,第271页。

　　人的自然属性是人与生俱来的重要属性,是人之为人的自然依据,是人作为自然生命体的基本特性。在现实性上,人首先是一个自然存在物,其生理肉体结构和自然生命活力均源自于自然界,是自然界特殊的一部分。人的自然属性首先表现为生理需要和遗传本能,趋利避害、求食求偶、求生畏死、求乐避险等等,这是体现人的自然属性的原始动力。人的自然属性与其他自然生命体相类似,既无高尚可言,也无道理可讲,人就是活生生的自然生命体。

　　当然,人的自然属性又是共性与个性的统一过程。在共性或同一性的意义上,凡人都是特定的生命机体,具有一定的生理机能,为了维系自身生命体的存在、发展和延续,人就在自己的活动中设法满足其生理需要,如吃、喝、生殖等的本能需求,争取快乐的生活,延年益寿。据此可以说,人的自然属性是自然选择意义上的人的"类本质",爱护人类、尊重人性的起码要求,就是要尊重人的本能需要和自然生命的价值,承认人之"生而平等";在个性或差异性的意义上,一定历史条件下的不同的个人,由于受到不同的自然地理环境和遗传基因的影响,其性别、形体、相貌、性格乃至其他自然天赋、身心禀性、生理嗜好等,会彼此存在差异。承认人的自然属性的差异,是对于生命意义上的人性和人的生存样态的真切把握。当然,从人之为人的全面性说来,人的自然属性只能是人的人生基点或"生命起点",而要把握丰富、全面的人,就须把人的自然属性与其社会属性统一起来,如实地把人的自然属性视为人的"社会的自然属性"。

　　人与自然的不可分割的统一或合一,不是机械地两两相加的结果,而是通过人遵循自然法则或"物的尺度",生产自己生活的实践活动中介,从而与自然相互生成的结果。因此,人与自然的统一,是"从主体出发"、"从人的感性活动出发"把握现实的人和现实对象世界的必然结论。

二、人的社会属性

　　人的社会属性是指人的"非动物性",但这不是否认人是动物,而是说人的动物性在劳动中被社会化了,人不仅仅是自然存在物,而且是社会的自然存在物。现实的人同时具有自然规定性和社会规定性的双重属性,他总是生活在一定的社会关系之中。马克思在《关于费尔巴哈的提纲》中曾经指出:"人的本质不是单个人所固有的抽象物,在其现实性上,它是一切社会关系的总和。"①人的生存样态及其一切行为,都不可避免地要与周围的人发生这样那样的关系,诸如生产关系、亲属关系、性爱关系、同事关系等。这种复杂的社会关系决定了人的社会本质,形成了人的社会属性。

人的社会属性是人之为人的社会依据,是人作为社会存在物的基本特性。在其现实性上,人的社会属性同样是共性与个性的统一过程。在共性或同一性的意义上,凡人都是特定的历史条件、实践样态、交往方式、生活习俗的产物,具有特定的社会规定性;而在个性或差异性的意义上,一定历史条件下的不同的个人,由于受到不同的经济、政治、思想文化等不同社会因素的影响,其社会地位、社会角色、社会职业、社会利益、思维方式乃至价值选择、行为习惯、生活方式等等,会彼此存在差异。人的社会属性的同一性与差异性的对立统一运动,是社会结构稳定性和社会生活多样性的主体根据。当今历史条件下,人们在"推己及人"、"知人知己"的思维方式支配下,不同国家和地区之间的开放交流不断深化,不同领域的"全球一体化"活动广泛展开。这说明,尽管不同国家和地区的发展程度有所区别,历史文化和价值选择彼此差异,社会制度和生活方式也很不相同,但这并不能排斥全球范围内人的社会属性的同一性,不能否认不同国家和地区的人们具有某种相近或相同的利益需求和价值认同,从而为达成最广泛的经济合作、政治互信、军事往来、文化交流提供了现实可能性。

作为现实的个人,只有同时考虑到他人,才能充分认识人的社会属性。传统农耕社会的小生产者,在简单的生产过程中养成了只考虑自身的日常思维习惯,这种"自我中心"的思维模式一直延续至今。小农的心理惯性必然导致对他人的漠视,它不仅妨碍人们形成健全的社会意识,而且在商品经济背景下更是造成商业诚信缺失的社会根源。超越小生产者自我封闭心理的现代公民意识认为,每个社会公民都是彼此平等和独立的个体,每个个体的合法权利都必须受到保护和尊重。所以,在当今时代条件下,公民意识是人的

---

① 《马克思恩格斯选集》第1卷,人民出版社1995年版,第60页。

社会属性的集中体现,又会在人们正确理解人的社会属性的过程中不断得到提升。

随着公民意识的不断提升,人们将逐渐跳出"自我中心"的思维范式和心理局限,承认和肯定他人,从而有助于理解自身的社会责任感。在市场经济这个普遍联系的社会里,只有每个人都对自身的行为负责,每个人都用自己的劳动创造价值,整个社会才能产生积极向善的合力。这种合力发生作用的结果,又会反馈到每个社会成员身上;反之,如果个人不能切实约束自身的行为,甚至不愿意承担任何责任,那么,社会的整体进步和发展就无从谈起,个人也就失去了来自社会的各种依靠和保障。人的社会属性的生成与发展是一个动态过程,随着人自身的素质和能力的不断成熟与发展,人的社会属性就会随之提升和发展,最终必将促使人自身价值的实现与人的社会关系的优化。

当前,在我国不断深化改革开放的过程中,人的社会属性的同一性和差异性随之呈现出新的特征。在人的社会属性的同一性方面,人们在发展社会主义市场经济、建设社会主义民主政治、繁荣社会主义文化、坚持改革开放、落实科学发展观、坚持"以人为本"、构建和谐社会、鼓励开拓创新等方面,逐步达成共识。而在人的社会属性的个性或差异性方面,则集中体现在个人的公民意识的迅速生成、个人价值选择的多样性、个体差异思维的多样性、个体创造性才能的施展等个体的社会差异性。目前,有一种观点认为,要构建和谐社会,就要强调同一性而消除差异性,这是违背辩证法的社会和谐观,它把社会和谐误认为是社会的绝对静止,而把差异性视为是对这种绝对静止的干扰,于是便千方百计地取消差异,强求同一。这是不符合历史事实的悬设,从同一性与差异性的本来关系而论,同一是包含差异的同一,差异是打破旧的同一,促成新的同一的社会因素。从历史发展趋势来说,正是人的社会属性的个体差异性,成为社会富有生机与活力的深刻源泉。历史上的科学家、发明家、思想家乃至有作为的社会政要,无不具有自己的个性或相对于他人的差异性,如果没有了这种差异,也就没有了这些特殊人物和他们对社会历史的影响。

三、重视人的双重属性的意义

人的社会属性的生成与人的自然属性的生成是彼此同步的,二者不可分割,并且彼此并无高低主次之分。但是,长期以来,在关于人的本质问题上,一直存在一种理论偏颇,即单方面强调人的社会本质,忽视人的自然本质,主张高扬人的社会属性,克服人的自然属性,甚至认为,用人的社会属性克服、拒斥和改造、提升人的自然属性,是人的发展和社会进步的标志。在这种思维方式和哲学范式的指导下,人的世界观和价值观不能不发生畸形扭曲,以至于"人类中心论"在实际上越来越控制了人们认识世界和改造世界的全过程。"人类中心论"是传统发展观的哲学根源,它无视现代科学技术的消极方面,看不到无限制的科技现代化的灾难性后果必然导致人与自然界的双重异化。工业文明以来,在人类中心论"主客二分"和"主客对立"的框架下,积淀和强化了人类"以我为中心"的思维定势和行为模式,人类对自然的干预和破坏达到了空前的地步,从而在生态环境问题上造成"生态赤字"、"生态失衡"、"吃祖宗饭,断子孙粮"的可怕后果。这种严重有悖于环境伦理的发展观,普遍导致了代内和代际间的环境正义缺失。可以说,当代的环境问题是工业文明的直接代价,是狭隘经济主义、单纯物欲主义、自然工具主义的直接后果,是人类在世界观、价值观上的彻底失败。这种"人类中心论"和"自然工具论"的世界观和价值观,正是导致人类的自我膨胀,片面追求经济利益,全面陷入生态危机的人性论根源。

近些年来,一些研究生态哲学和相关学科的学界论者共同在担忧生态环境的恶化,关注当代和后代人类的命运,呼吁倡导"为了人和人类的利益"而保护生态环境的价值取向。他们研究的自然环境往往是从人类学的立场上去理解的,结果是随着人类实践活动领域的不断拓展,越来越多的自然物成为人类活动所指向的对象,而整个自然界也就成为人类的工具(人类保护自然环境也是为了利用自然环境)。因此,这些研究成果虽然对于污染生态环境的现代工业文明诉诸了可贵的反思与批判,但却带有忽视人的自然本质、忽视对象主体内在价值的明显弊端,在过分坚持对象化思维范式的过程中,难免步入"人类中心论"的误区。

无论人类如何在认识活动与实践活动中改造和超越自然物,自然界自身的运行程序是不可能完全地被归于人的加工、选择的人为范式的；相反，人的活动与生存方式将永远难以彻底摆脱自然界的制约。并且，人的属性既可能与自然界相融合，又可能与自然界相对立，而这种对立的程度往往与人自身改造自然能力的增强成正比。

因此，重视人的双重属性的统一，首先，有利于走出生态危机，实现人与自然的和谐，防止或减少人对自然界的践踏与破坏；其次，有利于实现人的全面发展，人不仅需要发展自身的社会属性，实现自身的社会价值和社会解放，同时需要发展自身的自然属性，实现自身的自然价值和自然解放，即人的生存论意义上的自然的"涌现"；最后，有利于克服狭隘片面的价值观，维护生态系统价值的修复与实现，从而有利于自然生态大系统的和谐有序的发展。

第四节　人与自然的相互生成

马克思在扬弃旧哲学、创立自己的新哲学时曾经指出："从前的一切唯物主义（包括费尔巴哈的唯物主义）的主要缺点是：对对象、现实、感性，只是从客体的或者直观的形式去理解，而不是把它们当作感性的人的活动，当做实践去理解，不是从主体方面去理解。因此，和唯物主义相反，能动的方面却被唯心主义抽象地发展了，当然，唯心主义是不知道现实的、感性的活动本身的。费尔巴哈想要研究跟思想客体确实不同的感性客体：但是他没有把人的活动本身理解为对象性的活动。"①这里强调从主体性出发去看待和把握对象世界的基本原则，认为人与对象的关系不是彼此外在的直接关系，而是以主体的"对象性"活动为中介的间接关系，以自我主体与对象主体的相互作用、相互过渡而转化为彼此内在的关系，于是，人在对象中确证自身、实现自身；与此同时，对象也在生成人中实现自身。

一、人与自然的主体际性关系

在原初意义上，人与自然的关系是彼此一体的关系，即自然在自我"涌

①　《马克思恩格斯选集》第 1 卷，人民出版社 1995 年版，第 54 页。

现"的过程中,在具备了必要条件的阶段上,便产生了人类。自然界无须人去承认它,它本然地存在着;人离开了自然之根便不能生存。人类与其他自然生命体虽然存在着不同种际的差异,但是,在各自生成与延续的过程中却存在着彼此互渗互依的有机联系。因此,作为有理性的人类在与自然界打交道的过程中,就同时具有享受自然的权利和保护自然的义务,这就需要用环境伦理规范人类的行为。在哲学世界观的意义上,把与人发生关系的自然物称做"人化自然",而把外域的和未知的自然物称做"自在自然"或"先在自然"。在这里,人作为"自为主体"是能动的,而自然物作为"对象主体",在趋利避害的生存意义上,同样具有一定的能动性。即是说,人基于实践的价值选择是能动的,自然生态系统中的自然选择过程也是能动的。

在人与自然的现实关系中,唯有被称做"万物之灵"的人是具有理性的主体,因此,人类主体在与自然打交道的过程中,需要坚持"两个尺度"的统一,充分尊重自然"对象主体"的"需要"和"能动性",逐步学会"按照任何一个种的尺度去进行生产"。特别是对于非人类生命体,需要赋之以更多的生命关注,尽量不要干扰它们的生存秩序,更不要无谓地施之以不必要的痛苦,在"利己、利人、利环境"的伦理原则下,努力建设生态文明。

几年前,杨春时先生就曾经从文学理论的研究视阈,把人与对象世界的关系认定为"我你共在"的主体间性关系。他指出:"马丁·布伯认为,人持双重态度,由此有双重世界,即我—他和我—你两个世界。我—他之间是有限的经验、利用关系,只有转化为我—你关系,才是纯净的、万有一体之情怀……在本真的共在中,世界不是外在的客体(实体),而是另一个自我;自我与世界的关系不是主客关系而是自我与另一个我的关系,是我与你的关系,在我与你的交往、对话中和谐共在。只有主体间的存在才有可能成为自由的存在,因为只有把世界当做另一个我,平等相处,和谐共存,才有可能进入自由境界。"①可以说,在用善的情怀涵摄和超越价值论的层面上,这是至今对生态哲学主体论和价值观的最精到的诠释。因为,生态哲学较之于传统

---

① 杨春时:《文学理论:从主体性到主体间性》,《厦门大学学报》(哲学社会科学版)2002年第1期。

哲学,不再强调机械的"主客二分"和"主次之别",而是强调事物的普遍联系和彼此互动的系统性共在,它注重实际过程的非线性关系和主体的随机选择与生成的丰富性、多样性。在生态哲学看来,人与自然界的关系,不是静态消极的"主客二分",不是外在二分的孤立定在,不是主体构造、征服、利用客体,而是自我主体与对象主体之间积极的双向选择与生成过程,是主体间的交往、对话、共在关系,从而把传统的人与自然之间"我—他"的主客二分关系,转换为"我—你"或"我$_x$—我$_y$"的主体间性关系。这样一来,人就不至于把对象世界只是简单地视为随意摆布、可资利用的工具,而是懂得尊重对象、尊重他人、尊重自然万物、保护生态环境,合目的、合规律地追求和实现人和自然的和谐共存的"应然存在"。

二、走出人与自然"主客二分"范式

在西方,颠覆现代化和传统形而上学的后现代主义哲学,一出场就暴露了自身在生态环境问题上的先天不足。例如,尼采的"生命哲学",曾经高扬个人的意志和本能冲动,抨击基督教道德窒息个人生命冲动的罪恶,但他却在表现个人中心主义的激情中忽略了人与自然的和谐共在,忽略了自然界向人的生成的内在价值。纵观近代以来的伦理文化,无论是西方文化的个体利益至上论,还是东方文化的集体利益至上论,都带有不同程度的片面性,不仅未能正确把握人的个体属性、群体属性和类属性之间的具体的历史的辩证统一关系,而且都严重忽略了自然对象主体的内在价值,忽略了人的自然本质,忽略了人与自然的内在统一和相互创生的本真共在的自然生态系统。

时至今日,在"主客二分"的思维方式和行为方式的影响和作用下,人与自然界的关系仍在继续恶化。其中的根本症结在于,人们把自然界当做所谓发展经济、发财牟利的纯粹工具,怀着纯经济目的和个人物欲追求的霸道的主体,横下一条心要吞噬和占有自然客体、重构和消融整个自然界。这样一来,实际上的主体间性关系便彻底地被颠覆了,其结果只能同时导致自然的异化和人本身的异化。

人与自然界之间历来就存在着双向互动关系:现实人不仅具有其社会关系的规定性,同时具有其自然关系的规定性;而非人类生命体不仅具有其自然

关系的规定性,同时在与人的相互作用中也具有其社会延伸形式或社会关系的规定性。然而,在伦理关系上,人类主体与非人类生命体又不是处在同一水平上的严格对等关系,"野兽成为野兽不是罪过;那毋宁是它们的荣光。但是,如果人也像动物那样行动——没有文化、不具备道德能力,胃觉取向、自我中心、只促进其自己这个物种的繁衍——那就是一种罪过了"①。这表明,较之非人类生命体,有理性的人类并非是自然生态系统中的普普通通的一员,而是自然生态系统肩负着特殊的责任、义务和使命的一员。

当人们逐步摆脱了单纯追逐物质利益的工具理性羁绊之时,对于市场经济扬弃田园经济所带来的弊端就可能逐步有所察悟,人们迟早有一天总会醒悟到:人类的自然生态之根是不允许触动或拔除的,谁拔除了自然之根,谁就是切断了人类的血脉,这种愚昧之举的实质性后果就在于它同时反自然、反人类。

三、人与自然的相互作用

基于人与自然的主体间性关系,马克思提出了人与自然的相互创造、同步生成的现实过程:"人创造环境,同样,环境也创造人。"②同时,正是人与自然的主体间性关系,构成了马克思科学实践观的能动本体论基础,从而为实现价值观上的"人的尺度"与"物的尺度"的统一奠定了主体条件。显然,自然界并非是外在于人的存在,人与自然界的关系并非是所谓"改造与被改造、认识与被认识"的二元对立关系,或者是什么"谁是谁的一部分"的外在包含关系,而是"你中有我,我中有你"的互为因果、互渗互融、同步生成的有机统一关系。

"自然"这个概念,在现代汉语中作为一个外来语,对应于西语的"nature"。即是说,现在中国人所说的"自然"其实是一个西方观念,通常是指"自然界"。这意味着,当我们在谈论中国文化传统时,一谈到"自然"就可能偏离中国的思想传统,陷入西方话语中人与自然的"二元对峙"之中。

其实,"自然"这个词语在中国原本并非外来语,而是古汉语中所固有的。

---

① [美]H.罗尔斯顿:《环境伦理学》,杨通进译,中国社会科学出版社 2000 年版,第 98 页。
② 《马克思恩格斯选集》第 1 卷,人民出版社 1995 年版,第 92 页。

道家和儒家都曾把"自然"作为重要概念加以使用,其基本含义即"自己如此"(自:自己、自身;然:如此、这样。中国佛教的"真如"、"如如"即有此意)。儒家认为,人生来具有仁义礼智"四端":"恻隐之心,仁之端也;羞恶之心,义之端也;辞让之心,礼之端也;是非之心,智之端也。"①道家认为,一切存在者本来就是自己如此的,这就是所谓"道",反之便是"不道"、"失道"。按照这个观念,人的本性就是人自己本然如此的东西。庄子认为,人对于物,应该"物物而不物于物";反之,物对于人,应该"人人而不人于人"。总之,只有人与自然界各守自己本然如此的东西,才可能达到"天人合一",信守天地万物的"一体之仁"。

在西方观念中,自然也含有"自己如此"之意,人的本性也是自己如此的,人性即是"人的自然"(human nature)。尽管西方的自然观念与中国传统文化的相应观念具有某些相通之处,但二者之间却存在一个根本区别:中国的传统是"天人合一",西方观念是人与自然的"二元对峙"。而这种"二元对峙"思维却蕴涵着一个悖谬:一方面,人能够认识自然、改造自然、征服自然,是人的"自己如此"的本性;另一方面,被认识和改造的自然则已经不能再依旧称为"自然"了,即已经是"不自然"的了,而这,正是现代生态危机的根源。人们抱着良好动机去认识和改造自然,其结果,良好的"人的自然"与"不文明"的、嬗变为人的"异在"的自然状态之间却形成深刻的悖谬。

数千年来,中国历史上积淀了"天人合一"的传统文化。作为优秀文化传统的"天人合一"观念认为,人不仅是自然之子,而且还应该是自然的孝子。所谓"孝子",就是善于继承发展父母未竟事业的人;以此推演,做自然的孝子就要善于继承发展自然的未竟事业,珍惜自然的资源和自然的教化。即《周易》里所说"干父之蛊"、"干母之蛊"。"蛊者,事也。"②人得天为性,是说人性自己如此;同样,物得天为性,是说自然界自己如此。在这种传统观念下,人与自然界就不是相分、相离、对峙的关系,而是亲和不二的和谐统一关系。一方面,人视自然为父母,就不会想到要去利用它、征服它,而愿意去尊重它、顺从

---

① 《孟子·公孙丑上》。
② 《周易·乾象》。

它;另一方面,人在自然面前也并非无所作为、一味地被动顺从,相反,人既然尊崇自然,就应该能动地去"继其志、述其事",有所作为,"赞天地之化育"①,完成自然、完善自然——既完善人自己的自然,也完善天地万物的自然。在人与自然界的关系中,人之完成自然、完善自然是人的自然的生成;而自然界之被完成、被完善,则是自然的人的应然生成过程。

然而,中国"天人合一"的文化传统,作为一份珍贵的思想资源,不仅在当今时代具有提升人的环境意识、唤起人的生态理念的积极意义,而且在通向后现代生态文明的道路上,也将具有不可估量的引领时代新文化的意义。但是,不能因此而忽略"天人合一"文化传统的负面因素。实际上,"天人合一"在历史过程中并非是没有瑕疵的理想文化,它在历史嬗变中所滋生的消极因素,集中体现在它对于人的能动性的束缚和泯灭,特别是对于人的个性的压抑和扼杀、对于人的本真的非理性生命欲望的泯灭,是历史上所罕见的。"天人合一"中的"天",曾经从"自然界"演变成不可违抗的"天意",又从"天意"演变成代表天意的"天子"和"王权"。于是,面对这样的属人世界的"天",社会大众只能俯首帖耳地去做"天"的"顺民",如果对"天"稍有"不敬"的意念和行为,那就是"大逆不道"。这样一来,个人为了"敬天"而克制自己的欲望,约束自己的行为,贬斥自己的精神,牺牲自己的利益,就当然是人天经地义的事。

人与自然的相互作用,最常见的形式是互相包含。即在自然的自我"涌现"中产生了人,在人的活动中又再生了自然界。关于人类的起源问题,至今学术界存有疑义。不说地球上的原始人类究竟是源于海洋还是源于山林,也不说现代人类文明是一代人类文明的古今沿革还是数代人类文明的周而复始,仅仅在原始人类出现的时间问题上,近几年就曾根据考古新发现数次大跨度地变更。然而,无论怎样,离开自然界人的生存便无从谈起;离开人的活动,现实的人化自然即是"无"。

自从有了人类史,人就既依赖自然,又影响和生产自然;既得益于自然向人的生成,又以自己的本质力量促使自然的人化。自然选择赐给人类无限的财富,甚至人的生命机体就是自然选择的结果。当然,人作为能动的存在物,

---

① 《礼记·中庸》。

在自己的感性活动中时刻影响着自然的面貌及其生成过程。马克思曾经作出过如下的分析:"从理论领域来说,植物、动物、石头、空气、光等等,一方面作为自然科学的对象,一方面作为艺术的对象,都是人的意识的一部分,是人的精神的无机界,是人必须事先进行加工以便享用和消化的精神食粮;同样,从实践领域来说,这些东西也是人的生活和人的活动的一部分。人在肉体上只有靠这些自然产品才能生活,不管这些产品是以食物、燃料、衣着的形式还是以住房等等的形式表现出来。在实践上,人的普遍性正是表现为这样的普遍性,它把整个自然界——首先作为人的直接的生活资料,其次作为人的生命活动的对象(材料)和工具——变成人的无机的身体。自然界,就它自身不是人的身体而言,是人的无机的身体。人靠自然界生活。这就是说,自然界是人为了不致死亡而必须与之处于持续不断地交互作用过程的、人的身体。所谓人的肉体生活和精神生活同自然界相联系,不外是说自然界同自身相联系,因为人是自然界的一部分。"①

马克思关于自然界是"人的无机的身体"、是人的"精神的无机界"、是经过人的加工而成为供人享用和消化的"精神食粮"的思想,内含着人与自然的生态和谐、相互生成的关系。在这里,人作为自为主体,需要具备一定的素质和能力,比如:一是作为与自然界交往的自为主体,人们必须尊重自然作为对象主体的造物能力和创生功能;二是从事对自然界进行精神加工活动的人,需要具备良好的文化神韵和相关专业修养;三是对于源自大自然的精神产品,受众主体需要具备相应的环境需要素质和审美能力。

在一定具体历史背景下,实现自然界生成人的过程是需要具备一系列既相对稳定又不断变化的现实条件的。

首先,地球上具有满足人的生命存在的物质条件:(1)地球上具有满足人的生命存在的物质基础。地球同心圈层的演变,形成了原始的大气、大陆壳和水。原始大气中大量存在的甲烷、氨、水汽和氢,在太阳紫外线和电火花等的作用下,转化为简单的有机物,为生命和人类的出现奠定了物质基础。(2)地球上具有适中的光和热。太阳辐射是地球上最主要的能量源泉。地球上自太

---

① 《马克思恩格斯全集》第3卷,人民出版社2002年版,第272页。

阳获得生命存在的光热,至少是下列因素巧妙结合的结果:A. 地球与日距离适中,太近温度过高,太远温度过低;B. 地球自转、公转不同步,如果同步则有一半表面始终面对太阳温度过高,另一半表面始终背对太阳温度过低;C. 地球自转周期适宜,如过长白天温度过高,夜晚温度过低,日温差过大;D. 地球有大气,白天大气对太阳辐射的削弱,使地表升温平稳,夜晚大气对地面的保温作用,使得地表降温缓慢,日温差也不至于过大。(3)地球上具有液态的水。原初地球的水,绝大部分是以结晶水的形式存在于地球内部的岩石中,随着地球的演变,地内温度升高,内部的水汽通过火山活动出现在大气中,大气降水落到地表,原始的水圈形成。同时,地球上的水能以液态存在,除了0℃—100℃的温度之外,大气的作用也很重要。没有大气的降水过程,地球上的水将会很快因蒸发而不复循环。另外,海洋对地球生命在早期的一定阶段的存在,曾经起过巨大的保护作用。那时,现代大气还没有形成,是海水保护了生命的安全,使其不受紫外线的伤害。(4)地球上具有适于生物和人类呼吸的大气。地球上的原始大气(第一代大气)源于地球形成时对宇宙气体的吸积作用。随着地球的演变,地内温度升高,内部气体不断逸出,并逐步在大气中居于支配地位,于是形成了第二代大气,其主要成分是二氧化碳、一氧化碳、甲烷、氨。绿色植物的光合作用的自然持续地进行,迅速改变了大气的成分,使氧丰富起来,氧又使氨氧化成氮和水汽,使甲烷氧化成二氧化碳和水汽,并逐渐形成臭氧层。一部分二氧化碳通过光合作用参与有机物合成,更多的二氧化碳则被海水吸收溶解,在地质作用下形成沉积岩,以氮和氧为主的现代大气终于生成了。绿色植物的光合作用对于氧化大气的生成起着关键的作用。(5)地球上存在生命和人类的条件长期稳定。诸如太阳的长期稳定,地球在太阳系的适宜位置,以及地球现代岩石圈、水圈、生物圈、大气圈逐渐形成等。由于生命和人类的产生、发展和进化,地球上就上演着真正意义上的存在。

总之,对于地球上所具备的人类生存的自然物质条件,可以概括为:日地距离适中→获得太阳的光热量适中→液态水得以存在;地球的体积和质量适宜→具有适宜的引力→吸引适宜的大气(形成合适的密度、成分、厚度)→对地表产生"保温被"、"防弹衣"的作用;地球的自转和公转速度适宜→气温日变化和年变化的节律适宜;地球平流层中臭氧层的存在→吸收太阳紫外线,使地面生物体免受过量紫外线的杀伤("遮阳伞");处于小行星、流星体相对较少的宇宙环境→地球受撞击的概率较低,被害频次较小。

其次,有赖于人的素质能力及其社会整合机制。尽管地球上具备生命存在的自然物质条件,但是,如果忽视了人所特有的素质和能力,以及不同社会历史阶段对于现实个人的素质和能力的制度整合、文化熏染,把人混同于一般的自然生命体,那么,仍然无法从根本上把握人与自然的相互生成的现实过程。

基于自然选择和社会选择的积极作用,自有人类以来的人类个体,总体上说来是处在不断进化和丰富发展的过程和趋势之中。当然,这不排除个别历史条件下人的素质和能力的某些方面的退变趋势。比如,在环境破坏和生态污染的背景下,人的生理癌变概率增高、体力下降、雄性激素和技能的衰萎等。人的社会属性和社会文明程度,也处于不断进化和发展的过程和趋势之中。这里同样不能排除个别历史条件下社会的逆转或不同社会生活领域的彼此消解,某些消极社会现象的滋生或死灰复燃。比如,现代工业文明所导致的生态环境恶化等社会负效应的发生、经济大潮中的政治导制的错失或弱化、官场腐败、伦理文化缺位等。从历史乐观主义和人文生态主义的视角看问题,解铃还靠系铃人,一切源自人类活动本身的个人问题、社会问题和环境问题,都有可能从人自身中、从人的自我反思和社会的自我批判中寻找到可能的出路。那些与人的当前活动直接相关而衍生的消极后果,由于尚处于人的能力难以企及的外域范围,所以就难以避免急功近利的人们把坏事当做好事做,甚至也难以避免人们为此类事歌功颂德。但是,随着时间的推移和人的素质能力的提升,越来越多的人将会逐渐醒悟,尤其是对于生态环境的关注度将会迅速提高,扭曲人的本性和破坏生态环境的物欲狂潮将逐步有望降温,最终把发展经济的活动限定在与自然同在、与人性共存的适宜的程度。

再次,有赖于人的感性实践活动。按照马克思的实践观,人的感性实践活动是人和人类社会的生成和发展的基石。实践既是人类社会生活的本质,又是人的本质力量的生成、实现和确证的过程。于是,人与实践便实际地相互规定:有什么样的素质和能力的人,就会有什么样的实践活动;社会实践发展到什么程度,就标志着人的素质和能力发展到了什么程度。现在,越来越多的人不仅关注自身物质生活水平的提高,同时开始关注自身的精神生活质量和环境的舒适程度。国内有的地区和社群中,开始出现在生态环境问题上的"维权事件"。据有关资料披露:"2005 年,全国发生环境污染与破坏事故 1406 起,环境纠纷信访量 608000 多封;2006 年,环境污染与破坏事故 842 起,信访量 616000 多封。据统计,进入 21 世纪以来,因环境问题引发的群体性事件以年均 29% 的速度递增,2005 年上半年发生了 422 起,平均每天超过了 2 起。"①如果从社会文明进步趋势的角度来说,这类事件在实质上不仅不是什么"坏事",而且是有助于强化生态意识和改善生态环境的好事,是社会文明的希望!一切有生态良知和历史责任感的人们,都不能在这类事件中敷衍塞责。特别值得警惕的是,不要再赌上生态环境去换取一时的实惠或"政绩"。

当然,在人与自然的关系中,还同时存在"自然的退化"并有害于生命的一面。比如,历史上就有过自然力灭绝物种的史实,旱、涝、虫灾对于人的生产和生活的威胁,以至于地震、海啸、火山喷发、地壳破损塌陷和地表板块漂移等不可控的自然力对于地球的负面作用等。即使工业文明以来日益恶化的生态危机,也不是完全由人的活动引起的结果,其中伴有自然界本身的退变作用。面对自然界的退化,人类就需要采取另类对应之策,即主要不是反思和矫正自身的活动方式,而是提升或增强自身应付和顺应自然的能力,诸如发展水利基本建设事业,用以防止和降低旱涝灾害;加强人居工程的建筑质量,用以抵抗地震和其他地质灾害的威胁;加强科学研究和技术推广,提高人类对于自然灾害的预测和防范能力等。总之,在人类摆脱生态危机、迈向生态文明的道路上,除了保护自然环境、发展生态生产、提倡生态生活以外,还要重视提高人类对于自然灾害的防范和抵御能力。

这就要求,人们在自己的实践活动中,要自觉提高环境意识,增强生态理念,用生态系统价值观取代诸如"人类中心主义"、"自然中心主义"和其他一切形式的片面价值观,不断提高实践的自觉性、全面性、自为性和实践结果的正向价值,全面满足人自身的需要和自然物的需要。即不仅要满足自身的物

---

① 毛如柏:《我国的环境问题和环境立法》,《新华文摘》2008 年第 17 期。

质生活需要、精神生活需要,而且还要逐渐把环境需要提上活动议程,尊重生命,热爱动植物等自然生命体,提高爱惜一切生命的人文生态意识,用自己的行动真正关心自己、关心他人、关心社会、关心后代、关心自然、关心全人类。

第二章

伦理关系中主体的对等性与非对等性

传统伦理是人际伦理或属人伦理,因此,在伦理领域对于道德主体的要求就多半是彼此对等的关系,即彼此都须是理性的人,按同一伦理规范相互发生伦理关系,施行道德行为。于是,强调伦理关系中双方道德主体的权利—义务的对等性,弘扬"礼尚往来"、"投桃报李"、"善恶报应"等伦理规范,就成为天经地义的道德伦常;反之,倘若道德主体之间在现实的伦理关系中处于非对等状态,例如,在人与自然的关系中,人具有自觉意识和伦理良知,而自然物则是无知无情甚至无欲之在,于是,有人就认为双方无法构成或没有必要建立任何伦理关系。这种由于把伦理规范局限于道德主体对等性关系的简单化、均等化倾向,是人类中心论者否认环境伦理之必要性与可能性的重要依据。因此,从人类自为主体与自然对象主体的差异性意义上来说,是否承认道德主体之间的非对等性伦理关系,是环境伦理学之是否可能的逻辑前提。

第一节 主体对等性伦理与主体非对等性伦理

社会伦理领域的主体依托,始终是具有一定的道德素养的现实的人。因此,生活于一定的历史条件下的人们,要维系一定的社会伦理秩序,就须共同遵守一定的道德伦理规范;然而,道德主体总是彼此存在差异的,不仅人的素质能力存在差异、生活方式存在差异、价值取向存在差异,而且人与自然生命

体之间更是彼此相异。因而,在伦理领域就必然同时存在主体对等性伦理与
主体非对等性伦理。

一、主体对等性伦理

主体对等性伦理的基本原则,主要包括以下三层含义:其一,在伦理关系
中,道德主体之间遵循"礼尚往来"的互换与互信规则;其二,自己"不想要
的",就别嫁祸于人,避免让别人承受自己不想承受的痛苦与灾难;其三,在伦
理秩序中要尽量保证道德主体行为的合道德性,促使道德主体的"向善"动机
与"向善"效果的统一。

关于主体对等性伦理问题,伦理学界早有人从不同角度论及。如王庆节
先生指出:"将心比心,推己及人。这一准则在西方基督教伦理学中被称为道
德金律,在东亚儒家伦理学中被称为忠恕之道……与基督教道德金律的神谕
本质相违,孔子的忠恕之道从一开始就是人间之道;基督教的道德金律揭示出
西方绝对律令型、规范性伦理学的本质,孔子的忠恕之道作为人间之道则彰显
出儒家教化型、示范性伦理学的本色。"[①]这表明,无论是基督教的道德金律,
还是儒家的忠恕之道,均内含着主体对等性伦理规范,这种主体对等性伦理有
两个基本原则:第一,每一个人都必须得到人道的待遇;第二,己所不欲,勿施
于人。这样一来,在社会的伦理生活领域,人们就可以建立起相对稳定的彼此
对等的人际伦理关系。

赵汀阳先生不满于"推己及人"、"由己及人"或"人同此心,心同此理"的
模式,认为该模式的可能眼界只有一个,即"我"的眼界,而"由人及人"的模式
则包含所有的可能眼界。于是,他把这种模式修改为"人所不欲,勿施于人",
概括为:"(1)以你同意的方式对待你,当且仅当,你以我同意的方式对待我;
(2)任何一种文化都有建立自己文化目标、生活目的和价值系统的权利,即建
立自己关于优越性的概念的权利,并且,如果文化间存在分歧,以(1)为
准。"[②]他分析道:自苏格拉底以来,理性对话就被认为是通向普遍承认的真理

---

① 王庆节:《道德金律、忠恕之道与儒家伦理》,《江苏社会科学》2001 年第 4 期。
② 赵汀阳:《我们和你们》,《哲学研究》2002 年第 2 期。

之路,至今,哈贝马斯还坚持认为,完全合乎理性标准的正确对话必定能够产生一致认可的理解。这样,在传统认识论和道德教化论视阈内,"礼尚往来"的主体对等性伦理就有可能被普遍认可和接受。甚至,这种主体对等性伦理还往往在实际上衍生出"滴水之恩,当涌泉相报"的十分诱人的完美道德人格的扩张。

关于主体对等性伦理,孔汉思曾经列举了世界历史上各主要宗教和文化传统中关于道德金律的种种表述:

孔子(约前551—479年):"己所不欲,勿施于人。"(《论语·颜渊第十二》;《论语·卫灵公第十五》)

拉比希勒尔(Rabbi Hillel)(前60—公元10年):"你不愿施诸自己的,就不要施诸别人。"(《塔木德·安息日31a》)

拿撒勒的耶稣:"你们愿意人怎样待你们,你们也要怎样待人。"(太7:12;路6:31)

伊斯兰教:"人若不为自己的兄弟渴望他为自己而渴望的东西,就不是真正的信徒。"(圣训集:穆斯林,论信仰的一章,71—72)

耆那教:"不执于尘世事物而到处漫游,自己想受到怎样的对待,就怎样对待万物。"(《苏特拉克里坦加》1·11·33)

佛教:"在我为不喜不悦者,在人也如是,我何能以己之不喜不悦加诸他人?"(《相应部》V,353·35—342·2)

印度教:"人不应该以己所不欲的方式去对待别人:这乃是道德的核心。"(《摩柯婆罗多》XIII,114·8)①

上述所罗列的表述,大致可归纳为积极表述和消极表述两个类型。积极表述是:你若愿意别人怎样待你,你就应当怎样待人。消极表述是:你若不愿意别人这样待你,你就不应当这样待人。"两种表述尽管有所不同,但基本精神是一致的,即:我对别人对我行为的所欲所求(不欲不求),应当成为我在社

---

① 参见孔汉思:《世界伦理新探——为世界政治和世界经济的世界伦理》,张庆熊主译,道风书社2001年版,第163—164页。

会生活中对他人行为的道德规准。"①

可以说,在传统社会,主体对等性伦理规范应该是没有问题的,因为那时候还没有发展出彼此冲突的多元价值观,即使有人持不同意见,也难以形成有影响的权力话语,于是,人们想要的和不想要的就彼此基本一致或大同小异,因此不会影响到社会的总体价值选择。不难想象,在价值观基本一致的社会背景下,"人同此心,心同此理"就成为社会伦理生活的普遍规则,"推己及人"的思维方法就比较适用,主体对等性伦理也就顺理成章了。

在人类历史的市场经济阶段,由于经济生活领域中的等价交换原则普遍发生作用,所以伦理生活领域的主体对等性原则就显得特别重要。如果有人违背了商品交换的等价交换原则,失去了起码的商业协议约束和诚信约束,弄虚作假,坑蒙拐骗,利欲熏心,损人利己,那就不仅违背了经济生活的公平合理,而且违背了道德生活的诚信待人原则。因此,在市场经济社会里,诚信原则是主体对等性伦理的主要原则,也是用来判别市场经济是否成熟和规范的标志之一。

二、主体非对等性伦理

主体非对等性伦理的基本原则主要是指:其一,在伦理关系中,由于道德主体之间的素质能力和地位身份的诸多差异,难以在"礼尚往来"的原则下实施严格对等的互换与互信行为;其二,在特定的伦理秩序和道义互惠关系中,不同的道德主体仍然可以在多样化的价值取向中,实现自己独特的道德选择;其三,在伦理软约束中的彼此相异的道德主体,其行为的合道德性与其利益的差异性是相随伴生的。

在现代社会,主体对等性伦理的必要条件与价值共识,早在所谓"羊吃人"的现代文明的入口处就一步步地被破坏了。现代社会始于"平民"反对"贵族"的价值观以及相应的制度安排,自由和平等的要求决定了多元化价值观的冲突。现代市场经济社会对于传统封闭社会的积极超越,首先意味着个人经济权利的觉醒,从而,利益多元化的价值观的深刻革命就是不可避免的。

---

① 王庆节:《道德金律、忠恕之道与儒家伦理》,《江苏社会科学》2001 年第 4 期。

尼采意识到现代价值观的革命就是奴隶反对主人的运动,他倾向于用属于奴隶的"低贱的"价值观去反对主人的"高贵的"价值观。列奥·斯特劳斯的基本精神则是"青年反对老年",亦即今天反对古代,他认为,"古今之争"是最大的价值观冲突。由于现代性中这类永不停息的"推陈出新"的运动,致使现实社会生活领域的主体对等性伦理规范受到了彻底的颠覆。

理性对话尽管有可能达到一致的理解,但现代人的现实需要不仅是被理解,而且是被接受,人们之间达成共识与合作的充分理由不只是互相理解,重要的是在行为上互相接受。由于互相接受的问题超出了知识论和理性所能够处理的范围,于是"接受问题"迫使知识论上的"主体间"问题深化为实践或价值论上的"人际"问题。由此可以推知,现代社会"伦理学的基本问题不仅仅是公正问题,而且还有价值观的选择问题;不仅仅是为了解决我与他人的关系问题,而且还需要解决生活和社会的理想问题"①。

在多元文化共存、共享的社会空间里,各种文化(各种文明、宗教、传统和政治理想)甚至各种亚文化(女性主义、环保主义、同性共同体等)都拥有不同的价值观,这意味着人们在"想要的和不想要的"东西上有着不可通约的需要和评价标准。传统意义上的"己所不欲,勿施于人"的道德规则,在这里已经没有能力处理价值问题了,至少在感性生活层面会处处遇到严重挑战。在现代社会的伦理生活领域,即使双方彼此有"礼尚往来"的对等约定,也难以保证行为人和行为本身的真正对等性和合道德性。有论者曾经作出分析:即使以"他人观点"为准的道德金律,也难以作为"普世伦理"的"元规则"。例如,假设你我都是腐败的官员,而且你我都不以贿赂为耻,反而以之为荣。当我贿赂你时,我知道你想我以"贿赂"的方式对待你,并且假设你也会同意以同样的方式回报我。即两个人按照相互贿赂的方式达成默契,这样的道德行为,无论是出于"主体观点"还是"他人观点",都不能改变"贿赂"的不道德性。亦即是说,即便我对某一他人对我行为的所欲所求与此人想要得到的对待是相同的,遵循这一原则行事也不能保证永远是道德的。

现代市场经济在积极意义上普遍启发了个体争取经济权利的觉醒,在利

---

① 赵汀阳:《论道德金规则的最佳可能方案》,《中国社会科学》2005 年第 3 期。

益最大化的竞争中推动了科学理性和社会生产力的迅速发展,正如《共产党宣言》中所指出的:"资产阶级在它的不到一百年的阶级统治中所创造的生产力,比过去一切世代创造的全部生产力还要多,还要大。自然力的征服,机器的采用,化学在工业和农业中的应用,轮船的行驶,铁路的通行,电报的使用,整个整个大陆的开垦,河川的通航,仿佛用法术从地下呼唤出来的大量人口,——过去哪一个世纪料想到在社会劳动里蕴藏有这样的生产力呢?"①呈现在人们面前的直接经验事实是物质生活资料的日益丰富,破解了传统社会一直困扰人类的"衣食之忧"。然而,现代市场经济社会并非"普惠众生"的完美至善的理想社会,相反,市场竞争导致了社会财富的分配不公,难以避免不同社群的两极分化或贫富悬殊;在物欲横流的社会背景下,如果缺乏必要而有效的制度安排和社会伦理机制,极端利己主义、拜金主义、政治腐败和社会奢靡之风必将肆虐泛滥;人在物欲和权力欲的驱使下,掠夺、占有自然资源的趋势将会愈演愈烈,生态危机的灾难必将愈来愈沉重;人性扭曲和伦理文化失落将不可遏止。于是,传统意义上的所谓主体对等性伦理将日益代之以主体非对等性伦理。这就难怪有学者毫不留情地揭秘现代社会的伦理颓势:"人类全体堕落的例子也许没有,但人类大体堕落的例子已经不少,现代社会就最善于领导人民走向大体堕落。现代商业和工业所领导的就是一个人类集体堕落的文化运动,它以大众'喜闻乐见'为理由把生活/文化的结构由'向高看齐'颠覆成'向低看齐',从而消除了文化和精神的品级制度,以低俗的文化精神淘汰高贵的文化精神。在这个关于文化价值的伦理学问题上恐怕很难有普遍原则,这就形成了伦理道德的一个永远的溃口。"②

面对现代社会复杂多变的感性生活,如果再坚持用主体对等性伦理作为社会的伦理元规则,就将遇到难以排解的困难和挑战。即使日常生活中众口能详的一些伦理术语,都无法经受"对等性"规则的检验。诸如,"尊师爱生"、"尊老爱幼"以及"孺子落水而起恻隐"这些通行于传统社会的伦理规范,在现代社会的一些场合却被物欲潮流冲淡了,或者依据条件发生"一边倒"的非对

---

① 《马克思恩格斯选集》第1卷,人民出版社1995年版,第277页。
② 赵汀阳:《论道德金规则的最佳可能方案》,《中国社会科学》2005年第3期。

等性倾斜。颇具典型性的"不许说谎"的伦理规范,就不能保证对一切人和在一切场合下都普遍有效,否则将失去伦理价值和道德意义。

当然,承认主体非对等性伦理,并不意味着对于伦理关系或社会伦理秩序的故意颠覆。相反,在现代社会,要构建有效的伦理体系和相对稳定的伦理秩序,就很有必要特别地关注主体非对等性伦理。即使原本通行的对等性伦理规范,也往往需要随着具体生活情景的日益丰富多彩,而不断被作出灵活的解释或必要的修改,甚至被主体非对等性伦理规范所完全取代。比如曾经流行一时的"关注弱势群体"的命题,显然具有特定的道德意义和伦理导向,但这个命题却绝对不是什么主体对等性伦理规范,不能纯理想主义地认为,实施"关注弱势群体"的制度安排和伦理规范,社会上从此就不再有"弱势群体"存在了;或者认为,弱势群体与强势群体、穷人与富人的界限便从此可以消失了,人人就都同步对等地进入美好的极乐世界。

三、环境伦理是主体非对等性伦理

环境伦理的首要问题,是要维护人与非人类生命体之间的伦理关系。然而,人与非人类生命体作为道德主体,双方明显存在着非对等性关系。特别是到了现代社会,人们被先进科学技术武装起来以后,人类就高高凌驾于一切自然物种之上,几乎完全掌控了自然界生命体的命运。这就需要有理性的人去善意地对待自然界中一切非人类生命体,以生态理念和环保意识的文化提升自己,与此同时,又不能期望或苛求非人类生命体同样"理性地"理解和回报自己。人类只有在这种"非对等"的伦理关系中,才能以理性道德主体的身份,为改善生态环境、推进生态文明作出自己特有的贡献。于是,是保护和帮助自然物种的生存和延续,还是猎杀和占有自然物种,就成为环境伦理与反环境伦理截然对立的分水岭。"人类中心主义"正是基于自然资源的有限性,把动植物和整个自然界简单作为人类任意支配的工具的。并且,以所谓"人是最可宝贵的"为理由,否定人与自然生命体之间的伦理关系。这是否能够站得住脚呢?

环境伦理承认并尊重自然界一切非人类生命体的价值,认为凡是非人类生命体均有其趋利避害的价值选择,即均有其生的欲望和逃避死亡的本能欲求。因此,人不能无端地加害于所有生命体。从肯定方面说来,就要提倡"己所欲而欲人","人所欲而欲人","物所欲而欲物";从否定方面说来,就要提倡"己所不欲,勿施于人","人所不欲,勿施于人","物所不欲,勿施于物"。这样一来,是否就意味着在人与自然物之间取消差别,追求二者的绝对平等,把人与物彼此等值呢? 若此,那就不会再有人类和人类社会了。罗尔斯顿认为:"工具价值和内在价值不是均匀地分布在生态系统中的。我们可以把它们在不同存在物身上的比例差异大致归纳如下:(1)无生物拥有最少的(尽管是基本的)内在价值,但在它们所生存于其中的共同体中,它们却拥有极大的工具价值。(2)就个体而言,植物和无感觉的动物(草、变形虫)拥有较高、但仍然是不太重要的内在价值;比较而言,它们(就群体而言)对生物共同体(它们生存于其中)却有着重要的工具价值。(3)就个体而言,有感觉能力的动物(松鼠、狒狒)拥有更为重要的内在价值,而一般说来,它们(就群体而言)对生物共同体(它们生存于其中)只具有较不重要的工具价值……(4)就个体而言,人具有最大的内在价值,但对生物共同体只具有最小的工具价值。"①由此可见,从生物链的低端到生物链的高端,价值主体的内在价值逐步上升,而价值主体的工具价值则逐步降低。只要坚持这一原则,"人类中心主义"的所谓"老虎吃人合理论"之类的杞人忧天式的担忧,就都是多余的了。

在自然界中的非人类生命体的个体与群体、生物个体与生物种群的关系问题上,存在着相依为命和对立统一的复杂关系。自然生态系统中的任何一个物种(甚至可以拓展到人类),其个体繁育的规模和数量都是有一定限度的,超过了一定的临界点,就须通过自然选择或人为选择加以矫正和调节。比如,澳大利亚曾一度引进本地所没有的野兔,作为增加新物种、改善生态环境的措施之一。然而,不太长的时期内,当地却出人意料地发生了"兔满为患"的生态灾难,以至于不得不有违初衷去无奈地开展"人为灭兔"的活动。否则,整个自然生态系统就面临崩溃的危险。

在环境伦理体系中,存在着比较稳定的基本关系:自然生态系统选择和创造了多样化的物种,物种得益于生态系统的庇护和恩惠,在特殊条件下,物种

---

① [美]H. 罗尔斯顿:《环境伦理学》,杨通进译,中国社会科学出版社 2000 年版,第 304 页。

则需要为自然生态系统的利益作出某些牺牲;同理,由足够众多的个体所支撑的物种,与个体发生着互依共生的关系。但是,假如物种个体与其所隶属的物种发生矛盾或冲突,那么,个体就往往需要作出某些牺牲,直至牺牲个体的生命。有些自然界中的物种,常常是靠着不断淘汰或牺牲病弱个体的代价,换来自身的物种存续。另外,在环境压力下拼力抗争的物种个体,在自然选择的法则面前可能会发生根本性的变异,由此脱离原物种,新的物种也就随之诞生了。

总之,在人与自然、个体与物种的相互关系中,存在着来自人的选择和自然选择的复合因素的共同作用,自然生态系统演化中的平衡总是相对的,不平衡是绝对的,企图单纯依靠人为力量驾驭一切、主宰一切,往往是过分理想主义的乌托邦幻想。

第二节 主体非对等性伦理高于主体对等性伦理

主体对等性伦理是"条件性伦理",在这种伦理规范之下,人们的施善道德行为往往是讲条件的,没有了一定的"交换条件",其道德行为的实施就会大打折扣,甚至"知善而退";而主体非对等性伦理则是"非条件性伦理",道德主体在非对等性伦理的规范之下,其施善的道德行为是不讲条件的,他不图回报,知善而进。

一、主体非对等性伦理的特征

在主体非对等性伦理规范中,道德主体的行为是自愿地"自由给予",而不是任何意义上的"交换性活动"。关于主体非对等性伦理的这种特征,赵汀阳先生曾经有如下的精辟解说:

"自由给予的行动只以自身为目的,因此行动者首先感受到的是自己获得很多,即使他也意识到他有所付出,他仍然觉得获得的更多,所以自由的给予行动使人幸福,它直接地、无代价地使生活变得更丰富。无论在自由的给予中实际上付出了多少,这种付出都恰恰是行动者自由并且自愿付出的。如果不让他付出,他将非常痛苦,所以这种付出不是一种代价,它不被用来交换任何东西。一个心理正常的母亲对子女的爱就是典型的自由给予行动,母亲在这种行动本身中获得无限喜悦,这种幸福显然是直接产生的,无论子女将来是否对母亲有报答式的爱,母亲都已经获得了作为母亲的幸福。如果一个母亲对子女的看护只不过是对子女将来的报答的预谋,那么她就破坏了爱的关系而把母子关系变成商业性的我与他人的关系,她就注定失去幸福……在交换性活动中,人们总是倾向于觉得自己付出更多。"①

需要指出的是,主体非对等性伦理中的给予行为,本质上不同于那种貌似伟大和执意追求高尚的"无私奉献"。在给予行为中,给予不仅是自愿的,而且是自觉的和自由的,因此,对于施善的给予者来说,他的行为既不受外在环境、社会舆论和伦理规范的外力制导,也不期盼被给予者对其给予行为本身的评价和给予之后的回报,给予本身就已经是施善者幸福的过程了。而"无私奉献"尽管多半是自愿的,但却并非是自由的,因为它是对于某种外在伦理规范的内化和选择,于是,这种"无私奉献"的行为总难免受一定伦理规范的"外驱力"的制导。例如,在赈灾活动或其他慈善事业中,社会舆论往往要做些广泛而精细的组织动员和社会宣传工作,号召人们自愿捐钱捐物,由之促使人们在舆论"外驱力"的作用下,深怀着某种高尚的"理想预期"而施善。这种理想预期的践行,尽管能够令道德主体"自我感动",但这种"自我感动"往往表现为"自怜"或"自娱","自怜是把自己看得很可怜,自觉到自己甘愿吃亏。一个可怜的人当然是不幸的。自娱是自我陶醉,是把自己想象成宗教或文学人物,这种毫无现实意义的幻想同样是不幸的。"②自怜或自娱,都会在悄无声息中抵消"无私奉献"的"高尚"。其实,那种在主观意图上把伦理规范拔得过高或过于理想化的舆论,远不如提倡人们自然而然地做人,平平常常地施善来得直白、快捷、轻松和坦诚,以便人们在没有任何外在强制和内在预谋筹划的前提下,在自觉、自愿、自由地施善或给予过程中享受快乐和幸福。尽管这种伦理在实质上是非对等性的,不存在"礼尚往来"、"投桃报李"的斤斤计较或精心谋划,但却免除了舆论的渲染和蓄意的做作,这是人生伦理中唯有自己才能真

---

① 赵汀阳:《论可能生活》,三联书店 1994 年版,第 124—125 页。
② 同上书,第 124 页。

切体味、明白和享受的福祉,是"我之为我"与"我愿利他"的有机糅合,由此可望通达内心平静无暇、轻松自如的自由境界。

当然,在伦理领域,人们必须是先自觉到"有我",才可能成为给予行动的主体;其次,还需明确如何给予才是适当的,懂得如何给予才能够做到更有效地把道德动机与道德效果有机统一起来。否则,即使给予行动是自愿的,也难达到道德的预期和自由的境界。即是说,人们在非对等性伦理中的给予行动,要达到"我之为我"与"我愿利他"的有机糅合、轻松自如的自由境界,往往需要经受人生经验的历练和积淀,不仅切实具有"我之为我"与"我愿利他"的坦诚与自信的秉性,而且具有与他人、与社会、与环境、与自然万物同生共在的伦理潜质。这种潜质并非要求人一定要达到"无我",或者"傻"到把自我忘得一干二净的地步才有望达到。

上述所及,实质上是道德的认识论基础。这个问题曾经长期在理论上被忽略,道德他律强势与道德自律弱势,就是这种倾向的直接反映。实际生活中,那种取消道德主体关于伦理规范和道德原则"所以然"的认知,取消道德主体的自我认识和对于道德行为对象的明晰把握,只能导致人们局限于舆论导向或有赖于某种信仰去盲目施善。它忽视了道德领域中这样一个非常浅显的道理:道德主体只有在认识上达到自觉的程度,才能够在行动上做到自愿且自由的给予或施善行为。

二、非对等性伦理的主体根据

非对等性伦理之所以存在并在社会伦理生活领域居于重要地位,其主体依据就在于不同的现实道德个体以及自为主体与对象主体的差异性。

关于不同的道德个体的差异性,主要表现在认识差异、实践差异、能力差异、需求差异和价值选择差异等;在感性经验层面上,由于不同道德主体的受教育程度、知识结构、生活经历、职业角色、价值取向以及交往规则的彼此差异,即使生活在相同的伦理规范之下,其道德交往行为也会表现出各不相同的道德作为。

关于导致道德个体差异的原因,概略说来可分为个体外在因素的影响和主体内在因素的影响。

一方面,现实人无不具有社会关系的规定,因此,影响道德个体的差异道德行为选择的外在因素,主要包括社会环境、社会分工、家庭境况、生活习俗、舆论导向等内容。第一,随着现代社会开放程度的提高,人们所面临的道德交往机会增多了,但是即使是均等的机会,也很难被不同的个体作出同等的选择,于是,开放的社会环境,反而为非对等性伦理的必要性和普遍性提供了客观的社会条件。第二,现代开放社会的职业分工越来越精细,从事不同职业的个体具有不同的职业道德素养,于是,在道德行为选择上也就会出现千差万别的情况。第三,不同个体的家庭境况,特别是经济收入方面的差别,会对不同个体的道德行为选择产生不同的影响。经济条件的相对富裕,会更加有助于道德个体直接作出利他助人的道德行为选择。第四,不同地区或民族的生活习俗,也会对于道德个体产生彼此不同的道德熏陶,从而促使道德个体作出不同的道德行为选择。第五,一个社会的舆论导向在塑造个体的道德素养方面,起着经常的思想教育、引领和潜移默化的重要制导作用。

另一方面,就影响人的道德行为选择的内在因素,多与个体的综合素质与主体能力密切相关:第一,个体的受教育程度和认识能力。个体的道德行为选择虽然不能完全靠认识或理性来解释,但是却不能由此断言,主体的道德行为选择概与其认识或知识结构无关。相反,个体的认识能力和知识结构对于其道德行为选择常常起着判别、确定和强化的作用。比如,对于正义的执著,对于道德行为后果的预见,对于施行道德行为的体验等,都离不开认识的明辨和把握。第二,个体的先天素质和道德善的潜质。关于人是否有先天潜质的问题,学术界从来没有取得过大体的共识,肯定者有之,否定者也有之。但据现代生物学的相关研究成果,特别是关于生物遗传基因和遗传密码的不断破解,人的先天潜质的世代传承,应该是一个不争的事实。据此观之,孟子的"四端说"便有了科学依据。孟子曰:"恻隐之心,人皆有之;羞恶之心,人皆有之;恭敬之心,人皆有之;是非之心,人皆有之。恻隐之心,仁也;羞恶之心,义也;恭敬之心,礼也;是非之心,智也。仁义礼智,非由外铄我也,我固有之也,弗思耳矣。故曰:'求则得之,舍则失之'。"[1]现实生活中,不同个体对于他者施善行

①《孟子·告子上》。

为的差异,在一定程度上是受制于自身先天善的潜质支配的。第三,个体后天的生活体悟、道德修养和价值取向所存在的差异,对于影响个体道德行为选择的彼此相异起着主要的决定性作用。按照马克思的历史观,现实人的本质力量与其实践活动是相互规定的,即实践活动的发展程度,有赖于实践主体的素质和能力的发展程度,即现实人的素质和能力发展到了何种程度,也就可能生成与之相应的社会实践;同理,实践发展到什么程度,人本身的素质和能力也就相应地发展到什么程度,而现实人的主体素质和能力的发展程度,也只有在他所从事的实践活动的过程和结果中,才能够得到切实的确证。在一定的社会伦理规范中生活的现实主体,其道德素质与其所选择施行的道德行为也是彼此相互规定的。所以,道德个体的素质差异和其道德行为选择的千差万别,便构成了非对等性伦理的现实主体根据。正因为如此,在主体非对等性伦理中,人们容易丢掉道德行为选择的个人预谋,其道德行为不是出于伦理规范的外在强迫。于是,人的道德行为选择就具有较大的自由度,人在道德施善的活动中更能够体验到幸福的充实和人生的美感,一旦做了利人的好事就不至于去到处喧嚣——因为他只要做了就足够了,无须别人"投桃报李"的报答与歌功颂德。

然而,并非所有主体非对等性伦理中的道德选择都是积极的、符合道德的。被称为道德"铁律"的主体非对等性,就是反道德的,比如,"先下手为强,后下手遭殃",曹操所说的"宁使我负天下人,不使天下人负我"等。中国古代思想家已经认识到"铁律"的作用,并在事实上把"铁律"运用于极权统治。韩非子在这方面表现得尤为突出。在他看来,谁掌握了权力,谁就有了"己所不欲,先施于人"的势力("势")。他教导君主说,一定要首先使用权势,否则,让臣属掌握了权势,君主就会受制于人,"使虎释其爪牙而使狗用之,则虎反服于狗矣"①。韩非子反复说明的道理,就是"己所不欲,先施于人"的"铁律":"明主之牧臣也,说在畜鸟……驯鸟者断其下翎,必恃人而食,焉得不驯。"②

一切历史条件下的伦理规范,都只是大致地规制和引导人们的道德生活

---

① 《韩非子·二柄》。
② 《韩非子·外储说右》上。

和道德行为,但它不可能毫无遗漏地完全穷尽人们的感性经验层面的道德生活和具体的道德行为选择。道理很简单,因为人是富有个性的多样化的人,这种人的多样化必然表现为伦理生活中道德行为选择的多样化,感性经验层面的多样化道德行为与之相对应的伦理规范之间是对立统一关系。

三、主体道德差异中的伦理和谐

在伦理规范与人的道德行为之间,从来都存在着彼此的差异和适度的张力。即是说,尽管不同个体的道德行为选择总是富有个性和差异纷呈,但并不就意味着伦理规范失去了规约和导向作用,并且只有二者保持适度的张力,才有望达到一定程度的社会和谐。但是,学术界和现实生活中往往有人把“伦理”与“道德”两个概念混用,从而忽视了二者之间的本质差异和应有的张力。实际上,从形成渠道、社会功能、表现形式、思维方式、价值选择等方面分析,“伦理”和“道德”都是既有联系又有区别的。

“伦理”作为处理各种社会关系的道理,体现的是社会的要求,社会占主导地位的价值取向,具有外在性、社会性、共同性、普遍性,是一种制导人际关系的“统一思维”;而“道德”则是作为每个人对如何处理各种社会关系的个体考量,与每个人自身的人生观、价值观紧密相连,与个人的人生境遇、生活体验、人生感悟密不可分,具有内在性、个体性、差异性、特殊性,是一种体现个体道德选择的“差异思维”。

古人云:“伦,从人,辈也,明道也;理,从玉也。”①也就是说,“伦”是指辈分、关系(人们之间的各种社会关系,包括人与自然的关系)。“理”原指雕琢玉器使其成型有用,后来引申为协调社会生活和人际关系的道理。伦理合成一个概念使用,最早出现在《礼记·乐记》中:“乐者,通伦理者也。”之后,“伦理”一词逐渐用来专指人在社会生活关系中应当遵循的道理和规则,或专指社会的秩序、规则以及人们合理正当的行为。孟子把人们的基本社会关系分为五种,称为“五伦”,即父子关系、君臣关系、夫妇关系、长幼关系、朋友关系。处理好这五种社会关系的道理、规则,分别是“父子有亲,君臣有义,夫妇有

---

① 许慎:《说文解字》。

别,长幼有序,朋友有信。"无论是这五种社会关系,还是处理这些关系的要求,都具有外在性、社会性、共同性、普遍性。其中,如何处理父子关系、君臣关系、夫妇关系的社会伦理要求,就成为中国封建社会统治人们道德行为的"三纲"。

社会伦理规范形成的主要途径,不外乎官方制定、圣贤提倡、宗教推行、约定俗成。在阶级社会中,存在着不同的阶级、阶层、等级和不同的利益集团,他们都会从自己的利益出发,形成和推行反映自己伦理价值观念的伦理规范,不同阶级的知识分子和御用文人还会对这些伦理纲常进行理论论证。由于各个阶级和利益集团对伦理规范的选择,往往是通过其代理者进行的,而代理者本身的利益与其集团的整体利益并不完全一致,又由于历史条件的限制和代理者本人认识判断力可能出现偏差,从而导致代理者所进行的伦理选择,不仅和别的阶级和利益集团的伦理选择不尽一样,而且就在其本阶级或集团内部也不尽相同。尽管每个阶级或集团都想把自己信奉、倡导的伦理规范当做社会的善恶标准,而真正能够把本阶级、本集团的伦理规范当做整个社会的道德要求加以系统化、理论化,并通过国家强制力量和舆论宣传来推崇、提倡和贯彻的,只能是掌握国家政权的统治阶级。为了社会的稳定和政权的稳固,代表国家的统治阶级便采取一系列措施把本阶级的伦理规范加以政治化、神圣化、一元化和理论化,力求使社会成员对其伦理规范体系达成共识,从而使阶级社会的伦理带有浓厚的政治色彩。政治、法律、宗教、哲学等在一定程度上都充当了社会伦理的推动力量和辩护力量。中国传统文化的特点之一就是伦理、政治、哲学的三位一体,而以伦理为价值核心,从而导致了道德政治化和政治道德化。

从社会伦理认同的社会效应的性质看来,它既可能产生积极效应,也可能产生消极效应。其条件是:如果社会提倡和推行的伦理是符合人性的、善良的、正义的,那么,这种社会伦理认同就是人们的福音,就有利于社会的安定、有序、和谐与进步,有利于人的生存、自由和全面发展。中国传统伦理文化中所包含的优良伦理规范,对于维护中华民族根本利益起到了积极作用。如孔子所提倡的"己所不欲,勿施与人"、"己欲立而立人,己欲达而达人"、"仁者爱人"、"老吾老以及人之老,幼吾幼以及人之幼",以及仁、义、礼、智、信、恭、宽、敏、惠等。即使在当今社会,如果社会成员普遍认同和遵守这些伦理规范,就会大大促进和谐社会的建设。

但是,如果社会提倡和推行的伦理规范是反人性的、专制的、非正义的,那么,这种美化统治者的伦理"项链"就会变成残害人的"枷锁",甚至成为杀人不见血的软刀子,酿造出"存天理,灭人欲"、"以礼吃人"的社会悲剧。在人类社会历史演进的长河中,借社会伦理认同来压抑个性、践踏人性、侵犯人权的异化现象时有发生。如中国封建社会的"三纲"、"三从四德"、妇女缠足等伦理规范,它越是被更多的人所认同、信奉、维护和推崇,个人的权利和幸福就越可能被践踏,这样的社会伦理越强大,人性就越被扭曲,个体的道德选择空间就越狭小。很多封建礼教在维护社会宗法等级制度中,都忽视了平等、自由、个体人格和尊严,忽视了个体道德行为选择的自主性、差异性和多样性。"中国的封建传统伦理文化有两个显著特点:一是等级观念森严,上级对下级、上等统治者对下等平民,一概不允许有违上司意图的独立见解和个性意愿存在;二是全面压抑个性,对于官方提倡和认可的伦理规范、众人所皈依的社会主流道德,人们必须无条件地遵从。二者在消除差异思维、求同伐异的旨向上,往往存在着不谋而合的默契。"①

有鉴于中国传统伦理文化过分强调社会伦理的统一性、强制性,而漠视甚至扼杀个体权利、道德思维差异性的弊端,我们在今天更应该尊重和保护不同个体的道德行为自由选择的差异性和多样性,从不断提高个体的自由度中培育社会的生机与活力。一个社会大系统的生机,只能来自于系统内部每个社会成员的自觉、自愿、自由的多样化思维与实践的选择,来自于系统内在要素的彼此差异与协同发展。据此可以断言:"就人的价值本身的多层级结构和多元化趋势来说,任何时候和任何情况下,都忌用单一模式或一元价值标准来框定和评价一切人的价值选择和价值论意义。正视并尊重人的价值的多元化趋势和多层级结构,是培养和保护人的发展和社会进步、珍惜和保护环境的深层活力的重要原则。"②一定的伦理规范制导下的道德生活和个体道德选择,

---

① 崔永和:《思维差异与社会和谐》,湖南师范大学出版社 2009 年版,第 37 页。
② 同上书,第 299 页。

是"一"中之"多",是同一中的差异;同时,正是个体道德行为的多样化选择和非对等地施善,既遵循和体现着既定的伦理规范,又促使和驱动着既定伦理规范的不断完善、发展与更新。二者这种历史的辩证法,演进着人文伦理精神的生动的历史流变的序曲,体现着社会伦理生活的有差异的共识与和谐。

第三节 人在环境伦理中的责任及其价值实现

一、自然环境的人为破坏和自然破坏

尽管在伦理领域把"由己及人"修改为"由人及人",确实扩展和提升了人们的道德眼界,但却难以避免人与自然关系的畸变,难以迎对和消解生态环境问题的严重挑战。

实际上,当今时代人类所期待的生态文明同时面临着两个临界点。为了有助于说明这个问题,我们不妨从如下的一个物理现象说起:在一个标准大气压下,液态水存在的两个临界点是:1℃—100℃。即是说,越过这两个临界点,1℃以下和100℃以上,液态水就不复存在了,就失去了它存在的根据。借用这个物理学中的临界点概念,我们可以确定生态文明生成的两个临界点:一个是动植物物种濒临灭绝,自然界本身的运行演化难以持续;一个是人类的生存与世代延续遇到了空前的灾难,以至于人类的持续发展难以为继。越过这两个临界点,生态文明也就不复存在了,人类追求生态文明的一切美好愿望就都会落空。

生命权是人的神圣权利,它包含着基本的人生底蕴,因此,生命权是不容剥夺的,任意杀人都是违反普遍的低度道德标志的。如果"将人仅仅当做手段,根本不视为同类,例如,出于私人目的、社会权宜处理或虐待狂的快乐而杀人。倘若特定的道德以受害人属于'劣等种族'、'人民公敌'或者其成员可做社会牺牲品(如'不可接触的人')的阶级为理由,而允许这种杀害,那么,这种特定的道德就坏透了"①。沿着这一思路,如果我们把"杀人"的含义拓展为

---

① [英]A.J.M.米尔恩:《人的权利与人的多样性——人权哲学》,夏勇、张志铭译,中国大百科全书出版社1995年版,第157页。

扼杀人的正常生存权利,那么,一切破坏生态环境的行为,从根本上来说都具有广义的"杀人"性质。因为它破坏了人的生存所需要的洁净的空气、天然的水源、安全的食品、宁静舒适的环境,促使扼杀生命的"现代病"蔓延滋生,反常地或"杀人不见血"地结束了许多无辜的生命。这个实际存在和不断恶化的生态问题,是反思现代化的环境伦理学所不可回避的严峻话题,是一切环境立法者所不该跳过的屏障。

物种灭绝过程具有两个基本类型,即"人为灭种"和"自然灭种"。现代生态危机具有两类并存的诱因:一是现实人的活动污染和破坏了自然环境和生态平衡;二是由于自然界本身的衰变导致了自然物种的不可持续。当然,这两方面的原因在实际上往往是共同起作用的,其区别只是在一定条件下孰大孰小的问题。因此,把当代生态危机的全部根源归咎于人类活动,显然是欠公道的,也是不符合事实的;而把当代生态危机全部归因于自然界本身,也同样有失公道,它忽视了自然界本身的自行退化或衰变作用。

例如,黄土高原是我国水土流失最严重的地区。该地区由西北向东南倾斜,海拔在1000—2000米,面积30多万平方公里。除少量石质山地外,大部分被厚层黄土所覆盖,经流水长期强烈侵蚀,水土流失面积多达27万平方公里,其中11万平方公里的水土流失严重。这主要是由于自然力的作用,致使横跨青、甘、宁、内蒙古、陕、晋、豫等七省区的大部分或一部分的黄土高原呈现千沟万壑、支离破碎的特殊自然景观。黄土高原和其他地区的水土流失、环境破坏和地质退变,除了自然原因,还有人为原因。比如,由于黄土高原地处"过渡地带":一是地形、降水和干湿区的过渡地带;二是植被类型和农业生产类型的过渡地带。因此,黄土高原本身的"不稳定因素多"、"生态环境脆弱"。在这样特殊的地理区位中,如果人们采取落后的耕作方式,在传统的生活习惯中不合理地利用土地,破坏植被等错误的作用于自然的方式,就会加剧水土流失;随着人口的增长,人地矛盾日益突出,人们为了片面提高农产品产量,大量施用化肥、农药,从而引起土地肥力下降,土壤结构破坏,污染破坏环境,造成水土流失,破坏黄土高原的自然生态。可见,黄土高原的水土流失和其他地区的环境破坏存在着许多人为因素。

再如,中国的东北地区,包括黑龙江、吉林、辽宁三省。这里有丰富的自然资源,主要包括煤、铁、石油、天然气;东北原有的工业基础较好,而且交通便利,农业也比较发达。因此,东北地区既有丰富的自然资源,又有发展工业的良好的经济资源,在此基础上,形成了以钢铁、机械、石油、化工、建材、煤炭等重工业为主体的工业体系,成为我国近代工业起步较早的地区之一。东北地区的产业结构中,轻工业(木材、造纸、纺织、食品)大多是以农副产品为原料,资源型工业占重要地位。在重工业中,采掘工业与原材料工业产值之和超过加工工业,而且加工工业又是以交通运输和重型机械加工为主。但是,支撑资源型工业发展的资源却日渐枯竭,出现了包括能源、水、有色金属和森林等工业原料资源在内的多方面的资源危机,区域经济发展的约束条件日益凸显。工业化时代的主要资源是金融资本,后工业时代的控制型资源则主要是知识。但东北经济以重化工业为主,企业多属于资金密集型,且亟须技术改造,因此,资金需求量大,资金供给明显不足。在科学技术方面,从科技成果的绝对数量来说,科学技术在东北地区有一定的优势和潜力,但在相对数量方面,其地位却在不断下降,人才的外流是一个重要原因;就产业技术创新来看,在计划经济体制下,企业本身缺乏技术创新的内在动力。由于东北地区的产业结构以重化工业为主,轻工业也以农副产品为原料,因此在工业发展过程中出现了严重的生态环境问题,主要表现为:乱砍滥伐所造成的水土流失;工业废弃物的排放严重污染环境;水污染严重,地下水位下降。这种环境的污染和破坏,同样是既有自然原因,又有社会原因;既有自然因素,又有人为因素。

推而广之,凡是有矿藏的地区,都存在如何开采的问题;凡是有林业资源的地区,都存在如何采伐和资源再生的问题;凡是有工业项目及多种产业并存的地区,都有如何调整和优化经济结构的问题。特别是在工业化全面"武装"或侵染农业生产的地区,都存在抵制工业污染、扬弃工业文明、发展生态农业的问题,等等。如果不从生态文明与持续发展的高度对待诸如此类的问题,那么,人与自然的关系就必然恶化,人的生产活动就不一定是长远有效的,不一定是创造正向价值的有益活动,甚至在长远的后续效果中,人们会逐步感受到当今的人们追求经济发展的"壮举",居然是人类自掘坟墓的愚昧的骚动。

二、当代人类的环境责任

马克思的自然观是人化自然观或社会自然观,即在马克思的理论视野中,存在着把自然物通过实践"人化"到社会历史领域的逻辑行程。在这里,他既不把人类社会复归于自然界,也拒绝把自然界视为完全外在于人和人类社会的自在存在。他认为:"被抽象地理解的,自为的,被确定为与人分隔开来的自然界,对人来说也是无。"①在人化自然的意义上,人与自然、历史唯物主义的自然观和历史观是有机统一、不可分割的。于是,"社会是自然历史过程"与"自然界是社会历史过程"实际上是一回事。马克思曾经在人的实践、人的本质力量对象化的中介条件下,热切地呼唤和追求自然界的"解放"和"复活",并且认为自然界的"解放"与人的"解放"其实就是相互交汇、相互依存、相互规定的统一过程或同一个过程。他强调:"只有在社会中,人的自然的存在对他来说才是自己的人的存在,并且自然界对他来说才成为人。因此,社会是人同自然界的完成了的本质的统一,是自然界的真正复活,是人的实现了的自然主义和自然界的实现了的人道主义。"②在这里,人与自然界的关系也就是人与自身的关系。

沿着马克思的社会自然观的逻辑行程,结合当今遍及全球的生态危机的实际状况,现代人要切实负起环境责任,至少需要从以下几个方面做起:

1. 爱惜和节约资源。人类可资利用的资源包括不可再生资源、可再生资源和恒定资源。环境伦理学要求人们节约使用不可再生资源,保护和完善可再生资源的再生机制,开发恒定资源转化为可利用形式的方法和途径。一切有用性资源都是有限的,这就要求人们自觉增强珍惜和节约资源的环境意识,切实承担起保护生态的环境责任。西方的商品世界曾经盛行的消费文化、享乐文化或浪费文化,一味强调扩大消费,用浪费来促进生产、促进就业、促进所谓的经济繁荣。这种主体的迷失完全不考虑地球的承受能力,随心所欲地消耗和浪费资源,丧失了环境意识和环境责任感。发展中国家在追求经济增长和社会发展的过程中,往往浮现出一个明显的环境退势:城市的数量不仅急剧

---

① 《马克思恩格斯全集》第3卷,人民出版社2002年版,第335页。
② 同上书,第301页。

增加,而且原有城市无不在迅猛扩展地盘;和城市遥遥相望的分散然而生态的农村,也在透射着无限的羡慕之情向城市靠拢,其结果便导致了人的生存空间和耕地面积的急剧锐减。这种趋势如果得不到清醒而有效的遏制,那就标志着人的环境责任在继续丧失。

2. 热爱和保护动植物。广义伦理学或环境伦理学主张,人不仅对人类共同体负有道德责任,同时还要对周围环境中的植物、动物负责,把自身的本质力量和道德责任投射到自然生命体之上,不去人为地毁坏或残害动植物,不去折磨有痛苦感体验的生命机体,杜绝以猎杀动物的形式取乐的行为。现代工业文明中,几乎每天都有物种在灭绝,而生物链的任何断裂,都将最终殃及人类,有些国家因此率先制定和实施了"禁止虐待动植物法",用以警示和倡导人们的环境伦理责任。

3. 改善和优化生存样式。当今的人们对于卫生、饮食、健康的关注程度在日益提高,然而,究竟什么样的生存样式才是有利于健康的? 什么样的活动才是文明的和可持续的? 这并非每个人都能够作出符合环境伦理规范的判断和明智选择。诸如,尽管吸毒有害个人健康,断送了人的正常生活和家庭幸福,但人世间却仍然有吸毒者;紊乱的性行为是艾滋病的重要传播渠道,然而黄色市场交易却依旧潜在地流行和蔓延;"吸烟有害健康"的标示虽然写在作为商品的纸烟包装上,我国的烟民却占总人口的 1/4 到 1/3,而且烟民日趋年轻化,部分烟民吸烟,全民蒙受损害。这样的环境责任究竟该由谁来负责? 假如有人在这些问题上缺乏应有的自律、自省和自觉,那就需要从立法的角度去加强硬约束和必要的引导。因此,有利于生态环境的制度安排、法制建设和政策制导,对于改善和引导人的生存样态,将起着不可替代的重要作用。相反,如果相关政府主管部门不作为,那就是忽视了应当承担的环境责任。

4. 自觉提升实践批判能力。现代工业文明以来,人们的实践批判能力急剧下滑,大量经济活动所伴生的人文失落的负效应急剧攀升,一些效益可观的化工厂、烟厂、建材厂等,对于环境的污染破坏完全经不起精密科学的计量分析和跨时段的历史评价,它们所创造的经济价值偿还过环境代价、正负抵消之后,最后的结果可能是一个负值,从长远后续的角度看问题,它们其实是在给人类生产着"灾难"。所以,对于当代人追求经济发展的所有实践及其后果,都应当始终保持一种有限度的乐观,冷静观察和反思它的可持续性和后续效应。阿隆在其《进步的幻灭》中,就直言过现代社会进步的虚幻性,他说:"一种有效的经济,并不必然是一种公正的经济","最有效的经济组织并非同时是最有利于人类的价值。"①因此,对于现代工业化的实践过程,需要怀着高度的生态环境责任予以认真地审视、批判和超越。

三、自然价值与人的价值同步生成的内在相关性

如果把自然价值作一粗略分类,可以将其分为自然生命体(动物、植物、微生物)的价值与自然无机物的价值两大类。这样两类自然价值的生成与存在,都与人的价值实现密切相关联。

这里存在一个如何突破和超越关于"主体"概念的惯性思路问题。按照孤立地阐释或界定主体的惯性思路,最典型的是:唯有有理性的人是主体,其他与人相关的、使人能够成为主体的其他存在物,诸如动物、植物、微生物以及仍可能潜在着生命质的无机物等,都不是主体。惯性主体思路认为:动物——虽有活动能力但无理性,不是主体;植物——虽有生命力,可以进行新陈代谢,但无活动能力,不是主体;微生物——虽有生命并有活动力,但其存在只局限于微观领域,不是主体;无机物——迄今的科学分类都把无机物列入无生命体,当然不是主体。由此推演,价值也就只具有属人意义,属人领域之外均无所谓价值可言。

需要强调指出的是,以上的主体概念具有一个致命弱点,即不是联系地而是孤立地界定主体,没有用联系的观点把主体视为复合的、相互规定、相互生成的概念,从而在方法论上违背了辩证法,在过程论上违背了基本的客观实际。例如,即使一个健全的人,切断了他与自然界以及其他条件的现实联系,就不可能是主体。马克思关于主体的界定,包括两个不可忽视的理论要点:其一,作为现实主体的人与实践相互规定;其二,人要成为主体,必须与他人、与自然物及其所有相关的外在条件相互交往,相互作用,相互规定。

----

① 转引自河清:《现代与后现代》,中国美术学院出版社 1998 年版,第 376 页。

马克思指出:"经济的再生产过程,不管它的特殊的社会性质如何,在这个部门(农业)内,总是同一个自然的再生产过程交织在一起。"①这里所特别强调的农业的再生产,历来都既是社会的再生产,又是自然的再生产。其实,推而广之,这个论断远不限于农业生产部门,因为只要有从事实际活动的人在活动,他本身就是自然属性和社会属性的统一。正因为离开自然界就没有人、离开人就没有自然界,所以,马克思坚持"人创造环境,同样,环境也创造人"②的观点。这里的环境,包括自然环境和社会环境。在人与自然环境的关系方面,马克思把"自然的人的本质"与"人的自然的本质"看成是一回事;在人与社会环境方面,马克思指出:"正像社会本身生产作为人的人一样,社会也是由人生产的。"③因为"社会本质不是一种同单个人相对立的抽象的一般的力量,而是每一个单个人的本质,是他自己的活动,他自己的生活,他自己的享受,他自己的财富。"④据此,我国学术界早就有论者指出,在人的对象性活动中存在两类主体:自为主体(人)和对象主体。人作为自为主体,在自己的感性实践活动中把自己的本质力量指向并对象化到实践对象上去。同时,实践对象作为对象主体,也把自身的潜能或力量释放出来,从而两类主体的活动结果就可能会合一处,从而体现出"两个尺度"的统一。在农业生产中,肥沃土地与贫瘠土地的效益级差,主要源自对象主体的差异。我们由此可以顺理成章地推导出自然价值与人的价值同步生成的内在相关性:

首先,人的需求对于动物的依赖。多样性的动物是大自然的杰作,是重要的自然资源,它不仅对于人类具有重要的、经常的工具价值,而且自身也具有其内在价值。在人与动物的相互影响、相互作用中,生成着深层的超越满足人和动物需求的生态环境和自然生态系统价值。当然,无论是人还是动物,在数量上都有一个存在限度或临界点,即都不能够无限地消减和无限地膨胀,一旦消减或膨胀到接近临界点,就要通过社会选择和自然选择加以补救调节。而

① 马克思:《资本论》第2卷,人民出版社2004年版,第399页。
② 《马克思恩格斯选集》第1卷,人民出版社1995年版,第92页。
③ 《马克思恩格斯全集》第3卷,人民出版社2002年版,第301页。
④ 马克思:《1844年经济学哲学手稿》,人民出版社2000年版,第170—171页。

当这种补救措施完全失灵的时候,人和动物就都难以持续了,甚至将引发不可抗拒的生态灾难。

其次,人的需求对于植物的依赖。植物有好多被人赞美的词语:植物是地球的肺;植物的绿叶是转化太阳能的加工厂和氧气库;植物的果实茎叶是生命之源;植物是保护水土的卫士;植物是气候的调节器……这类说法除了过于把植物工具化之外,没有虚构的毛病,都是符合实际的。从植物与人的相互关系来说,植物有时是很脆弱的,它们怕洪水,怕野火,怕人的反生态偏好选择,怕人的乱砍滥伐。所以,人要与植物和谐相处,就不能一味地索取,还需适当地给予,尊重和关心植物的需要,保护植物的物种多样性。

再次,人的需求对于微生物的依赖。微生物属于微观领域的生物,缺乏一定的生活常识和科学知识的人,甚至常常否定微生物的存在,更谈不上承认微生物与人的需要有什么内在相关性了。其实,微生物的存在与活动对于人的生活具有不可忽视的重要性:人的许多食物需要微生物的分解活动来提供,做馒头、酿酒、制醋、泡制酱菜等,都离不开微生物的活动;在发展有机生态农业中,土壤的活性和有机肥料的沤制,需要微生物在其中的发酵反应;在医疗事业和生命体的保健过程中,微生物发生着不可替代的重要作用。当然,事实上也同时存在对人类和其他生物有害的微生物和病毒,这需要利用和它们"相克"的微生物去战胜和排除。

最后,人的需求对于自然无机物的依赖。自然无机物主要包括水、土壤、大气和阳光等。迄今所有的科学知识都把这些物质视为非生命的存在形式,这样的结论是否有点过于武断,是否包含着错误,需要科学的继续发展去逐步解决。在人的已知领域和未知领域之间,从来都存在着一个相对的、经常变动的弹性界限,随着人的认识手段的改进和认识能力的提高,已知领域在不断扩充和拓展,原来的认识定论则随之而常常被修正或推翻,这是人类认识史和科学发展史上常有的事。因此,不能祈求已有的科学知识能够解决人们所遇到的一切问题,否则,必然陷入愚昧和独断论的误区。自然无机物是否具有生命特征,恐怕是一个具有张力的悬而未决的话题。但无论如何,正是这些无机物成为地球上有生命、有人类的物质前提,从根本上来说,这些无机物正是重要的生命之源和一切生物的生命依托。生态文明建设中所谓的保护自然环境,爱惜自然资源,节约能源,落实科学发展观,其重要指向就是保护这些无机物,并使其得到合理持续的开发与利用,在推进生态文明建设的过程中,用人类的明智行动创造和找回清新的空气,洁净的水源,有机的沃土,清澈的蓝天。这不仅是生态文明建设的物质指标,更是人文精神的文化境界。

第三章

自然价值的多重解释维度

把握和评价自然价值,不同的人会采用不同的评价维度,坚持不同的标准,诸如经济维度、科学维度和生态系统维度等。其中,经济维度关注自然的工具价值;科学维度坚持稳定的是非标准,在"主客二分"的思维范式下把自然价值视为外在于人的纯客观事实;生态系统维度基于自然生态系统的整体性和普遍联系,兼顾自然和人本身的内在价值,把自然价值视为一个系统,并认为该系统同时涵摄人的价值、非人类生命体价值和非生命体价值等基本要素。这些价值要素的相互联系和相互作用,构成自然生态系统的价值生成、价值实现的动态过程。

第一节　价值与自然价值

一、哲学价值范畴的重新界定

长期以来,在价值论研究领域,界定价值范畴的主流导向如下:价值是关系范畴,是客体满足主体需要的属性;而价值的主体又被严格地局限于人,人以外的任何事物都不能充当价值主体。我国学术界有学者曾经作出这样的表述:"所谓价值,是特指主客体关系的一种内容,这种内容就是:客体是否满足主体的需要,是否同主体相一致、为主体服务。肯定的答案,就是我们所说的'好',即正价值;否定的答案,则是我们所说的

'坏',即负价值。"① 这一价值界定在积极意义上来说,在为摆脱和超越"无人的"、"人学空场"的或"有人却无自身的未来追求"的传统哲学范式、建构价值论哲学思维范式方面,发挥了积极作用,因而曾经对于推进我国的哲学发展起到了开拓创新的作用。但是,这一"需要—价值"的价值界定在我国学术界仍然存在争议。例如,张岱年先生就认为:"所谓价值,就是客体能够满足主体的一定需要。但这种观点,作为一种价值学说,也存在着一些理论问题。一个重要问题是,需要也有高下之分,对于需要也有一个评价问题。对于需要的评价,就不能以满足需要为标准了。有些需要是比较高级的,有些需要是比较低级的……在民族遭遇危机时为救亡而斗争,在人民受到磨难时为变革旧的制度而斗争,是高尚的情趣;追求声色货利,贪财好色的人,则是追求低级趣味。"他并且批评说:"如果自己满足了自己的需要就算实现了自我价值,那么,许多自私自利、巧取豪夺、采取各种手段以满足自己需要的人,都成为具有自我价值的人了;而为了协助别人,不惜自我牺牲、不顾自己需要的人,反而成为没有自我价值的人了。"②可见,由于需要本身有高下之分和善恶之别,因此,用满足需要作为价值界定的充要依据,将具有以下的理论困惑:首先,这样的价值界定,基本属于经济学的价值范畴,在这里,价值主体专指人,价值客体是满足价值主体需要的对象(物或人)。于是,价值也就成为可以确切计量的对象,是实然的固定存在。其次,这样的价值界定难以摆脱"主客二分"的思维传统,从而把价值主体的内在价值与价值载体的工具价值置于对立的两极。再次,这样的价值界定难以在"主体间性"思维下,把内在价值、工具价值和系统价值有机统一起来,于是,在当代难以探寻到摆脱生态危机的有效出路。最后,以主体需要的满足与否来界定价值,把满足需要与价值彼此等同起来,隐含了逻辑的和事实的错误,因为满足需要本身并不一定就有价值——需要有高级需要与低级需要、正向需要与负向需要、积极需要与消极需要之别,那些低级的、负向的、消极的需要的满足,不仅难以称得上是有价值,而且往往是反价值的。

实际上,价值在本质上是一个指向未来的应然过程,是价值主体在一定条

---

① 李德顺:《价值新论》,中国青年出版社 1993 年版,第 34 页。
② 张岱年:《论价值的层次》,《中国社会科学》1990 年第 3 期。

件下的自主选择、创造和实现自身的历史生成过程。这是一个动态的矢量,而不是一个静态的、可以确切计量的定在存在。它相对于价值主体来说,包括自利的内在价值、利他的工具价值和互利的系统价值。这一价值主体的"应然生成"过程的价值范畴,可以从以下几个要点加以把握:(1)价值主体包括现实人的自为主体和作为人的对象性存在的对象性主体。由于作为哲学研究对象的自然界是与人相互作用、相互规定的"人化自然",所以,价值的生成过程总是既与人相关,又是与自然相关的过程。(2)满足主体的需要不一定就有价值,因为需要本身又有各种不同的性质或类型,比如有正向需要与负向需要、积极需要与消极需要、适度需要与失度需要、片面需要与全面需要、低级需要与高级需要等。如果一种需要的满足不是有利于主体的生存与持续发展,而是从根本上有害于主体的生存与持续发展,那么,该过程就是无价值或负价值过程。(3)价值的生成过程包括价值主体的价值选择、价值创造、价值实现、价值评价、价值反馈等一系列既相互区别、又相互联系的动态环节。在价值生成过程中,不仅不同的主体之间的价值实现相互联系、互为中介,而且内在价值与工具价值同样是相互补充、互为条件的,一旦价值主体和价值类型之间出现了截然对峙或彼此断裂现象,那么,价值的生成过程就失去了可能性,价值的应然存在就会被扭曲。(4)价值是生成过程而不是预成过程。作为价值主体,其价值取向或价值实现作为未来目标,当然是可以期盼的,但是,这种期盼并非是给价值作出严格意义上的预设、设定或计量,从而断定价值"是什么"或有多少的既定事实。价值作为主体追求的应然过程,是无法从数量上加以确切计量的,也无法从属性上预先作出"是什么"或"是怎样"的判断和描述。一切价值过程的生成都是应然的而非实然的、随机的而非严格决定论的,它与价值主体的素质能力、存在样态、活动方式以及实现条件是彼此同步和相互规定的。这样的价值生成过程只有经由主体自身的体验、感受、取舍、判断、评价活动才能确切地成为现实。价值过程作为生命的意义可以回味而不可预测,可以由"此岸世界"不断地向着"彼岸世界"过渡、转化,而不可能作为既定的静态存在被永恒地固化。人们常说,历史常常有惊人的重复,但是价值过程却没有固定的摹本,它是绝对不能严格重复或复制的,在此时此处有价值的,在彼时彼处未必就有;别人感受到的价值,未必是我之所感受。

价值论领域又是一个横向交错的立体系统,不同的价值主体均有其利己性的内在价值,它的实际生成又离不开同其他价值主体之间交相作用的利他性的工具价值,而在一定的价值主体群落中,还存在着群落内部互利性的系统价值的应然生成。在这里,存在着内在价值、工具价值和系统价值的"三维价值"并存的有机联系,孤立地片面夸大任何一种形式的价值而贬抑其他形式的价值,都会导致价值论的逻辑悖谬或理论缺失。

在价值论研究领域,惯性思维常常习惯于对人的个人价值和社会价值作出定在对象的静态描述,比如说一个人为社会作出的贡献越多,他的社会价值就越大;反之,一个人对社会的贡献越少,他的社会价值就越小。这种所谓以贡献的多少来判定人的价值之大小的逻辑,蕴涵着把人工具化的理论偏颇。人的自我价值,生成于自我尊重,一个人越是把自己看做目的,越是自尊、自强、自爱,在他的选择中所生成的自我价值也就越充实。一个人的社会价值则生成于他对其他社会成员的尊重,一个人的社会价值的下限是不危害他人,上限则是以其智慧创造、辛勤劳动为他人作出自己的贡献。一个人越是把他人看做目的,越是尊重他人,他的社会价值就越本真。一个人即使身患残疾,不能以其辛勤劳作有利于他人,但只要他尊重而又不危害他人,他仍然是在生成着自己的社会价值。"人是目的,不是手段",这是价值论的重要原则。沿着"人是目的"的思路,就不难理解惩治罪犯、剥夺罪犯政治权利的社会现象的合理性,因为罪犯既没有做到自我尊重,又没有做到尊重他人,即在罪犯行为的选择中既没有生成人的内在价值,又没有生成人的工具价值①,更不具有社会的和生态环境的系统价值,反而有碍于这些价值的正常生成和有序演化。

二、自然价值及其当代特征

自然价值至少包括以下几个层面的含义:其一,在与人相区别的价值主体的意义上,自然价值是指人以外的自然物的应然存在的生成,尽管这种自然价值的生成是盲目的自然选择过程,但它对于自然生命体和整个自然生态系统来说是重要的、不可缺少的"价值生产者",有人将其称为自然的自然生态价

---

① 参见曹飞:《生成价值论》,中华地图学社 2006 年版,第 130 页。

值；其二，在有助于人的价值生成的意义上，自然价值是指对人有用的自然资源的应然存在，或称之为自然的工具价值；其三，具有新陈代谢机能的自然物以"趋利避害"的自然选择形式求得自身的应然存在，这即是自然的内在价值。当然，自然的内在价值的生成不是孤立进行的，而是在与人相互作用、相互生成的关系中，与人的应然生成达成了默契、交汇或内在统一，这便是人与自然的双重"应然生成过程"。在这里，自然与人类在各自实现自己的内在价值中，取得了互为"工具价值"的效应；或者在更加本质的意义上可以说，自然价值也就是人的价值，人的价值也就是自然的价值。也就是说，不同价值主体的内在价值，是可以通过工具价值中介相互转化的。

自然价值理论是环境伦理学的价值观超越传统价值观的重要理论成果，它不仅在如何正确认识自然界的问题上取得了重大进展，而且在价值的生成、价值的特征等问题上澄清了许多混乱，从而为正确坚持"两个尺度"相统一的原则、有效改善人与自然的关系提供了重要的理论根据。

工业文明以来，由于人们对于自然资源的疯狂索取劫掠，致使自然的工具价值普遍地淹没了自然的内在价值，自然生态系统价值也由此而遭到狭隘物欲追求的粗暴践踏，作为价值主体的自然界被普遍地边缘化，许多有生命的动植物的内在价值和系统价值，沦落到单纯追求经济发展者们的视野之外，工业实践和现代科学技术的反生态后果，给人类带来了巨大的生态灾难。诚然，20世纪科学的发展极大地丰富和改变了人类的生活，提高了人类的物质生活水平，改变了人们的生活方式和思维方式，使人对自然的认识不断地细化和深化，在一定程度上推进了社会的进步和人的发展。但是，科技理性在理论上要求将自然作为认识的对象和征服的对象，它的极度膨胀在实践层面上促使人类肆意掠夺自然资源，把自然单纯作为原材料供应地和垃圾场，其结果，工业化实践超越了自然的承受力，社会财富的增长超出了自然的负荷极限。于是，科技进步所带来的并非全是人类想象的幸福生活，而是在客观上堵塞了社会可持续发展的后路，生态危机、环境问题普遍威胁人类的健康和生命安全，断绝了后代人正常生活的后路，人类生存受到了显形的和隐形的伤害，这一切便成为这个时代的自然价值的显著特征。

建立正确的自然价值理论，其本质并不在于价值观的理论争论，而是真正实现人与自然的和谐统一。面对危机我们不会像自然界其他生物那样,只是被动地被"自然选择"所左右,而是应该以积极的方式——实践将自然和人的关系纳入到人们可调节的范围。自然价值理论一方面使我们认识到人是自然的一部分和生态系统的一员,一旦自然界和生态系统遭到破坏,人也就无法生存和发展,为了自身的生存和发展,人应该把自然界和生态系统保全在良好的状态之下;另一方面,也使我们看到自然破坏和生态失衡,主要是处于一定的社会关系中的人的活动引起的。有了这种觉醒,人就可能控制自身的某些行为,通过人们矫正和提升自己的实践活动样式,使自然生态系统和整个社会发展进程朝着可持续的方向前进,力争既符合人的价值和自然价值的应然要求,又达到自然价值理论所要求的保护生态环境的目标。因此,自然环境问题的产生既然与人的活动有关,解决环境问题最终还要依靠人,这里的关键在于:人的实践活动样态要自觉超越和扬弃工业化实践方式,放弃为了追求单纯的经济指标而不惜赌上沉重的环境代价的社会选择。

现实的生态危机要求人类在哲学上进行反思。西方环境伦理学的兴起,正是基于全球生态危机的严酷现实基础之上,它在理论上批判"人类中心主义"的价值观,重修人和自然的和谐关系。在理论的逻辑行程中,从利奥波德的"大地伦理"、泰勒的"固有价值",到罗尔斯顿明确提出的"自然价值"概念,都曾得到了系统的研究和论证。其中,具有代表性的观点是:

1. 自然价值中立论

罗尔斯顿站在客观价值论的立场上指出,在人们日常经验所接触的物质层面上,价值评价很大一部分来自自然的客观实在,这些客观实在是价值的基础,尽管它也依赖于人的偏好。他进一步认为,有些价值客观地存在于自然之中,自然及其万物的价值不是人类给予或创造的。相反,自然中的客观价值产生于人类活动之前,它们是人的价值产生的源泉。"自然一词的最初含义是生命母体,它来源于拉丁文 natans,其意为分娩、母亲地球……从长远的客观的角度看,自然系统作为一个创生万物的系统,是有内在价值的,人只是它的众多创造物之一,尽管也许是最高级的创造物。"①

---

① [美]H. 罗尔斯顿:《环境伦理学》,杨通进译,中国社会科学出版社 2000 年版,第 269 页。

2. 自然价值是一种不依赖于人之目的的应然生成

罗尔斯顿从个体和整体的不同层面论述了自然的内在价值。在个体层面,自然界中的有机物是自我维护、自我生长和自我再生的生命体,它在守卫某种使其成为自身的东西,也就是说,它在极力维护其物种的"善"。因此,它的出生、生长和消亡并不是为了他者的目的。在整体层面,自然系统本身就是有价值的,它能创造万物,其中包括非生命体和有生命的生物个体。"大自然是生命的源泉,这整个源泉——而非只有诞生于其中的生命——都是有价值的,大自然是万物的真正创造者。"①

3. 兼顾自然的三重价值

作为生命源泉的大自然,是工具价值、内在价值和系统价值的统一过程。自然界在创造并维持人的生命的意义上,固然对人具有工具价值;但是,大自然的所有创造物,就它们是自然创造性的实现者而言,都是有其内在价值的。如果坚持一种原发型环境伦理,那么,无论是一座高山,还是一片沼泽地,虽然并不具有某种明显的或直接的经济价值,但是它们仍然具有"存在于生物共同体和历史悠久的进化生态系统中的内在价值、工具价值和系统价值"②。因此,在扬弃工业文明、走向生态文明的历史转型期,全面尊重自然的工具价值、内在价值和系统价值,是人的道德素质全面提升的基本要求。

4. 对自然价值的学理分析

自然价值理论的提出,为人们重新认识环境问题打开了一个新视角,它也是对传统价值观的颠覆与挑战。

以人类为中心的传统价值观,主要从以下两个方面对自然价值理论进行了反驳:(1)从事实与价值的关系角度。传统价值观认为,承认自然的价值是其内在的"与人类评价者无关"的价值,就必然陷入把价值等同于事实的理论困境。如果说自然之物的存在即代表了它们的价值,那么,一切都是有价值的,只有"非存在"才没有价值,这就意味着,没有什么东西是没有价值的了。

---

① [美]H. 罗尔斯顿:《环境伦理学》,杨通进译,中国社会科学出版社 2000 年版,第 268—269 页。

② 同上书,第 391 页。

于是,价值与非价值、存在论与价值论的区分也就失去了任何意义。(2)从价值界定角度。传统价值观界定价值概念,坚持价值从产生到实现都是"以人为尺度"的,即以符合人的需要和利益为标准。它以"主客二分"的思维视角把自然作为客体、人作为主体,客体具有对主体的有用性或积极意义,就称为"好的",就是有价值。既然自然并非是脱离了人的客观存在,那么,一切价值就都打上了人的印记,离开了人与自然的这种主客体关系去讨论价值,是毫无意义的。

这里需要作出几点澄清:首先,我们讨论自然价值,这里的自然确实系指"人化自然"。而"人化自然"的含义,是指在人与自然的联系中,二者相互影响、相互作用、相互过渡、相互渗透、相互包含、相互生成,但是,这并不意味着人与自然彼此等同,毫无矛盾、差异或冲突。其次,沿着"人化自然"的思路讨论自然价值问题,既不主张"自然价值中心论",即只顾强调自然的内在价值而忽略了人的价值;也不赞成传统的"人类价值中心论",即只强调人的价值而忽略了自然的内在价值。再次,当今研究自然价值理论确实面临许多新的难题。比如,如何协调和解决人与自然的价值冲突或利益矛盾,在强调自然生态系统的持续发展的同时,如何关照经济发展以及人类当下的需要? 与之相应,在发展经济和满足人类当下需要的过程中,如何尽量避免付出过于沉重的环境代价,如何兼顾后人的需要和人类的持续发展? 最后,自然资源大都不是恒定的与可再生的,如何保护和节约不可再生资源? 如何节约能源以及如何维护和完善可再生资源的再生机制? 如何寻求解决自然资源在国际之间(特别是在发达国家与发展中国家之间)、代际之间的公平分配的制度建设、法律配置和伦理约束的有效途径? 所有这些问题的解决,都有待人们的继续努力。

当然,当前讨论自然价值理论问题的重心所向是十分明确的:当今时代背景下人与自然的矛盾空前尖锐,针对人类对大自然的过度劫掠,工业化实践对生态环境的全面、彻底而普遍地污染破坏所造成的生态危机,是全人类所共同面临的重大的生存问题、安全问题与可持续发展的问题,撇开这个现实的时代话题,自然价值理论的讨论就必然陷入混乱。

三、人的价值生成的自然基础

现实人的本质从来就是自然属性与社会属性的统一，因此，人的价值实现过程就包括两个密切相关的层次或内容：一是满足自然需要的自然价值的应然生成过程（禾苗得不到正常生长，庄稼必然绝收），在人的一定选择下往往成为满足人的需要的应然生成的前提和基础，这是人类尊重自然、坚持"两个尺度"相统一原则的根据或理由。诚如马克思所指出的那样："动物只生产它自己或它的幼仔所直接需要的东西；动物的生产是片面的，而人的生产是全面的；动物只是在直接的肉体需要的支配下生产，而人甚至不受肉体需要的影响也进行生产，并且只有不受这种需要的影响才进行真正的生产；动物只生产自身，而人再生产整个自然界；动物的产品直接属于它的肉体，而人则自由地面对自己的产品。"①二是满足人的自然需要的应然存在的生成，是与满足人的社会需要的应然存在的生成彼此同步的，在大多数情况下，前者是后者的基础性条件。因为"全部人类历史的第一个前提无疑是有生命的个人的存在。因此，第一个需要确认的事实就是这些个人的肉体组织以及由此产生的个人对其他自然的关系。当然，我们在这里既不能深入研究人们自身的生理特性，也不能深入研究人们所处的各种自然条件——地质条件、山岳水文地理条件、气候条件以及其他条件。任何历史记载都应当从这些自然基础以及它们在历史进程中由于人们的活动而发生的变更出发"②。

长期以来，人们忽视了人的价值生成对于自然的依存关系，错误地将自然资源视为完全是自然界给人类的无限的和无偿的馈赠。在这一观念支配下，工业文明以来的人们为追求物质财富的急剧增长，对自然资源展开了过度地开发与滥用。其结果，随着社会生产力水平的迅速提高和经济发展规模的空前扩大，出现了自然资源的需求急剧增加与自然界的供给日趋减少的矛盾，并酿成了全球性的资源匮乏与生态环境灾难。

在我国，2009 年秋，湖南湘江提前遭遇严重枯水期，水位连创历史新低，给沿江两岸的长沙、株洲、湘潭三市的 300 万居民供水和用水安全造成严重威

---

① 《马克思恩格斯全集》第 3 卷，人民出版社 2002 年版，第 273 页。
② 《马克思恩格斯选集》第 1 卷，人民出版社 1995 年版，第 67 页。

胁,并严重制约了湘江航运。2009—2010 年,由于云南、贵州部分地区的长期干旱,造成长江上游水源枯竭。从宏观上来说,上述现象与长期忽略生态环境保护存在直接关联。一味盲目地发展经济,上大型建设项目,不顾生态环境保护,迟早是要付出沉重代价的。现在,越来越多的人们注意到,一股劲地追求GDP 的增长,忽略生态环境的退变,必然要受到大自然的惩罚。实践证明,生态环境的保护不能有楚河汉界,必须采取生态补偿的办法。现实中之所以出现上游有水下游干涸的现象,说明水在向下游流淌的过程中被雁过拔毛似的截走了。大家都要发展,但是,不能只为了自己发展而断了别人发展的路子,治污开发要全流域一盘棋,不能有楚河汉界。比如说,湘江上游的郴州出于保护下游水质要求,需要限制或关停有可能对水质造成污染的产业,这样的话,下游城市就应该给郴州以一定的补偿,为生态保护提供资金保障。全国类似的水系流域治理都要形成上下联动,形成联席会议机制,否则只靠一地出台政策根本难见成效。

显而易见,在今天,呼唤追求人与自然之间的和谐共处,完全不是什么纯理想主义的天真幻想,它要求在缓解人与自然之间的矛盾和冲突的过程中,充分估计到生态前景的艰难性和复杂性。围绕人类生存的自然基础问题,至少目前值得注意如下几点:(1)人与自然共处于一个地球,在对于有限自然资源的共享中,实际存在着人与自然争资源、占空间、抢能源的矛盾,从而提出了适度消费和控制人口及生物数量的问题。如何开发新能源? 如何逐步做到资源在人类与非人类生物中的公平分配? 在今天,这个问题还只是人类刚刚涉及的新课题,需要继续做大量艰苦深入的探索。(2)对于人口的控制,根据各个国家和地区的不同情况,既要防止人口的过度负增长,又要防止人口的过分膨胀。而对于这两种人口趋势的合理解决,至少在今天看来都绝非易事。(3)对于动植物每一物种内的个体数量的控制,可以包括人为选择的方法和自然选择的方法。其中,人为选择方法的效果是否合理,往往需要经历一个较长的周期才能作出判定。(4)在处理发展经济与保护环境的关系问题上,仅仅明白其中的道理还是不够的。在保护生态环境中,过度消费主义、地方本位主义、民族保护主义、国家利益至上主义等等,至今都在实际上起着经常性的消极或阻碍的作用。比如,如何切实节能减排,如何有效缓解地球的温室效应？公海中的水产资源和海底矿藏资源如何保护与合理开发？至今都仍然属于重大国际性难题。（5）有效解决生态环境问题，还必须与落后的传统习俗和生活习惯作斗争。比如，工业文明以来，人们逐步习惯了对现代科技及其成果转化的依赖，逐渐丧失了对于大气、土壤、水源等环境需求的生态意识，习惯于传统农业的工业化、无机化退变，不仅土壤和农作物产生了对于农药、化肥的依赖，而且农民的心理也产生了对于无机农业和工业化污染的依赖。（6）如何有效防治现代工业污染所导致的地方疑难病症的问题，至今仍在困扰着我们。凡是到过河南"癌症村"的人们，都会痛切体味到现代工业化对人道主义的严峻挑战。面对部分地区为贪图一时的经济增长，不惜赌上沉重的环境代价，无视人的健康和生命安全，严重污染项目屡禁不止的现状，有人从内心发出惨烈的质问："命都没了，经济发展了又能怎样？"①

　　自然资源匮乏与生态环境危机向人们警示，自然资源仅仅靠自然自身的再生产已经远远不能满足经济发展的需要了，人们也不能再继续沿用赌上沉重的环境代价以谋求一时的经济发展的粗放模式，唯一明智的选择就是支付一定的劳动或生产成本，采取一定的制度配置和政策导向，积极参与自然资源的再生产，切实有效地恢复和保护生态环境。当前的生态危机，实质上是人们长期不肯支付这部分劳动或生产成本，缺乏在生态环境观念支配下的制度建设、政策投入和法律伦理约束。按照自然价值与人的价值双重应然生成的内在制约关系，任何一方离开了对方的互补条件，都难以在价值期盼中达到自身的可能性目标。正是在这种意义上来说，当今任何违背大地伦理、无视人的价值生成的自然基础、赌上环境代价只图一时的经济发展的图谋，都是愚昧的、蛮横的、傲慢的和不可理喻的，最终的结果必将适得其反。

第二节　经济维度下的自然价值

一、自然价值的经济维度阐释

在全球生态危机日益严峻的情势下，自然价值问题随之成为不可回避的

---

① 参见郭建光：《河南沈丘癌症村》，《健康文摘报》2007年10月31日。

重大的理论问题和迫切的现实问题。由于自然价值关乎着人的眼前利益、长远发展和后代人的生活安全问题,关乎着同人类共处于一个地球的自然万物的有序存活问题。因此,自然价值这个看起来似乎很简单的问题,在实际上受到了"为我所用"的多种诠释,许多云里雾里的谜团把自然价值弄得面目全非,似乎成了"说其有则有,说其无则无"的任意玄设。

关于自然价值的经济维度阐释,具有明显的代表性和较大的认同性。其主要观点在于注重自然的"为人性"的工具价值,由于这种工具价值在经济学中也可称之为使用价值,所以在人化自然的意义上来说,自然之所以有价值,就在于它在与人的相互作用中,凝结人的劳动于自身。于是,既然是人类劳动创造了自然的价值,那么,它对于人的意义就在于它的工具价值。至于自然的内在价值和系统价值,均在经济维度的视野之外。所以,在经济维度关于自然价值理论的阐释中,充满了冷冰冰的凄凉,根本谈不上对自然的热爱和伦理关切。

经济维度的自然价值理论大致包括以下要点:

1. 自然资源的人为性

自然价值范畴中的自然资源,是指人们发现的、可用而有用的、稀缺的自然物质(包括自然因素和自然条件)。自然物质是具有自然的物理化学特性、以自然形态存在的物质。首先值得注意的是,自然资源或自然物质的自然性并不意味着它仅仅是自然界的产物,同时也是人类劳动与自然界共同作用所产生的自然性物质,如人造森林的生产与农作物的生产,二者虽然同是自然物质或自然资源,但其中的自然力作用的大小与时间周期是不同的。自然力与人类劳动的配合形式不同,决定了自然资源的多样化形式。其次,区别自然资源与其他物质资源的不在于其中是否凝结了人类劳动,而在于它是否以自然形态存在。埋藏在地层中的石油、煤炭等矿物质是自然资源,采掘出来的石油、煤炭等矿物质尽管其物理化学特性未变,但其自然形态已经得到改变,因而不再是自然资源。同样,采伐的林木也因其自然形态的改变而不再是自然资源。这种区分的现实意义在于,自然资源向非自然资源的不断转化,是自然资源不断被开发、消耗、减少的过程。因此,提高对那些不可再生的自然资源的保护、珍惜、节约意识,是生态环境意识的重要内容。

2. 自然资源的有用性和历史性

事实上,并非所有的自然物质都是自然资源,只有在一定的生产方式及技术经济条件下,对人类有用的自然物质才是自然资源。许多对人类有用的自然物质还未被发现,许多已发现的自然物质的有用性还未被充分认识,还有已发现的有用的自然物质由于技术经济条件的限制一时不能为人类所用,它们都不是现实的自然资源而是潜在的自然资源。过去对人类曾经有用的自然物质,因人类生产消费方式的改变而失去有用性,不管其是否凝结有人类劳动,均不再是自然资源。同样,现在无用的自然物质随着人类生产消费方式的变化,而可能重新具有有用性而复又成为自然资源。化学元素周期表并未画上句号,人们探索自然奥秘的历史活动在无限的继续之中,新的自然瑰宝有待人类发现。正是从自然物质的历史规定性和人的认识和实践活动的相对性与无限发展的意义上讲,对于所有的自然物质人类都有悉心保护的必要。

3. 自然资源的稀缺性或有限性

在一定的历史阶段,从狭义的经济维度来说,有用的自然物质并不都是具有价值属性的自然资源,只有那些数量有限或稀缺的自然资源才是具有价值属性的自然资源。那些有用或有使用价值且数量无限的、可无偿或无须用劳动交换获得的物质没有价值属性。自然资源作为人类生存与发展的客观物质条件,要使人类社会能长期生存与发展,显然必须对有限的自然资源的消耗用劳动进行补偿。可以断言,凡是有用而有限的物质,都具备价值属性。当代社会对自然资源消耗的规模如此巨大,致使几乎所有有用的自然物质(包括水、空气、土壤)都已经成为数量有限的了。换言之,所有有用的自然物质都已成为具有价值属性的自然资源,这使得自然资源价值范畴普遍地被凸显了出来。

4. 自然资源价值的劳动价值论诠释

从经济维度看来,自然资源的价值就是凝结于自然资源中的劳动。其要点包括:

（1）自然资源价值中的劳动是一定社会历史条件、经济关系、技术条件下的劳动,自然资源的价值是人类长期直接或间接地物化在自然资源中的劳动。在市场经济条件下,自然资源价值实质上是劳动的交换,因为只有为交换他人劳动产品所付出的劳动才形成价值并参与价值量的确定。从前的非市场经济社会里,直接或间接凝结在自然资源中的劳动有许多不是为交换而付出的,因此不可能形成像市场经济条件下的自然资源的市场交换价值;价值作为商品所特有的社会属性,体现了交换者之间彼此为对方提供劳动的交往关系及经济权益关系;而当历史地凝结在自然资源中的劳动的合法权益主体,由于社会历史条件和经济关系的变动,其劳动也就不再是决定可用于交换的自然资源价值的劳动了。马克思在论述商品价值由社会必要劳动时间决定的原理时断言:社会必要劳动时间是"在现有的社会正常的生产条件下,在社会平均的劳动熟练程度和劳动强度下制造某种使用价值所需要的劳动时间"①。因此,在非市场经济历史条件下凝结在自然资源中的劳动,不能作为市场经济条件下自然资源价值的社会必要劳动。根据马克思的商品价值理论,自然资源价值中的劳动只能是一定社会历史条件、经济关系、技术条件下的劳动。人在实践活动中创造、生产人的社会关系和社会本质的过程中,也就同时创造了自然资源的价值,创造了人与自然的联系、人的自然本质。

(2)自然资源价值中的劳动是自然资源消耗之补偿的劳动。如果说所有自然资源都已经凝结了人类劳动,这无疑是十分牵强的。不仅人迹罕至的原始森林资源少有人类劳动的凝结,而且许多矿物资源等非再生资源也是人类劳动所不能生产的。在某种意义上说,自然资源确实就是自然之物,或者视之为自在自然向人化自然过渡的中间环节。

然而,从历史的辩证的观点看问题,自然资源又不是自然的自在之物。在现代生产力规模水平下,要维持社会经济再生产与自然资源再生产的良性平衡,使人类文明持续生存发展,必须投入一定的劳动于自然资源的再生产过程,以补偿对自然资源的消耗。自然资源的开发利用者或消耗者,必须以一定的劳动或劳动产品来和自然资源所有者(国家、社会等)进行交换,支付自然资源补偿的劳动。因此,自然资源价值中的劳动是自然资源消耗的补偿劳动。

在经济学研究领域,人们多从使用价值与价值的形成方面来研究商品价值及其量的确定问题,这种方法对于生产期与使用期较短的商品来说是足够的,而对于生产期和使用期较长的商品则是容易失灵的,因为任何商品价值及

① 马克思:《资本论》第1卷,人民出版社2004年版,第52页。

其量都是由交换时的社会经济关系与技术条件所决定的,这就必须从再生产或补偿角度来分析研究。显然,关于自然资源价值中的劳动及其量的分析研究问题,应该立足于使用价值的再生产或价值补偿的基础之上。

马克思建立在人的本质活动——"劳动"——前提基础上的价值论探讨,旨在揭露他所生活的那个时代的资本产生剩余价值的奥秘,不仅具有鲜明的阶级立场,而且具有特定的经济学理论旨向,这与今天人们对于自然价值的理论分析"路径"有很大的不同。从经济学视域分析,一个物可以是使用价值而不是价值;也可以既是使用价值又是价值但却不是商品。马克思指出:"一个物可以是使用价值而不是价值。在这个物不是以劳动为中介而对人有用的情况下就是这样。例如,空气、处女地、天然草地、野生林等等。一个物可以有用,而且是人类劳动产品,但不是商品。谁用自己的产品来满足自己的需要,他生产的虽然是使用价值,但不是商品。要生产商品,他不仅要生产使用价值,而且要为别人生产使用价值,即生产社会的使用价值。"①恩格斯曾经在此基础上增添了产品之成为商品的"交换"条件,即产品必须通过交换,转到把它当做使用价值使用的人的手里,才成为商品。例如,中世纪的农民不管是交代役租的粮食,还是纳什一税的粮食,都并不因为是为别人生产的,就成为商品。另外,没有一个物可以是价值而不是使用价值。如果物没有用,那么其中包含的劳动也就没有用,不能算作劳动,因此不形成价值。

当今世界的资本主义体系和国际政治经济关系,同一百多年前马克思在创立商品价值论中所揭示的经济关系和社会阶级矛盾相比,有了很大的不同。特别值得注意的是,如今的人与自然的矛盾,已经演变为人类社会所面临的以资源匮乏、环境污染、生态危机、环境需要匮乏为表征的现代性问题,而这一矛盾在马克思所生活的那个时代,相对于阶级矛盾而言,还只是社会矛盾的副线,远没有像如今这样的尖锐和突出。要解决人与自然的矛盾,除了合理开发利用自然资源以外,还必须以一定的劳动来补偿自然资源消耗和保护生态环境,必须加大社会生产中对于环境保护的投入,必须肯定自然资源的价值,在道德层面加强环境伦理建设,真正把人类的环境需要和环境生产置于十分重

---

① 马克思:《资本论》第 1 卷,人民出版社 2004 年版,第 54 页。

要的突出地位。

当前,在国际范围内推进生态环保事业之所以十分艰难和少有成效,就在于围绕人与自然的矛盾,还同时穿插着其他的矛盾。诸如:资本主义国家内不同阶级、不同族群、不同社团之间在环境收益权上的不平等,国际政治经济关系中发达国家与发展中国家在环境、资源收益权上的不平等,以及当代人与后代人在物质利益上的矛盾等。这些矛盾的实质,是少数富有者对社会大众、当代人对后代人的生存权和发展权的剥夺或侵害。建立在效用价值论上的自然资源价值论,充其量只能解决资源开发利用中的效率问题,而不能解决社会伦理和环境伦理中的诸多不公平的问题。只有在坚持、参照和拓展马克思创立的劳动价值论的基础上,把人的尺度和物的尺度在自然选择与社会选择的基础上统一起来,把人的需要和自然需要归结于人与自然的应然生成过程,才有望既解决效率问题,又解决公平问题。而在纯经济视域内,效率问题的解决是排除生态环境问题的,既不顾生态危机所带来的负面效应,又不计环境治理的投入成本。因此,经济维度的自然价值理论说到底是一种极端片面的理论,除去生态环境的负效应,经济维度的所谓效率,很有可能只是一个负值。即是说,今天我们对于经济发展的歌功颂德,将来说不定在某种意义上就是人类步入生态灾难的挽歌。

二、经济维度下自然价值的特性

作为商品的自然资源与作为商品的其他人类劳动产品毕竟是有重大区别的两类商品,因此,自然资源必然会具有许多不同于一般商品价值的特性。概括说来,自然资源价值具有自然性、社会性、不确定性和整体性等主要特性。

1. 自然资源价值的自然性

自然资源价值的自然性表现在三个方面:(1)作为价值载体的自然资源的使用价值,主要是自然力作用的结果,其使用价值的特性及大小主要取决于多种自然因素、自然条件和自然力作用的时间。(2)自然资源具有生态结构功能,它使自然资源的使用价值有可能在自然界中长期保存,不论社会经济关系和技术条件如何变化,自然资源的价值仍然存在。(3)自然资源价值具有由自然因素和条件决定的级差性,自然因素和条件包括资源品质、地理位置

(含降雨量、空气温度和湿度等气候条件)和地质条件等。

2. 自然资源价值的社会性

自然资源属于"人化自然",自然资源本应是全社会、全人类所共有的财富。然而,在现实生活中,自然资源价值的耗费主体与补偿主体却表现为彼此的分离性(即这种耗费与补偿分别由不同的主体来承担)。正是由于这种分离性,致使人们难以正确地认识自然资源的价值,尤其是在耗费自然资源时未能自觉合理地投入必要的劳动予以补偿,从而导致当代的资源匮乏与生态危机。显然,用以补偿自然资源价值耗费的社会必要劳动,必须由社会统筹来进行有效组织和合理解决,体现着自然资源价值中劳动的高度社会性。

3. 自然资源价值的不确定性

自然资源价值中所含的社会必要劳动量从来就是不确定的,具体表现为:(1)由于自然再生产能力的不确定性,使得在一定自然资源耗费水平下应该投入多少劳动才能补偿自然再生产能力的不足,就成为十分难以确定的变量。(2)由于自然资源本身的特点和人们认识的相对性,自然资源的潜在存量具有不确定性。(3)由于自然资源开发利用中的生态破坏与环境污染后果的显现具有滞后性和较长的周期,因此,这种负面的消极后果的程度难以确定。(4)鉴于人的认识能力、技术条件、消费结构及水平等的历史过程性和变动性,对于自然资源价值的确定涉及未来的许多潜在未知因素。因此,未来自然资源的价值本身就是不确定的。

4. 自然资源价值的整体性

这表现在三个主要方面:(1)由于人们所选择、占用和耗费的自然资源的无限多样性,人们不可能毫无遗漏地一一确定其价值,只能以主要自然资源(如土地等)的价值来大致地、整体地体现其他自然资源的价值。(2)自然资源具有生态环境的整合功能,任何自然资源都是生态环境系统的有机组成要素。因此,对于自然资源价值的补偿调节应该从整体的视角加以考虑。(3)自然资源价值所反映的关系具有整体性,其中包括人与自然的关系、经济发展与生态环境的关系、当前利益与长远利益的关系、当代人与后代人的利益关系等多方面的关系。

需要指出的是,在市场经济背景下,从本质上把握自然资源价值,有必要理解自然资源价值中社会必要劳动的构成问题。

自然资源作为商品,其价值中社会必要劳动的构成必然与一般商品有相同或相似之处。但由于自然资源应该是全社会或全人类共有的自然物质财富。因而,应在市场经济背景下从社会角度来考察其中的社会必要劳动的构成。

(1)自然资源简单再生产的必要劳动,是对自然资源开发利用过程中直接耗费的自然资源进行补偿性简单再生产所付出的必要劳动。自然资源的再生产从其使用价值的生产与再生产来看,它包括四个方面的内容:一是进行地质调查与勘探,将潜在的自然资源转化为现实的自然资源;二是进行科学研究以发现自然资源的使用价值,进行自然资源高效开发利用技术的研究、转化与应用,使自然资源的使用价值或所体现的财富相对增加;三是对再生资源的人工培植和对非再生产资源的替代品的研究开发;四是废旧物资的回收与循环利用。

(2)自然资源的社会简单再生产的必要劳动,是指在自然资源开发利用过程中间接耗费的自然资源进行简单再生产所付出的必要劳动。任何自然资源都参与一定的生态结构和具有一定的生产功能,生态环境系统就是由全部自然物质及其中的生态结构关系整合而成的。在自然资源的开发利用中,总会造成一定程度的环境污染与生态破坏。这种环境污染与生态破坏,实质上是人们在直接消耗某些自然资源时,由于对生态结构关系的破坏而导致的对其他自然资源的间接消耗。如森林资源的开发会造成植被减少、土壤沙化、物种灭绝等,即间接消耗了动植物及土地资源;矿物资源的加工利用及制成品的消费会造成大气、水体及土壤污染,即间接消耗清洁空气、水、土地及其他许多自然资源。当然,如果从威胁人类健康和生命安全的后续效应的角度来说,这种间接消耗就更加巨大。人们在生态环境保护上面所投入的必要劳动,就是对间接消耗的自然资源进行补偿性再生产的必要劳动。由于生态环境的破坏与污染,是人们对各种自然资源开发利用的综合作用和后续的连锁反应所致,因而保护生态环境的劳动就必然具有社会性,它只能分摊到各种直接耗费自然资源的必要劳动中,构成自然资源价值中的社会简单再生产的必要劳动。

(3)自然资源扩大再生产的必要劳动。前两部分自然资源价值中的必要劳动,都只是使人类未来保持现有社会经济及生活水平所付出的简单再生产性质的社会必要劳动。人的生存与发展的生命本质意义,在于对更加美好未来的可能性追求。所以,应该使我们的未来和后代拥有更加丰富的自然资源与更加适宜的生态环境,具有更加优良的生存与发展条件。为此,就必须在自然资源再生产、开发新资源和新能源、生态环境保护中付出更多的但仍属必要的社会劳动,这部分劳动分摊到所直接消耗的自然资源上,就构成自然资源价值中的扩大再生产的必要劳动。

三、从经济维度研究自然资源价值的意义

马克思从来都把经济的再生产与自然的再生产彼此统一起来,反对任何割裂二者内在联系的错误观点。如果把经济再生产同自然再生产割裂开来,撇开自然基础或条件一味谈发展经济,那么,经济再生产就难以进行,人类社会就难以存在。正如马克思所指出的:"没有自然界,没有感性的外部世界,工人什么也不能创造。它是工人的劳动得以实现、工人的劳动在其中活动、工人的劳动从中生产出和借以生产出自己的产品的材料。"①这里包含两点理由:一是没有劳动加工的对象,劳动就不能进行;二是在更直接的意义上来说,自然界还提供生活资料,使人们借以维持自身的肉体生存。这就不仅表明了自然资源的价值论意义,而且强调了即使就发展经济而论,也不能脱离自然基础或现有的自然条件。

马克思曾经认为,土地是自然资源的载体,并用土地代表自然,因为能够被人垄断的自然力,总是和土地分不开的。"如果完全抽象地考察劳动过程,那么,可以说,最初出现的只有两个因素——人和自然(劳动和劳动的自然物质)……这样,土地和劳动似乎是生产的原始因素,而专供劳动使用的产品,即生产出来的劳动材料、劳动资料、生活资料,只是一种派生因素……把生产分解为两个因素,即作为劳动的承担者的人和作为劳动对象的土地(其实就是自然),这也完全是抽象的。"②这里"抽象的"即是逻辑的。从逻辑概括地

---

① 《马克思恩格斯全集》第 3 卷,人民出版社 2002 年版,第 269 页。
② 《马克思恩格斯全集》第 32 卷,人民出版社 1998 年版,第 109 页。

升华把握事物或过程的实质,就得到了理论的精髓,用以指导人们的思想和行动。

马克思认为,财富不同于价值。价值是凝结在商品中的人类劳动,是由社会必要劳动时间决定的。因此,创造价值的源泉只能是劳动。而财富就不同了,财富是指商品的使用价值,即商品的自然属性。创造财富的源泉是多样的,除了劳动之外,至少还包括劳动资料和劳动对象。所以,马克思曾经严肃地批判了德国社会民主党的《哥达纲领》中关于"劳动是一切财富和一切文化的源泉"的错误论点,指出:"劳动不是一切财富的源泉。自然界同劳动一样也是使用价值(而物质财富就是由使用价值构成的!)的源泉,劳动本身不过是一种自然力即人的劳动力的表现。"①马克思提出财富源泉复合论的观点,旨在强调劳动者掌握生产资料即建立生产资料公有制的必要性和合理性,在今天特别值得强调的是保护自然生态环境、珍惜自然资源的重要性。

劳动是价值的唯一源泉,但不是社会财富(使用价值)的唯一源泉。这是因为,劳动并不是创造社会财富的唯一要素。创造社会财富的不但有劳动这一要素,而且土地、设备、原材料等非劳动生产要素也对社会财富的创造起到了不可或缺的作用。因此,劳动和各种非劳动生产要素共同构成社会财富(使用价值)的源泉。结论是:"劳动并不是它所生产的使用价值即物质财富的惟一源泉"②。

在全球生态危机依然威胁人类生命安全和生存发展的当今时代,从经济维度揭示自然资源价值具有切实的理论意义和现实意义。

1. 坚持马克思的劳动价值论,发展和完善马克思的商品价值理论

按照历史的辩证法则,一种理论在它创立时无论多么的科学,在个别问题的解释上都难免带有历史条件的局限,因而需要不断地完善与发展。马克思关于土地有价格无价值及其相关的商品价值的一些具体结论,是在当时人与自然矛盾不十分尖锐、作为商品交换的自然资源种类不足够繁多(主要是土地、矿山)的条件下作出的(尽管这些具体结论至今仍具有一定程度的科学

---

① 《马克思恩格斯选集》第3卷,人民出版社1995年版,第298页。
② 马克思:《资本论》第1卷,人民出版社2004年版,第56页。

性)。如今,人与自然的矛盾已成为人类社会共同面临的主要矛盾,人类所利用的自然资源基本上都已呈现严重匮乏的条件下,以劳动价值论为基础的自然资源价值理论,无疑将需要进一步地修正、充实、完善和发展。坚持完善和发展了的马克思的商品价值理论,并将其拓展到自然价值理论,可以使我们对自然资源价值来源问题作出既符合马克思主义的基本原理,又符合新时代生活现实的科学回答。

2. 创立新的经济理论,矫正和协调人与自然、经济发展与环境保护的关系

今天,越来越多的人们逐步认识到,正是在传统的经济学理论和经济价值观念的支配下,人类采取了全面工业化的规模生产与发展模式,从而造成了全局性的环境污染与生态危机。鉴于当代人类社会经济发展所面临的资源匮乏与环境困扰,国际政治经济关系都已深深地烙上了自然资源的特征。因此,传统经济学理论和经济价值观念,都必须按照协调人与自然、经济发展与环境保护的关系模式,进行实事求是的更新发展。建立在劳动价值理论基础上的自然资源价值理论,无疑将有利于促进新的经济学理论的建立和发展。

3. 为我国经济体制改革和优化经济结构、转变增长方式提供科学的理论依据

完善社会主义市场经济理论、进行经济体制改革、优化发展模式和调整经济结构的重点与难点之一,就是协调人与自然的关系。自然资源价值理论以及更加完善的商品价值理论,有助于建立一套合理的以自然资源价格、采掘与种植业产品价格到工业加工品及消费品价格的价格体系、价格形成与运行管理机制;也有助于我们掌握客观价值、价格规律和经济发展与资源再生产、生态环境相互协调的客观法则,正确调节商品生产者之间、国家与劳动者个人之间的利益关系,在自然资源开发利用及再生产方面建立起计划与市场相结合的科学调节机制。总之,对自然资源价值理论的研究,会进一步完善社会主义市场经济理论。

在当代能否合理开发利用自然资源,能否协调经济发展与环境、人与自然关系已成为衡量社会、经济制度是否合理的重要标志。因此,自然资源价值理论研究的意义是十分重大的。

四、经济维度自然价值论的理论缺失

自然本来不是商品,但是,"在国家本身就是资本主义生产者(如经营矿山、森林等等)的地方,它的产品是'商品',因而具有其他一切商品的特点"①。资本主义体系的一个重要特征就是把一切都商品化了,几乎所有的使用价值(包括实物和非实物形态)都被纳入了商品范畴,有价证券、指数期权和环境资源等都不是劳动的产品,但因为有了使用价值(满足人的需求的不是产品,而是产品的使用价值),从而也就统统被赋予了商品特质。

在现代社会生产关系的市场经济条件下,将自然资源纳入商品范畴并赋予其商品特质,可以在一定程度上协调或缓解短期经济利益与长远环境效益的矛盾。今天,许多国家制定法律法规和相关政策,明确各种环境资源的产权关系,并通过制订比较合理的价格体系,实施对自然资源的有偿开采、合理使用和排污治理,这一切都是为了协调或缓解人与自然已经凸显的紧张关系。这与马克思当年旨在消灭私有制,"要求把地租——虽然是用改变过的形式——转交给社会"②的情况已经不可同日而语了。因为在马克思生活的那个时代,人与自然的矛盾同社会经济关系中的阶级矛盾相比,还仅仅是社会矛盾体系中的次要矛盾,因而在他的理论体系中尚处于副线条的次要地位。

在现代市场经济条件下,商品的来源除了劳动产品以外,还包括自然物品和服务产品。商品是在市场上通过交换而获得的物品,其中有自然物品、劳动产品和服务产品,尽管商品绝大多数都来自于劳动产品,然而,"巧妇难为无米之炊",人们不能凭空生产出劳动产品来。如果从源头上讲起,大多数劳动产品都是取之于自然物品。例如,人们吃的粮食是农民通过耕种土地而获得的劳动产品,粮食是庄稼结出的果实,庄稼是农民把种子种在土地里而生长的植物——这里就出现了诸如土地、肥料、种子、阳光、空气、水和其他自然条件等。而土地的前身是荒地、庄稼种子的前身是野生植物的种子、土壤和肥料中的天然化学元素以及阳光、空气、水等,这些都是自然资源。

在我国的北大荒等偏远地区,还有一些没有开垦的荒地,如果有人用货币

① 《马克思恩格斯全集》第 19 卷,人民出版社 1963 年版,第 414 页。
② 《马克思恩格斯全集》第 18 卷,人民出版社 1964 年版,第 315 页。

购买了这些荒地的使用权,把这些荒地开垦出来,种上庄稼产出粮食,那么,这些荒地就转变成了商品。因为这些荒地是通过货币交换而获得的物品,货币是一般等价物的特殊商品,所以,用货币交换的物品就被赋予了商品特质,而这块原先尚未被开垦的荒地就不是劳动产品,而是自然资源。同理,钢铁是具有使用价值的原材料,钢铁来自于铁矿石,埋藏在地下的铁矿石是自然资源;各类石油产品来自原油,潜藏于地下的原油是自然资源;开采出来的煤炭来自于原煤,埋在地下的原煤是自然资源。通过货币交换而获得的这些自然资源都是商品,然而,铁矿石、原油、原煤等在未开采之前都是自然资源而不是劳动产品。

人类的生存和发展不仅消耗了自然物质,同时还降低了自然的质量,自然的生态系统因此就需要有一个休养生息和修复补偿的过程。于是,人类要持续发展,必须依托于稳定、健全与持续发展的自然生态系统,这就要求人类必须对自然生态系统不断地提供必要的补偿,包括实物补偿和价值补偿。充实和发展马克思的再生产理论也就因此被提上了议程,即这种补偿不能仅限于两大部类之间的补偿,还必须考虑对自然的补偿。具体说来,就是在产品价格中必须追加环境损耗的成本。因此,当代人在确立自己的发展目标时,应尽量避免给后代人造成环境损失的后果,如果这些行为不可避免,就必须采取合适的"储蓄"、"贴现"方式以进行补偿。

马克思曾经意味深长地指出,如果劳动本身的目的仅仅在于增加财富,那就是有害的、造孽的。把劳动与创造财富相提并论不是马克思的本意。一味追求财富而破坏自然环境的劳动创造出来的经济价值,与它造成的环境损失相互抵消以后,对人类的总福利将会是一个负数;它所产生的"有害的、造孽的"效果不但使人的发展、社会发展、环境发展不可持续,甚至可能危及人类的生存。

近年来,英国学者皮尔斯等人在理论上系统地讨论了环境资源经济总量的构成问题。他认为,环境资源的经济价值包括直接使用价值、间接使用价值、选择价值和存在价值。间接使用价值类似于生态的服务功能;选择价值是人们为保护某种自然资源以备未来之用所预支的费用,类似于保险费;存在价值则意味着环境资产的价值评估,如原始森林由于具有很高的潜在性存在价值。所以,人们就愿意投资保护它。国内许多学者的论著已采纳了这个观点。资源经济学将自然资源分为产出物和非产出物两大类,与之相应的便有使用价值和非使用价值,前者指自然资源可直接用以生产过程和消费过程的经济价值,如饲草,或其转化物——肉、乳、毛、皮等,有的容易在市场上直接测量市场价格。而对那些不易测量市场价格的部分,可以将其市场收购价格作为一个参考值,但其实际使用值可能超出市场收购价。这部分价值还包括其他使用效能,但它们并不直接用以生产过程或消费过程,不直接在市场上交换,属于非使用价值,其价值只能间接地表现出来。

其实,从经济维度来说,"价值"通常表征着人们的效益评价和主观偏好,而环境价值的分类则是人们在与自然打交道的过程中,不断加深了对自然效用的认识,或者说不断发现了自然的新的使用价值。人们之所以"在观念上和语言上"赋予自然以价值,是因为自然具备了满足人们需要的属性,"然后人们也在语言上把它们叫做它们在实际经验中对人们来说已经是这样的东西,即满足自己需要的资料,使人们得到'满足'的物"①。社会经济的发展促使人们对自然的需要层次不断发生变化,为了让自然更好地满足自身的需要,人们的活动样式也大大丰富了:不仅使自然满足人的基本生存需要,而且还使其满足人类发展、生命安全、美感愉悦等的需要;不仅令其满足当代人的需要,而且还使其满足人类世世代代繁衍生息和可持续发展的需要。当然,为此人们就必须学会善待自然。

在国内有关劳动价值论的讨论中,一种颇有影响的观点认为,在原始社会,价值的唯一源泉是劳动,而随着社会经济的发展,决定价值的生产要素相继扩大到了土地、资本、经营管理和科学技术等,劳动价值一元论就相应地扩展到生产要素多元论。但是,这种观点对于未将环境因素充分计入生产成本、普遍低估自然价格并突出地表现为有关环境的"市场失灵"现象,还不能作出有说服力的解释。比如,诚如马克思所指出的:"在一个集体的、以共同占有生产资料为基础的社会里,生产者并不交换自己的产品;耗费在产品生产上的劳动,在这里也不表现为这些产品的价值,不表现为它们所具有的某种物的属

---

① 《马克思恩格斯全集》第19卷,人民出版社1963年版,第406页。

性,因为这时和资本主义社会相反,个人的劳动不再经过迂回曲折的道路,而是直接地作为总劳动的构成部分存在着。"①从经济维度来看,在一个共同占有生产资料的社会里,没有商品,劳动甚至也不表现为价值,自然就更无所谓有没有价值了。但是,私有制关系的出现,使自然成为可占有的对象,而资本主义则把这种关系放大到了极致。

经济维度所阐释的自然价值,其实质是关于自然对人"有用"意义上的工具价值论。马克思指出:在资本主义条件下,"人类的大多数为了'积累资本'而自己剥夺了自己。这样,我们就应当相信,这种克己的狂热本能必定会特别在殖民地最充分地表现出来,因为只有在那里才存在着能够把一种社会契约从梦想变为现实的人和条件"②。在当今经济全球化背景下,生态危机的根源已经远远超出了社会政治的或社会制度的领域,由于单纯追求经济目的而导致环境破坏和文化失落的生态危机,无论是在资本主义世界,还是在社会主义或其他社会制度的现实生活中,都普遍地存在并有继续蔓延的趋势。这即是说,当今生态危机的根源,不是单纯的政治原因,而是社会的、经济的和文化心理的综合原因所致。

经济维度下的自然价值论,始终立足于或局限于劳动价值论的阵地,尽管也承认马克思的关于"劳动不是一切财富的源泉。自然界同劳动一样也是使用价值的源泉"的论点,但是,由于过分地或唯一地强调自然的工具价值,从而不能不忽略甚至排斥自然的内在价值和系统价值。所以,它就只能在真理的门槛徘徊,而难以走进真理的殿堂。另外,需要指出的是,价值并不是任何预成的实然存在,而是主体选择和创生的随机生成的应然过程。并且,"满足需要"的活动本身并不一定就有价值,因为主体的需要并非天然都是合理的,其中有积极的需要,也有消极的需要;有正面的需要,也有负面的需要;有适度的需要,也有超度的需要。譬如,当前世界范围内普遍在追求的经济发展的目标选择,往往在不同程度上赌上了生态环境的沉重代价;并且,在生产类型上,仍然局限于传统的两种生产理论——生活资料的生产和人类自身的生产,而

①　《马克思恩格斯全集》第19卷,人民出版社1963年版,第20页。
②　马克思:《资本论》第1卷,人民出版社2004年版,第879页。

把人的环境需要与环境生产排斥于发展经济的视野之外,无视人和人的生存环境的彼此统一与可持续发展的重要意义,其最后结果的严重性必然是人们所始料未及的。然而,千秋功罪,自有后人评说。这即是说,经济维度所关注的需要,并不一定真正是"合目的"的,并不必然能够导致实现主体应然存在的生成。假若与人和自然生态系统的应然生成相背离,那么,即使人在实践活动中多么的轰轰烈烈、叱咤风云,在主观上以为自己取得了空前绝后的伟大成就,也难免导致人和自然的双重异化,从而也终究是以胜利或成功的外观创造着负价值,虚度或扭曲人生。

第三节 科学维度下的自然价值

关于自然有没有价值特别是有没有内在价值的问题,至今在我国学术界众说纷纭。其中,占主导地位的观点依然认为:价值是属人领域或意义世界的概念。因此,只有人才是价值主体,才有价值,人以外的自然界无所谓价值可言,从而指认自然界是一个没有价值的世界。这显然带有浓重的"主客二分"的传统形而上学思维范式的弊端。在这种思维范式下,人与自然、思维与存在、事实与价值、科学与道德等,都是相互分置或彼此外在的。比如,在人与自然的关系中,只有人才是主体,人以外的世界万物都是客体、是对象、是供人掠夺、改造、驾驭、摆布和利用的工具。在这种"主客二分"的关系格局中,人作为主体,是世界的主宰者和征服者;自然界是客体,是"物"或"对象",它仅仅是满足人的需要的工具。人类活动是改造、占有、利用外界事物,主宰和征服自然的过程。这是一种"物为我所用"的单面单向价值论,它在经济维度和科学维度的自然价值论中均有所体现。

一、科学维度下自然价值的特性

从根本上来说,科学维度视域下对于自然价值的阐释,是从知识论出发的,它在"主客二分"的思维模式下,强调主体与对象的对立、人与自然的差异,明是非,辨真假,论对错,而轻善恶。因此,科学维度的自然价值论和经济维度的自然价值论具有天然的基因纠结,二者互为表里、相辅相成。在一定意义上,科学维度的自然价值论为经济维度的自然价值论提供科学依据和学理论证。

按照科学维度的惯性思维,价值和其他一切事物一样,是一种可以严格计量或测算的特定存在,是能够根据相关数据进行预测或预先设定的。大致来说,科学维度的自然价值论包含如下要点。

其一,否认自然的内在价值。自然有使用价值或工具价值,但其本身并无内在价值。一个物可以是使用价值而不是价值。如空气、处女地、天然草地、野生林等等,也就是说,自然物的有用性表明它具有(对人来说的)使用价值或工具价值。

其二,把价值等同于使用价值。自然和劳动共同创造的是物质财富的使用价值。自然是在劳动产品中扣除了各种有用劳动后还剩下的"物",它们是某种不依赖于人的天然的东西。人类通过劳动改变物质的形态时,还要经常依靠自然力的帮助。因此,劳动并不是它所生产的使用价值即物质财富的唯一源泉。在这个意义上来说,劳动价值论之外还必然有一个自然价值论。而人们所谈论的自然价值其实都只限于自然的使用价值。在这里,显然是把价值等同于使用价值,这就难免导致难以自圆其说的片面价值论。

其三,把自然资源的归属视为对自然价值的占有。自然虽然没有价值,但在特殊的占有关系下却可以使之有一个"虚幻的价格形式"。一旦对自然力(譬如土地)的占有形成了一种垄断时,利用它所产生的部分利润或超额利润就落到了土地所有者手中。这里土地所有权并不是创造超额利润的原因,而是这一部分利润被土地所有者占有的原因。这就引出了自然的所有权问题,而创造这种权利的并不是自然本身,而是生产关系。自然不属于任何人,只是在特定的生产关系的历史条件下,自然才归属于一定的人占有。例如,"剥夺人民群众的土地是资本主义生产方式的基础。与此相反,自由殖民地的本质在于,大量土地仍然是人民的财产,因此每个移民都能够把一部分土地转化为自己的私有财产和个人的生产资料,而又不妨碍后来的移民这样做。这就是殖民地繁荣的秘密,同时也是殖民地的痼疾——反抗资本迁入——的秘密。"①马克思又进一步分析道:"从一个较高级的经济的社会形态的角

① 马克思:《资本论》第1卷,人民出版社2004年版,第880页。

度来看,个别人对土地的私有权,和一个人对另一个人的私有权一样,是十分荒谬的。甚至整个社会,一个民族,以至一切同时存在的社会加在一起,都不是土地的所有者。他们只是土地的占有者,土地的受益者,并且他们应当作为好家长把经过改良的土地传给后代。"①概括地说,因为对于自然物的私有权(占有权)的荒谬地出现,自然物便具有了某种"归属",由此也就可以在貌似合理合法的名义下,对自然物进行"估价"或"定价"。

二、两种自然价值论的比较

为了把握、理解和反思科学维度的自然价值论,有必要简要地回顾和比较一下西方哲学与马克思主义哲学所蕴涵的自然价值论思想。

1. 西方哲学的自然价值论

如果从古希腊早期的自然哲学说起,这种观念的萌芽,孕育于更早的希腊文化,尤其是作为古希腊早期宗教观念的荷马史诗中。对于早期的人类来说,"自然界起初是作为一种完全异己的、有无限威力的和不可制服的力量与人们对立的,人们同自然界的关系完全像动物同自然界的关系一样,人们就像牲畜一样慑服于自然界,因而,这是对自然界的一种纯粹动物式的意识(自然宗教)。"②罗素在评述荷马史诗时指出:"在荷马诗歌中所能发现与真正宗教感情有关的,并不是奥林匹亚的神祇们,而是连宙斯也要服从的'命运'、'必然'与'定数'这些冥冥的存在。命运对于整个希腊的思想起了极大的影响,而且这也许就是科学之所以能得出对于自然律的信仰的渊源之一。"③这种观念当然基于另外一种信念,那就是自然世界的统一性。这就是米利都学派自然哲学的基本动机:寻求统一性。阿那克西曼德表达了这种观念与"命运"或"自然律"之间的关系:"万物所由之而生的东西,万物消灭后复归于它,这是命运规定了的,因为万物按照时间的秩序,为它们彼此间的不正义而互相补偿。"④

---

① 马克思:《资本论》第 3 卷,人民出版社 2004 年版,第 878 页。
② 《马克思恩格斯选集》第 1 卷,人民出版社 1995 年版,第 81—82 页。
③ [英]罗素:《西方哲学史》上卷,何兆武、李约瑟译,商务印书馆 1997 版,第 33—34 页。
④ 同上书,第 52 页。

这就同时为作为认知范畴的规律观念与作为价值范畴的正义观念提供了一个共同的基础。这两个方面后来为柏拉图的"知识论"和亚里士多德的"伦理学"所发挥。

按照这种观念,当我们谈及人和自然界的价值关系时,就必然逻辑地得出这样的结论:无论人还是自然界,双方都"不正义";它们之间充满着争斗、扩张,而唯有命运或自然律才维持着一种平衡,亦即正义。这种作为正义化身的命运或自然律,体现在阿那克西曼德所谓的"无限"上,它是中立的,从而既是一切存在的源泉,也是一切价值的源泉,其实质就是逻各斯。值得注意的是,这里一方面已经蕴涵着人和自然界的二元对峙,另一方面也透露着寻求一元归宗的动机。希腊自然哲学对于后来整个西方文化的意义正体现在这里,而不在于那些类似"经验科学"的具体猜测。这种二元对峙乃是我们理解西方自然价值观念的关键,它是一种"双重二元对峙":首先是造物者与造物的二元对峙,诸如,本体实在与现象的对峙、神与万物的对峙、柏拉图的理念世界与现象世界的对峙,然后是人与自然界的二元对峙。这是整个希腊思想,也是整个西方文化的基本构架。

不过,在典型的希腊哲学思想中,"这种正义的观念——即不能逾越永恒固定的界限的观念——是一种最深刻的希腊信仰。神祇正像人一样,也要服从正义。但是这种至高无上的力量其本身是非人格的,而不是至高无上的神"①。但是,"希腊哲学像它开始一样,乃归结于宗教",希腊哲学最终与东方宗教相结合,"它发展的最高形式是新柏拉图主义,它力图把世界说成是从超绝的上帝流出的,而上帝则是万物的根源和归宿。"②当然,上帝也就是一切价值的根源和归宿,从而通向了中世纪基督教的价值观念。

中世纪继承着古希腊观念,例如,亚里士多德在谈到哲学时说:"于神最合适的学术正应是一门神圣的学术,任何讨论神圣事物的学术也必是神圣的;而哲学确正如此:(1)神原被认为是万物的原因,也被认为是世间第一原理。

---

① [英]罗素:《西方哲学史》上卷,何兆武、李约瑟译,商务印书馆1997版,第53页。

② [美]弗兰克·梯利:《西方哲学史》,葛力译,商务印书馆1995年版,第8—9页。

（2）这样的一门学术或则是神所独有，或则是神能超乎人类而所知独多。"①但是，中世纪观念与古希腊观念也存有差异，在这里，作为体现自然律或命运的"无限"，已经与上帝合为一体，上帝即逻各斯。因此，在基督教传统观念中，自然的价值显然并不是内在自生和自足的，因为一切都是上帝创造的，上帝便是一切价值的终极源泉。或者换一种说法，最终是上帝赋予自然以价值。这种观念由《圣经·旧约·创世记》传达出来，直接影响到后来的西方文化和价值观念。

从目的论角度看，信仰上帝有两个基本内容：一方面，自然物被创造出来是为了互相满足需要（有一个最流行的说法是：老鼠被创造出来是为了让猫吃），而整个自然被创造出来是为了满足人的需要，这里，人的地位是崇高的。这就是后来所谓"需要价值论"的最初源头，从这里便导出了近代以来的"人类中心主义"。另一方面，作为总体的世界被创造出来，是为了表明上帝自身的伟大，这里，人的价值与任何其他自然物的价值都是派生的、神创的，都缺乏自主性和自足性。

西方关于自然的价值观念，大都与这种神学价值观的文化传统密切相关。例如，近代以来的西方"启蒙"思想关于自然的价值观念，就是与此相关联的。启蒙的或现代性的自然价值观念的前提，是人与自然界的区别、差异与对立，人作为"主体"而去"认识自然"、"改造自然"，而自然因此（对人来说）是有价值的，当然这只是一种工具价值。这种传统后来被英国哲学家弗兰西斯·培根概括为著名的"知识就是力量"的命题，在该命题的影响下，人类"征服自然"就成为天经地义的伟大壮举。其实，这种人与自然的二元对峙，早已蕴涵于基督教神学传统，甚至更早的古希腊传统之中了。一方面，在人与自然的二元对峙中，自然的价值取决于人：自然之有价值，在于能满足人的需要，即能被人认识、改造、征服、利用。但是，另一方面，这里还有一种更为根本的二元对峙——造物与造物主的二元对峙。自然物是上帝的造物，人也如此。可见，人的价值同自然一样，都是取决于上帝的。上帝才是一切价值的根本始基。

到了近代，尼采的"上帝死了！"的惊世呼喊，显然已不仅仅是尼采自己所

---

① ［古希腊］亚里士多德：《形而上学》，吴寿彭译，商务印书馆1981年版，第5—6页。

说的"重估"一切价值,而是"颠覆"一切价值了。因为,既然上帝是一切价值的唯一的终极根据,那么上帝之死就意味着一切价值从根本上的彻底崩溃。这不仅对于自然,而且对于人来说也是一样的:即便我们曾经具有价值,但是上帝之死却使我们彻底丧失了自己的价值。这并不仅仅是西方哲学家发出的耸人听闻,在很大程度上也确实是西方普通人所遭遇的现实境况。

然而,世界并未走到令人恐怖的穷途末路,上帝死了,人还活着。当造物与造物者这一最终层次的二元对峙被解构之后,第二层次的二元对峙——自然与人——依然存在着。因此,不妨把自然的工具价值理解为满足人的正向需要的应然过程。

按照科学维度和经济维度所共同遵循的劳动价值论的观点:未经劳动改造的自然,亦即不是作为劳动产品的自然,是没有价值的;人们越是改造自然,自然就越是有价值。这个结论同样适用于现实的个人本身:个人越是受到改变,越是失去了个性,他就越有价值。这实际上等于说,个人越是没有个性,他就越有价值——即对他人、对社会或"类"就越有价值。当然,这种个人价值必然只是用来供摆布、供奴役的使用价值或工具价值。

西方启蒙观念的逻辑推演及其实践后果,一方面促进了人的个性的觉醒和解放;另一方面却导致了人对自然界的背叛。人们普遍认为,只有改变了的"自然状态",才是有价值的、"文明"的。所以,人是自然的逆子:他原本是自然之子,但他后来通过认识自然、改造自然,而对自然加以利用、征服,这样一来,人就变成了自然的不肖之子,甚至是自然的敌人。人类生存环境的破坏、生态危机的遍袭人间,就是这种人—物对峙的必然逻辑和现实明证。

2. 马克思主义哲学的自然价值观

在马克思主义的理论体系中,人与自然和谐的生态哲学具有自身的特点,它主要表现为马克思的人化自然观和恩格斯的辩证自然观。

劳动是人与自然关系的中介,也是马克思人化自然观的首要范畴。唯物史观认为,世界有两重关系:一是人与人的社会关系,二是人与自然的生态关系。这两种关系是相互包容、相互制约和不可分割的。就两者的统一性而言,一方面,人与人的社会关系是在人与自然的生态关系的基础上生发出来的;另一方面,人与自然的生态关系是以人与人的社会关系为其现实形式和尺度的。

人与自然环境的生态关系,其现实中介是人的感性实践活动,是劳动。"我们首先应当确定一切人类生存的第一个前提,也就是一切历史的第一个前提,这个前提是:人们为了能够'创造历史',必须能够生活。但是为了生活,首先就需要吃喝住穿以及其他一些东西。因此第一个历史活动就是生产满足这些需要的资料,即生产物质生活本身,而且这是这样的历史活动,一切历史的一种基本条件,人们单是为了能够生活就必须每日每时去完成它,现在和几千年前都是这样。"①人与自然和谐的生态哲学是基于实践活动或劳动中的"两个尺度"的统一原则,为了实现实践的近期目的和长远目标,人们必须学会和自然界"合作",尊重自然界的"自然选择法则",把人的需要与自然的需要彼此统一起来,而不能用人的需要"吃掉"自然需要,用人的内在价值排斥自然的内在价值。否则,一味地片面追求人的需要,而不顾及自然的需要,那么,最终的后果必将令人类付出惨重的代价。正如恩格斯指出的那样:"我们不要过分陶醉于我们人类对自然界的胜利。对于每一次这样的胜利,自然界都对我们进行报复。每一次胜利,起初确实取得了我们预期的结果,但是往后和再往后却发生完全不同的、出乎预料的影响,常常把最初的结果又消除了。"②马克思主义所主张的人与自然彼此和谐的哲学思想,其能动环节首先在于劳动实践,同时在劳动中兼顾自然选择法则,热爱自然,尊重自然力量,以求得人与自然的和谐共生与持续发展。

在马克思主义的"两种生产"理论中,不仅生活资料的生产与人类自身的生产是互为条件、彼此统一的,而且社会的再生产与自然的再生产也是互为条件、彼此统一的。脱离了自然基础,任何社会的再生产都是不可能进行的,甚至人类社会本身一天也不能存在。人与自然的和谐观主要包括:(1)人化自然的生成是一个历史过程,自然始终是人类社会存在的基础。(2)人类历史和社会财富的创造者不仅是人,同时是人与自然"合作"的共同结果,是人的自为形式与自然的为人形式的统一。(3)现实的意义世界是人与自然相互作用而生成的实践世界。这种实践世界不是人与自然界的简单相加,实践世界

---

① 《马克思恩格斯选集》第 1 卷,人民出版社 1995 年版,第 78—79 页。
② 《马克思恩格斯选集》第 4 卷,人民出版社 1995 年版,第 383 页。

的特征也并非是人的属性与自然属性的简单通约,而是二者的相互作用、相互生成的系统整合,这种辩证的一体化过程与结果是不可还原的,即不可能分割为孤立的人与自然的两相对置。(4)人与自然的和谐世界是实践的世界。这就孕育了当今实践范畴的时代更新,实践包容了人与自然的相互作用,其中既借助和吸纳了一定的自然选择的力量,又依托和突出了人的理性自觉和实践自为。于是,实践就不仅仅限于人类改造自然的活动,而同时也包含改变和发展人自身的活动;实践的价值指向不仅在于从自然界获取物质生活资料,同时更追求人自身的日益全面的发展和全面的实现。于是,人与自然便以一定的社会形式或社会生产方式的样态实现着二者的和谐共处与双方价值的应然生成。

既然人与自然的和谐在根本上取决于社会生产方式的状况,那么,创设合理的社会生产方式便成为马克思主义生态哲学所特别关注的焦点。然而,关于马克思主义生产方式的概念,特别是生产力概念,长期以来存在着误读,认为在社会生产领域,只存在着一种生产力,即社会生产力。从直接或间接推动或作用于物质生产过程的角度来看,当代世界存在着四种生产力:第一,生态资本形成的自然生产力推动自然环境生产,创造环境价值;第二,社会资本形成的社会生产力,推动社会物质生产,创造劳动价值;第三,人力资本形成的人口生产力,推动人的生产,创造人生价值;第四,知识资本形成的知识生产力,推动知识生产,创造知识价值。如此看来,传统生产力概念的界定,显然难以涵盖这四种生产力类型,其所专注的仅仅只是社会生产力。即便社会生产力在其广义上囊括自然生产力、人口生产力和知识生产力,并使其生产力的实践生成限定为社会形式意义上的社会生产力,因而社会生产力就取得了合理性的完备形态。那么当代社会所出现的以牺牲自然资源和生态环境换取社会经济发展的局面,不能不说是由于人们对生产力的误读,尤其是由于对自然生产力的忽视所造成的。因此,凸显自然生产力,重视环境生产,尊重环境价值,重新解读、拓展和构建马克思主义生产力新概念体系,以期为解决当前的环境问题和生态危机提供可能。

有了完整的生产力内涵,就有可能构建合理的生产方式,人与自然的和谐发展才是可能的。同时,人与自然的和谐发展,还直接有赖于自然生产力所决定的环境生产与社会物质生产的彼此协调。在这里,社会物质生产并非是仅仅依赖于社会生产力的生产。从普遍联系的角度来说,社会物质生产是由上述四种生产力共同作用的过程和结果。在当今历史条件下,特别需要强调和关注社会物质生产与自然环境生产的相互协调、相互一致。环境生产是自然生态的物质与能量的再生与循环过程,它不仅直接或间接地制约和作用于社会物质生产过程的物质与能量循环,而且影响和制约着人的消费方式、健康水平、生命安全与生活质量,从而从根本上制约着社会物质生产的性质和规模。假如社会物质生产不断地从负面抵消和破坏环境生产和环境价值,那么,这种社会物质生产就是一种负生产,它所产生的负面影响必将同时贬低和否定人的价值与自然价值。从伦理上来说,这种抵消和破坏环境生产和环境价值的社会物质生产,实质上并不是生产财富和实现价值,而是生产贫困、愚昧、灾难和罪恶。

如果说,马克思的人化自然观主要集中地从实践生成角度论述了人与自然和谐的哲学思想,那么,恩格斯的辩证自然观则独具匠心地阐述了人与自然和谐的环境哲学的其他问题。由于对自然科学知识的广博而深入的了解,恩格斯首先在总结以往关于人类和自然关系认识成果的基础上,阐明了人类社会从自然界生成的必然性。首先,自然界自身的运动演化无非是自然力量推动的结果。所谓"神力"、"上帝"等外在的推动力,纯属子虚乌有。因为近现代科学的发展已经向人们展示了自然界向人的生成的历史图画。其次,自然界向人的生成是必然的。在物质运动形式由低级向高级的运行中,自然界从简单的机械作用走向人类生命的形式,是自然发展不可逆转的必然归宿。由此可知,较之其他生物物种,作为自然运演的最高形式的生命运动,人类身上确实被赋予了更多的认知和主动干预自然的权力。

然而,更为广阔的宇宙的存在和运演,从宏观上规定了人类生存的有限性,决定了人与自然和谐共存的发展格局,这就是人类生存的有条件性和暂时性。恩格斯认为,在宇宙演化的无限时间之内,自然向人类的生成是无条件的、必然的,但对人类所寓居的地球星体来说,人类的生成则是偶然的或随机的,是众多条件或分力相互作用的结果。无论是地球的公转和自转,无论是地球周围的大气层,还是地球表面的动植物资源、水土资源和矿产资源,都只是构成了人类生命存续的有限空间和条件。因此,人类生存于其中的自然环境并不是一个永恒存续的时空,相对于广阔的宇宙空间和无限的时间,与其说人类生存于有限的自然时空,毋宁说人类所能做到的,只是寻求有限可能性时空中的无限奇迹。否则,打破无限时空中的有限链条,人类的生存与全面发展的意义将无所归依。

恩格斯的辩证自然观围绕人与自然相和谐,论述了两个主要问题:其一,自然界本然运行中的人类生存。自然界的整体运行是系统与要素、有序性与无序性的对立统一。对于人类生存的子系统而言,无论如何强调实践的重要性,它都只不过是地球生态大系统的一个构成要素或影响因子。因此,人类在自身生存的子系统中,通过自我行为的调节或矫正,一是要力求在子系统内部实现人与自然的和谐,二是要在生态子系统与宇宙大系统的关系中,力求促成二者的和谐与稳定,从而全面实现人与自然的和谐(当代宇航业的发展,其消极面难以避免对宇宙太空的污染)。其二,努力实现人类个体与自然的和谐。人类社会的存在总是以个体的存在为前提的。然而,无论是个体存在还是社会存在,都无法逃避其存在时空的暂时性或有限性,因而,人类社会只能在历史的相继性中谋求与自然的永恒和谐。对于确立人类与自然的永恒和谐的目标问题,任何个人或群体都是无法彻底完成这一任务的,它只能在人类无限的世代延续中,以无限的有限序列的形式,无限接近地实现这一历史使命。

马克思主义哲学创立之后,它的环境哲学思想就在世界范围内的不同时期或不同条件下发挥着重要的影响和指导作用。然而,由于马克思主义创始人的历史的或时代的局限性,马克思主义的环境哲学思想毕竟还不是马克思主义理论体系中的主线或硬核。随着时代的变迁,它更有必要经受人类社会实践的充实和推动,随着历史条件的变化和实践的发展而不断丰富、完善自己理论体系的格局。在当代社会,全球性的生态危机与自然价值观的研究,为马克思主义环境哲学的丰富发展提供了现实的机遇和挑战,从而也有力地促使了马克思主义环境哲学思想在实践中的进一步丰富和发展。

人们改造自然的实践活动都是有目的的,都是在一定的价值观指导下选择和进行的,因此,考察人与自然关系理论的得失,首先必须考察人们对于自然价值观的全面把握程度。长期以来,不少学者认为,马克思缺乏自然价值论观点,因而,在一定程度上造成了人们认识上的偏差,从而为当代的环境污染和生态危机的发生留下了地盘。这种观点是否具有某种合理性呢? 马克思的剩余价值学说是否在一定程度上构成了对自然价值论的否定呢?

应当承认,剩余价值学说是马克思经济理论的基础。马克思关于自然价值的观点与他的剩余价值学说是紧密相关的。剩余价值是由雇佣工人在剩余劳动中创造而为资本家无偿占有的价值,必要劳动是工人用于满足本人及其家庭生活需要的劳动。因此,必要劳动与剩余劳动在资本主义的整个生产链条上是对立统一关系。马克思的剩余价值学说科学地揭示了雇佣工人劳动的全部意义和资本主义剥削的秘密,从而成为现代经济学的崭新理论。这一理论透视了市场经济,繁荣了现代社会,推动了现存社会的革命变革,因而,就连资产阶级也不得不承认,其积极意义和伟大贡献是不容诋毁的。马克思认为价值是劳动价值,即凝结在商品中的社会必要劳动。自然资源譬如水、河流、森林、矿产等,由于不是劳动产品,所以没有价值。马克思曾说:"自然力本身没有价值。它们不是人类劳动的产物。但是,只有借助机器才能占有自然力,而机器是有价值的,它本身是过去劳动的产物。"①

首先,认为自然力和自然资源没有价值,在特定历史条件下具有一定的合理性。在农业社会,由于人类改造自然的实践能力极其有限,所以人类的生产活动对于自然的伤害以及人类的生活废弃物,自然界尚可承受,并完全有能力自行修复。自工业革命开始,虽然机器大工业对自然的改造向着史无前例的深度开拓,但是人们只是因袭农业社会对待自然的态度,认为自然资源取之不尽、用之不竭,加之人们"征服"、"统治"自然的"主客二分"的思维定势已经根深蒂固。因此,人类尚不可能在社会实践层面上认可自然环境和自然资源自身的内在价值。

其次,马克思和恩格斯认定了自然价值。一方面,他们认为,自然界是人类劳动的基础,离开自然界人们就什么也不能创造;另一方面,他们曾经深刻地阐述了作为财富源泉之一的自然界的价值意义。他们认为:"劳动不是一切财富的源泉。自然界同劳动一样也是使用价值(而物质财富就是由使用价

---

① 《马克思恩格斯文集》第 8 卷,人民出版社 2009 年版,第 356 页。

值构成的)的源泉……只有一个人一开始就以所有者的身份来对待自然界这个一切劳动资料和劳动对象的第一源泉,把自然界当做属于他的东西来处置,他的劳动才成为使用价值的源泉,因而也成为财富的源泉。"①当作为财富源泉之一的自然进入社会实践领域并已为社会价值体系接纳时,人们就会有机会发现:"每一种有用物,如铁、纸等等,都可以从质和量两个角度来考察。每一种这样的物都是许多属性的总和,因此可以在不同的方面有用。发现这些不同的方面,从而发现物的多种使用方式,是历史的事情。为有用物的量找到社会尺度,也是这样。"②这种尺度就是自然物身上与使用价值相伴而行的价值。如此,剩余价值学说所蕴涵的自然价值维度便得到了充分的彰显和确认。

在马克思看来,没有自然界,劳动者就什么也不能创造。自然界是劳动者用来实现他的劳动,在其中进行生产劳动的材料。自然不仅是构成商品使用价值的必要条件,而且也是一切劳动的客观的"物"的基础。劳动创造出来的财富当然是和对人有用、满足人的需要联系在一起的。但是,这并不是说任何"有用的"东西、能够满足人的需要的过程就有价值。正如马克思所说:"'价值'这个普遍的概念是从人们对待满足他们需要的外界物的关系中产生的","价值(Wert)或值(Würde)这两个词最初用于有用物本身,这种有用物在它们成为商品以前早就存在,甚至作为'劳动产品'而存在。但是这同商品'价值'的科学定义毫无共同之点。"③

就自然的效用和稀缺性而言,其使用价值在特定场合下是一个常量,而由于人的需要不断变化,人们认识、改造自然的能力不断提高,它又表现为一个变量。自然资源本来是丰裕的,但人类活动迟早要打破这种状态,凸显人的需要与自然供给的深刻矛盾。在资本主义条件下,人与自然之间的物质变换不断加速,人与自然的关系也随之不断趋于紧张和异化,"只有资本才创造出资产阶级社会,并创造出社会成员对自然界和社会联系本身的普遍占有。由此产生了资本的伟大的文明作用;它创造了这样一个社会阶段,与这个社会阶段

---

① 《马克思恩格斯选集》第 3 卷,人民出版社 1995 年版,第 298 页。
② 马克思:《资本论》第 1 卷,人民出版社 2004 年版,第 48 页。
③ 《马克思恩格斯全集》第 19 卷,人民出版社 1963 年版,第 406、416 页。

相比,一切以前的社会阶段只表现为人类的地方性发展和对自然的崇拜。只有在资本主义制度下自然界才真正是人的对象,真正是有用物;它不再被认为是自为的力量;而对自然界的独立规律的理论认识本身不过表现为狡猾,其目的是使自然界(不管是作为消费品,还是作为生产资料)服从于人的需要。资本按照自己的这种趋势,既要克服把自然神化的现象,克服流传下来的、在一定界限内闭关自守地满足于现有需要和重复旧生活方式的状况,又要克服民族界限和民族偏见"①。由于自然在决定价值的劳动中地位发生了变化,有关自然价格的目标函数也要修正了。

马克思认为,自然价格的修正,大体有三种方式:

一是替代方式。某种不需要代价的自然力加入到生产过程,所提供的产品如果可以满足人的需要,它就不会在价格决定中被计算进去;而如果不能满足人的需要,那就必须由人的劳动来替代,而这个新的要素便加入到了资本中。自然替代物的价值可以"抵消"原来的自然价格,例如某种人造材料面世后,被替代的天然材料价格就将发生变化。

二是根据自然力可能带来的预期收入,凭借垄断占有来获得租金。"凡是自然力能被垄断并保证使用它的产业家得到超额利润的地方,不论是瀑布,富饶的矿山,盛产鱼类的水域,还是位置有利的建筑地段,那些因对地球的一部分(土地)享有权利而成为这种自然物所有者的人,就会以地租形式,从执行职能的资本那里把这种超额利润夺走。"②地租的资本化就是地价,其交易必须建立在创造土地买卖权利的生产关系基础上。许多自然物之所以被赋予产权,正是因为某种生产关系创造了自然物买卖的关系。原本没有价值的自然物在这种交易中变成了商品,并凭借其预期收入来确定其价格。

三是通过"虚幻的"形式使没有价值的东西有了价格,并用人为的目标函数调整这种价格。价值量和它的货币表现的量(价格)往往并不一致:"没有价值的东西在形式上可以具有价格。在这里,价格表现是虚幻的,就像数学中的某些数量一样。另一方面,虚幻的价格形式——如未开垦的土地的价格,这

---

① 《马克思恩格斯全集》第30卷,人民出版社1995年版,第390页。
② 《马克思恩格斯选集》第2卷,人民出版社1995年版,第572页。

种土地没有价值,因为没有人类劳动对象化在里面——又能掩盖实在的价值关系或由此派生的关系。"①这大致相当于受制于某种目标函数的"影子价格",它反映了特定社会条件下的成本—利润关系。

在马克思主义生态哲学的现代境域中,自然价值论对马克思经济学思想的机械守护或误读,导致了马克思主义生态哲学发展中的曲折,现代生态困境是马克思主义生态哲学不容回避的难题。无论现代性本身引发出怎样的歧见纷呈,现代化实践却是问题的真正症结,因此,反思现代化的实践是马克思主义生态哲学发展最富有意义的向度。在马克思主义生态哲学的理论视域中,它应当包含两重任务:其一,实现人与自然之间的和谐;其二,实现人与人之间的和谐。对于这两重问题的回答,实际地构成了当代马克思主义生态哲学发展的时代课题。

自从马克思主义创立之日起,就曾明确宣告自己的使命在于使现存世界革命化。后现代高度发达的文明社会,将同时实现两个系列的和谐:人与人的社会关系的和谐;人与自然的生态关系的和谐。这两个系列的和谐在实际上是互相渗透、互为前提、密切相关的,在人类对自然的实践改造能力空前膨胀的今天,重新研究、反思和发展马克思主义"两种和谐"的思想,就成为丰富和发展马克思主义生态哲学和环境伦理学的必然要求。

在论及未来理想社会实现人与自然和谐的问题时,马克思曾经指出:"社会化的人,联合起来的生产者,将合理地调节他们和自然之间的物质变换,把它置于他们的共同控制之下,而不让它作为一种盲目的力量来统治自己;靠消耗最小的力量,在最无愧于和最适合于他们的人类本性的条件下来进行这种物质变换。但是,这个领域始终是一个必然王国。在这个必然王国的彼岸,作为目的本身的人类能力的发挥,真正的自由王国,就开始了。但是,这个自由王国只有建立在必然王国的基础上,才能繁荣起来。工作日的缩短是根本条件。"②这在今天已经成为时代的召唤。马克思设计的自然主义—人道主义—共产主义的三位一体的"两种和谐"的未来图景,仍然是当代生态哲学的不可

---

① 马克思:《资本论》第 1 卷,人民出版社 2004 年版,第 123 页。
② 马克思:《资本论》第 3 卷,人民出版社 2004 年版,第 928—929 页。

逾越的理论视界。

三、自然价值的科学把握

科学研究的对象都是固定的,在科学视域内的自然价值是存在不同层级的。例如,认识草原的价值需要从空间上树立超越草原自身价值的整体价值观或系统价值观。当前,草原生态的破坏,已经远远超越了这一空间的局部范围,形成对邻区和更远地区的扩散和转移,我国草原的破坏将会直接危及华北乃至整个中国,甚至对全球都有影响。

草原的这一经济价值,对应于生态学家所说的生态功能,如调节大气成分,草地贮存碳的能力与森林相当。平均土壤碳密度,森林土壤为 $12.37kgC/m^2$,草地土壤为 $14.83kgC/m^2$。调节气候,调节全球及地区性气候的要素,如温度、降水、湿度、蒸发。形成土壤和维持土壤功能,保育水土,防止土壤风蚀、水蚀;维持土壤功能。处理废物,包括对过多和外来养分、化合物的去除或降解,控制污染,解除毒性。传粉与传播种子。养育和提供传粉和传种的各类动物,帮助有花植物配子的运动,促进动植物协同进化。

特别需要指出的是,草原的生态文明建设对于水资源安全的影响十分关键。我国地形的三个阶梯形成的西高东低,许多河流发源于高山冰川、高山草甸、草原,流经草原地区,进入平原汇入东海。我国的几条江河都是发源或流经草原地区,大体上是由西向东的走向。我国西部草地,尤其是青藏高原及其周边草地起着"水塔"作用。由于草原生态系统的退化,三江源和环青海湖地区出现了气温升高、降水量减少、蒸发量增大的干旱化趋势,并造成冰川萎缩、湖泊水位下降、河流径流减少等一系列生态问题。草原生态系统的退化使降雨量普遍减少,气候变干,灾害增多。20 世纪 50 年代,内蒙古从东到西降雨量为 500—300—150 毫米,现在降到 300—200—100 毫米。由于干旱少雨,地下水位下降,大中城市普遍下降 2 毫米左右。内蒙古鄂尔多斯市 1927—1957 年 30 年中有 3 次大旱灾,干旱周期为 10 年;1958 年—1965 年中有一次大旱灾,周期为 8 年;1966 年—1985 年发生了 4 次旱灾,周期为 5 年;近些年这个周期为 3 年。草原湿地是草原的独特生态系统,是最富有生产力的生态系统之一。在干旱、半干旱的草原地带性气候条件下,具有调节当地气候、稳定降水、涵养水源、补充与释放地下水、保持水土、防止风沙、防止旱涝灾害等重要生态功能。由此之故,草原生态学家称草原湿地为"草原之肾"。在 20 世纪 50 年代,面积大于 15 平方公里的湖泊,新疆有 15 个。目前越来越多的湖泊干涸,其中已完全干涸的有 5 个、面积正在缩小的有 5 个,使目前新疆湖泊水域面积相当于当时的 50% 左右。许多滩地草原(蒙古语称之为柴达木)都被沙漠所掩埋,滩地草原比 50 年代减少了三分之一。这显然是一个很严酷的现实,是科学维度研究自然价值所绝对不能回避的现象。

面对西方启蒙价值观念,尼采宣布"上帝死了",继尼采之后,后现代思想家福柯则进一步宣称:"人也死了!"他的意思是,那个在"宏大叙事"中存在的作为"类存在"的"大写的人"已经死了,只有被边缘化的人、个人还活着。按照基督教传统中的需要价值论的思路,人确实只是"苟活着"的行尸走肉了。这并不是危言耸听,而在很大程度上是一种关于现实状况的真切描述,即所谓"消解中心"的"后现代状况",即呼唤价值多元、文化多元的状况。

马克思从经济维度所论述的价值,是"无差别的人类劳动的单纯凝结",他用"抽象人类劳动体现或物化"来说明价值的形成;而人的一般劳动又对象化于"物"(其实是一切可交易的对象)的效用中,体现在各种商品的使用价值中。而且,"物的价值则只能在交换中实现,就是说,只能在一种社会的过程中实现"①。

在早期的人类社会,自然物是公共的,也不稀缺,即使在今天,仍然有一些自然物不在私有范围内,属于无竞争、不排他的公共物品,它们或难以界定具体的产权(所有权),如海洋;或因为丰裕充足而并不稀缺,如空气。这些自然物更确切地应称之为准公共物品或拥挤物品,在一定范围内,人对它们的消费则表现为纯粹公共性的,个人的消费不会妨碍或减少他人的同样消费;但是,如果超出了一定限度,就可能影响到所有消费者的正常消费,从而产生生态危机和环境灾难之类的负效用。当今时代的许多生态环境问题就属于这种情况。近代以来的大量自然物,如山川、草地、矿藏逐渐有了归属,比较明晰的产权(所有权)关系使人们可以进行自然物的交易,这些本来没有(劳动)价值的

---

① 马克思:《资本论》第 1 卷,人民出版社 2004 年版,第 102 页。

东西便有了价格的形式。如采矿业,矿石原料就不是预付资本的组成部分,劳动对象也不是过去劳动的产品,但是它们却具有了可以进行交易的价格形式。

在有关自然价值问题的讨论中,有人认为,自然(环境)资源本身没有价值,但可以有价格;自然被占有者赋予了价格,它才取得了商品形式。自然价格的内在依据即在于它天然地具备为人类提供生产资料和生活资料的属性与功能,具有效用性或使用价值,自然资源因此而转化为经济资源;而自然资源的稀缺性便构成了自然价格的外在依据。自然价格的内在依据在于自然有效用,但我们对此不应仅仅作经济学上的理解,因为它还包括了其他如生态学、社会学、美学意义上的效用;而自然价格的外在依据表面上是供求关系,实际上是自然资源稀缺性和现行生产关系及所有权之间的游戏规则。

许多自然物(如原始森林)对人类的正效用,往往是通过它们遭受破坏所产生的负效用而被反衬出来的。这其实是自然界对人的报复。这种报复的积极后果,是促使人们认识到自然物的效用和稀缺性而为其制定价格的可能性,而不是仅仅关注其中是否包含了劳动或包含了多少劳动。通过价格机制有助于约束和变革人们的生产方式和消费方式,调节自然资源的供求矛盾,促使人们生态自然环境意识的觉醒。

一般来说,科学思维具有以下特点:

一是工具性。西方的科学思维从发生至今,都是作为概念工具来使用的。诸如神学阶段用来证明上帝存在;理性阶段用来推翻上帝;近现代以来服务于个人利益和欲望(即以个人为终极目的的资本利润增值以及对之加以保护、占有以利于权力欲望的实现),追求利润原则的至上性,集中体现了近现代资本主义的经济、政治和文化特征。

二是假设性。西方科学方法与哲学方法相伴产生,同属一个结构。其假设与古希腊哲学思维一脉相承。如苏格拉底方法对"形式"的假设,基督教传统对上帝的假设,黑格尔对"绝对精神"的假设,启蒙运动对"物质"的假设。西方科学是在承认假设、证实假设中发生发展的。开创性科学家(例如牛顿和爱因斯坦)认为自己的研究是在提供对假设的证明。科学命题假设虽在具体问题、具体法则意义上建立起来,但在总体上它的具体性和局限性与哲学的总体性假设并不彼此冲突。

三是绝对性。科学对于形式、上帝、精神、物质等的假设,都是作为绝对真理的假设,科学发现的法则或规律,历来被认为是绝对的、普遍的。

四是分割性。科学研究离开界定、分类、固定变量、封闭性便无法进行,原因是科学研究是从对具体问题的具体发问开始的。它要求进行界定或定义,根据定义进行分类。在做实验时,则通过固定其他相关变量,然后在所需变量的特定条件下得出研究对象的情况,视为结果。由于这些原因,科学研究必须是在封闭体系中进行。封闭体系是固定不变的特定条件,是完全为了研究目的所设计制作的,否则研究将难以完成。

五是二元性。科学研究往往从二元性出发,寻找研究对象的确定性、本质性、决定性。于是,决定与被决定、现象与本质、必然与偶然等,都被视为彼此分隔的二元性。西方的科学与其哲学的基本思维框架是二元主义的,这是西方主流世界观的反映。他们总是要在万物之后(或之上)假设有一种超然的、绝对的力量来规定自然表象,并认为只有这个"一"是确定的、本质的和决定的。除此之外,一切都是表象。而一切相对的或对偶的事物都是彼此分割的、对立的、排斥的,这决定着事物之间的关系。科学研究的目的,就在于寻找这决定的法则或规律。其基本公式是"假如甲,则乙"。事物总是按照这一公式被分成决定者和被决定者,本质决定现象、必然决定偶然、灵魂决定肉体等无数的二元分叉式概念偶对便由此而生。整个哲学史几乎都在围绕谁决定谁的问题进行辩论。科学就是植根于此种思维框架中的概念思维工具,为双方充当各自支持自己的论证手段。到了现代,在积累了大量科学成果的基础上,人们对于不断分割科学领域是否必要便产生了怀疑或发问。于是,现代科学研究中的"系统科学"、"复杂系统"、"群论"等成为西方科学研究的新成果,它们是针对传统的单向分割的"封闭系统"所提出的挑战。

总之,科学维度在知识层面上不仅把自然价值固定化、工具化,而且进一步把自然价值量化了。于是,自然的价值被完全作为可以计量的对象"物","客观地"或可感地摆在了人们面前。这样一来,尽管也承认自然价值在一定条件下可能发生的变化,但是,价值的概念却不再是关于价值主体的应然生成过程的概括了,甚至在更多的场合、更普遍的情形下,自然价值被当做了"外在地"给予型的东西,这当然同价值的本来含义相去甚远了。

第四节　生态系统维度下的自然价值

在当今环境污染、生态危机日益严峻的时代,越来越多的人们逐步地意识到:自然界是有价值的。而且,这种价值还不仅仅只是对人有用的工具价值,同时包括自然自身的内在价值以及它在自然生态中的系统价值的属性。

一、价值的基本类型和基本环节

哲学视域中的价值,可以从不同角度划分出不同类型:从价值主体角度来说,价值类型包括自利的或利己的内在价值、互利的或利他的工具价值、整体的创生世界的系统价值。从价值过程的不同领域来说,价值类型包括自然存在的应然生成的自然价值和人的存在的应然生成的人文价值。从价值的历史性角度来说,价值类型包括潜在价值、现实价值和未来价值。这种价值的历史性,对于不同时代的人来说,具体可分为有助于当代人的应然生成的代内价值或已然价值、有助于后代人的应然生成的代际价值或未然价值。

现实人作为价值主体,其价值生成的基本环节包括:价值选择、价值创造、价值实现、价值评价、价值反馈等不同的环节。

在生态哲学视阈内,传统意义上的"主体"和"价值"的含义,均受到了全面的反思和重新界定。面对威胁整个人类命运的"全球问题"的生态现实,迫切需要人们在理论上破除"主客二分"、"人类中心"和"价值一元"的思维范式,重新审定价值与主体的内涵与外延。价值是进入价值主体的选择界域、实施和创生自身"应然存在"的现实生成过程。因此,凡是具有价值选择机能并能动地付诸实现自身的应然存在与发展的生命机体,均可称之为价值主体。在生态价值论视域内,人类和非人类生命体之所以同时被视为"主体",在于二者均具有实现自身应然存在的价值诉求,并为此而具有各自的价值选择和价值生成的"动机倾向"和"行为能力"。其中,人作为行为主体并有其价值诉求,似乎并无争议,但要把非人类生命体、特别是非生命体的自然物质形态也同时视为"主体",并承认其价值诉求,则需要具备广义主体论和系统价值观的思维方式,切实坚持人与对象的主体间性关系。

　　"优胜劣汰,适者生存"的自然选择法则,是"创生"和实现环境价值的自在应然过程,其中既有"巧夺天工"的杰作,也有"残酷无情"的竞争。不同物种与自然系统之间、物种与物种之间以及个体与物种之间,既有相互依存、相互合作的一面,又有相互冲突、相互残杀的一面。即是说,自然界内部如同人类社会一样,同样是"和谐与震荡"的对立统一。广义的环境系统的层级大致分为:宇宙自然系统、地壳自然系统、地球自然系统、有机自然系统、动物自然系统、人类自然系统、人类文化系统。这种层级的依次递进,原本客观存在的潜在性价值逐步向着显在的主体性价值过渡,即呈现为主体性价值递增的过程或趋势。有一种观点认为:"人的价值最高,从高等动物到具有系统发育功能的或神经复杂性的动物,其价值逐步减少,植物的价值更低,微生物的价值最低。"①这种观点显然过分受制于"人类中心主义"的影响。其实,人类作为评价主体,其评价结论从来都受制于人自身的评价标准、认识能力、实践能力、审美能力和价值选择能力的发展程度,许多的自然价值对于人类来说,至今都仍然是未知的,比如"宇宙自然系统"的价值,甚至"地壳自然系统"的价值,即使在科学已经高度发达的今天,人们对于它们仍然是所知甚微或一无所知。当着我们说"某物是有价值的,这意味着,它是能够被评价的,假如评价者(人)真的遇见它的话;但是,无论人(或其他评价者)是否出现,它都具有这种特性。说某物内在地具有价值,意思是说:它是这样一种事物,如果评价者遇见它,评价者就会从内在价值(而非工具价值)的角度来评价它……在这种潜能的意义上,目前存在于地球上或无人居住的星球上的那些尚未被发现的物种,都具有内在价值"②。这些尚未被发现的物种的价值存在形式,就是环境价值的先在形式。

　　传统人际伦理始于人与人的相互交往,在这一视域内,土地、水源、空气、矿藏、动物、植物等自然物只能被视为对人"有义务"、"有用"之物,从而被人类视为工具价值。"但是,当我们探寻的不是资源、而是我们的根源时,我们就上升到了环境伦理学的高度。人们会发现,自然环境是生养我们、我们须臾

---

① ［美］H.罗尔斯顿:《环境伦理学》,杨通进译,中国社会科学出版社2000年版,第164页。
② 同上书,第155页。

不可离的生命母体。自然一词的最初含义是生命母体,它来源于拉丁文natans,其意为分娩、母亲地球。"①大自然是生命的源泉,是世间万物的创造者,人类能够创造价值的许多原始意义上的生理素质和气质禀赋,都离不开大自然的造化和孕育,这正是自然本身相对于人类来说的先在价值或根本价值。罗尔斯顿研究和倡导的环境伦理学,其理论的逻辑表达是:根本意义上的生态伦理只能是出于对自然的爱。这种爱既是出于对自然生命物种的尊重,也是出于对整个生态系统的皈依和赞美。罗尔斯顿试图要阐释和解决的问题:我们能否和应否遵循自然,我们在什么意义上才是遵循自然? 他给出的答案认为,我们应当在接受自然"指导"的意义上去遵循自然。因为每一种生命物种都不是孤立存在的,而是在与环境的适应中存在的。作为任何一种生命形式,它们都应当具有双重的价值,既作为个体生命的存在价值,同时也作为生态系统的成员对生态系统的整体性的维系价值。这种维系价值对生命物种来说是一种无言的、毋须宣示的义务。

对于人为何要对自然采取一种道德的态度这一问题,高清海先生选择了从人的生命本性和能动本质入手这一理论视角,认为人既顺从自然、肯定自然,又超越自然、逆反自然、否定自然,"人的存在和生存方式不是完全顺从自然的性质、听命自然的安排,恰恰要在逆反自然性质、否定自然命运的自我创造活动中去实现和发展。"②这是人把自身既归属于自然,又从自然万物中提升出来,区别于一切他物的人之为人的根本性质。人所具有的这两个方面构成了人所独有的两重化本质,这种两重化本质是不能拆解开来理解的。要全面地把握人的自然本质和社会本质的统一,只能从肯定自然与否定自然的双重视角来理解人的本真存在。如此来说,类哲学既不倚重于人的自然性,又不过于夸大人的超自然性,而是立足于人的实践本性,从现实的人的实践活动的特质去理解人、把握人。这也为我们在伦理学意义上重建人与自然的关系指明了一条独特的理论路径。

这种对于生命含义的理解,与西方环境伦理学有着本质的区别。从人的

---

① [美]H. 罗尔斯顿:《环境伦理学》,杨通进译,中国社会科学出版社 2000 年版,第 269 页。
② 高清海:《高清海哲学文存》第 2 卷,吉林人民出版社 1996 年版,第 28 页。

生命本性入手去认识人与自然的关系,显然是一个合理的理论切入点,也符合人作为一种以实践为本性的存在特质。这种理解人的方式意味着人的生命本性已经发生了根本性的变化,人不再是单一的"本能生命",而是在此基础上生成了作为生命主宰的"类生命"。"类生命"相对于"本能生命"而言,是达到了自己主宰自己的生命,自己主宰自己的命运的程度。在这个意义上,"类生命"是对"物种生命"的突破,对"本能生命"的超越。这种超越是使人从自然中提升出来,在某种意义上也可以说是对自然的否定,但这种否定并不是让人远离自然,恰恰相反,是为了使人从本性上更加深入于自然,在存在论的意义上与自然结为一体。所以说,"类生命"也可以看做宇宙生命的人格化身,人作为这样一种特殊的具有"类特质"的生命存在物,肩负着使自身的存在走向"类化"的使命。这一使命就是通过人自身的生命活动,在人身上实现自我与他者、人与自然以及生命与无生命的统一,也就是实现整个存在的一体化。

在如何解决环境伦理学的理论出发点和理论根据的问题上,也就是环境伦理学的理论根据在于什么的问题,类哲学有着更为深刻和独到的理论阐释。高清海先生也坚持一种价值论的理论态度,只是不完全认同西方环境伦理学过于强调自然拥有内在价值的观点。他指出,尽管西方环境伦理学也意识到自然的价值存在与否不能完全脱离人的评价作用,但它们更看重的是自然的事实性,以及这种事实性对人的评价的规范和引导作用。这种理解无疑贬低了人的能动性,忽视了人对价值的创造作用。事实上,西方环境伦理学也谈价值的创造作用,只不过创造价值的主体不是人本身而是自然。而高清海先生则认为,正确的理解方式应是从怎样发挥人的能动性,从人对价值的创造作用的视角去理解环境伦理学的理论根据,这就是:创造价值的主体是人本身而不是自然,这才是我们正确理解价值源泉的根本,也是我们把握好环境伦理学的理论根据的关键所在。

由此可见,从人的生命本性和存在样态这一视角入手,人与自然的关系实质上是一种"互为内在性"的关系,所谓环境道德其实就是人的一种内在本性的展开或延伸。这一本性是随着人自身的发展,在人与自然的关系的展开过程中所生成的一种应然意识,是一种由内向外地自觉生成而不是由外及内地强制的道德意识。这也就有可能合理地解释为什么我们要对自然采取一种道德"善"的态度的理由。当前,我们所面临的理论任务应当是:怎样将这种道德意识用合理的理论形式表达出来。

二、自然价值与人文价值的相互包容

马克思创立自己的理论体系肇始于对"自然哲学"的探索,他把自然界置于自己的理论视野之内,认为"所谓人的肉体生活和精神生活同自然界相联系,也就等于说自然界同自身相联系,因为人是自然界的一部分"①。

在马克思的理论视域内,自然向来包括人自身的自然和人身外的自然。广义的自然价值当然内含着人文价值,这是因为:一方面,能够进入人的活动领域的自然,是与人交互作用的人化自然,于是,人的价值和自然价值的生成就是彼此同步的,是难以分解、难以剥离的同一个过程;另一方面,现实的人从来就是自然属性和社会属性的统一体,因此,在人的应然生成过程中,不可能如同有些人的主观设计那样:为了实现人的社会价值的应然生成过程,就可以失去或牺牲人的自然价值的应然生成。但是,工业文明以来,这种一厢情愿的主观价值论预设几乎遍及全球,成为片面追求经济发展而赌上生态环境代价的思维方式和实践方式的难以动摇的潜规则。

其实,赌上环境代价发展经济的思想和行为,从历史的长过程来看,归根结底是一种自欺欺人、掩耳盗铃的愚昧之举。在现实生活中,没有所谓生活在生态环境严重受到污染破坏的人,反而是真正的"开心愉快"、"全面幸福"、"自由发展"的人。可以说,生活于这种境遇中的人,其实际的生活质量是很糟糕的:不论其经济实力多么的理想诱人,他的饮用水是被现代工业化严重污染了的、有害健康或威胁生命安全的水资源。他所生活的大气层,氟化物导致臭氧层破损,无安全保障;所呼吸的空气,是富含有害化学污染物质、氧含量严重不足且日益下降的、富含致病元素的大气。在他的食物结构中,一是无机农业生产出来的、非绿色的粮食蔬菜,其中含有化肥农药的残留物或衍生物、有害工业污染物或药剂污染物;二是用饲料添加剂喂养的转基因的鱼虾畜禽等,不仅食之无味,而且危害健康;三是在农产品深加工中,比如面粉中的增白剂、

---

① [美]H.罗尔斯顿:《环境伦理学》,杨通进译,中国社会科学出版社2000年版,第95页。

熟食咸菜包装中的防腐剂等有害健康的物质。如果着眼于宏观生态环境的污染破坏分析,那就更加布满了可感的温室效应、植被破坏、沙尘暴肆虐、酸雨增多、现代疑难病症困扰等。这样一来,自然价值与人文价值的内在关联昭然若揭。故此可以断言,一切赌上环境代价发展经济的思想和行为,其良好动机到头来只能是美妙的海市蜃楼。因此,自然价值与人文价值在本质上是同命相连的孪生弟兄,于是两种价值也就是一损俱损、一荣俱荣的关系。

价值的本质在于合目的性的应然生成,因此,在自然价值与人文价值之间,尽管存在着差异,但既然是相互依赖、彼此包容、两相内含的关系,那就并不存在谁是目的、谁是手段的问题。在这个关系问题上,"人类中心主义"与"非人类中心主义"各走了一个极端,互不相让地似乎要永远争论下去,这就不可避免地为生态环境问题的有效解决增添了一个观念上的麻烦。早在古希腊时期的哲学源头,斯多亚派与伊壁鸠鲁派之间关于"德行"与"幸福"的关系问题的争论,就已经透出了类似的争论雏形。康德对于当时的争论作出了概括:"斯多亚派主张,德行是整个至善,幸福仅仅是意识到拥有德行属于主体的状态。伊壁鸠鲁派主张,幸福是整个至善,德行仅仅是谋求幸福的准则形式,亦即合理地应用谋求幸福的手段的准则形式。"①这就是著名的"德行"究竟是目的还是手段之争。我们今天倡行实施环境伦理的过程中,人们究竟应该把环境伦理准则视为手段还是目的? 如果把环境伦理准则仅仅视为从自然中谋求利益或幸福的手段,那么,自然和自然价值就很难被视为目的本身,而只能被视之为手段。这样一来,人与自然的和谐就会成为一个空洞的口号或一个掩人耳目的招牌,人们就可以拿了这块招牌去继续掠夺自然资源,污染和破坏生态环境。

在一切物种当中,由于人是唯一有理性的存在物,是自然属性和社会属性的统一体。所以,人在与自然的交往中,应当负有尊重自然、保护自然、帮助自然的特殊的环境责任,并不断学习和探索与自然共处合作,共同支撑起一个和谐存续的自然生态系统。惟其如此,人类才配称自然生态系统中的合格的一员。

---

① ［德］康德:《实践理性批判》,韩水法译,商务印书馆1999年版,第123页。

三、两种选择与两个尺度的统一

在人类史与自然史同步运行的过程中,始终存在着人的选择和自然选择。人的选择的合目的性,称为"人的尺度";自然选择的"合规律性"(其实,这里的"合规律"不过是合乎自然的运行秩序或运行法则),称为"物的尺度"。这两种尺度之间既有差异,又有同一;或者说,两种尺度既有互相吻合的情况,又有彼此冲突的情况。工业文明以来,两种尺度互相吻合的情况越来越少,彼此冲突的情况越来越多。即使从社会历史领域来说,人的选择及其活动效果是否"合目的",就存在十分复杂的情况,需要认真作出实事求是的分析。

1. 人类活动的"不合目的性"的基本分类

(1)眼前"合目的",长远"不合目的"。这种情形主要表现在人与自然界的关系方面,它往往以近期的或一时的"合目的性"活动方式,酿造着后来的或远期的"不合目的性"的后果。

一个半世纪以前,马克思、恩格斯就曾深刻地揭示出这类活动的实质。马克思说:"耕作的最初影响是有益的。但是,由于砍伐树林等等,最后会使土地荒芜。"①恩格斯也曾告诫人们:"不要过分陶醉于我们人类对自然界的胜利。对于每一次这样的胜利,自然界都对我们进行报复。每一次胜利,起初确实取得了我们预期的结果,但是往后和再往后却发生完全不同的、出乎预料的影响,常常把最初的结果又消除了。"②他并且列举了许多实例,展示这种以"合目的"的形式所导致的"不合目的"的后果。

随着工业革命的推进和生产力的发展,这种情形不仅没有得到有效遏制,而且大有愈演愈烈的趋势。人们曾经看到或亲身经历过的诸如"围湖造田"、"填海造田"、砍树毁草种庄稼、猎杀毁坏珍稀动植物等,都是以短期行为获得眼前利益,其结果,无异于杀鸡取卵式地掠夺自然资源,破坏生态环境。美国学者 G. 哈丁早在 1968 年就提出了著名的"集群性悖论"(又称"牧场悖论"、"渔场悖论"或"公用地悲剧"),就是对这种活动方式及其后果的逻辑预见与深刻反思。他所指的是,为人们所共同所拥有但却不能围圈的开放性资源,如

① 《马克思恩格斯全集》第 32 卷,人民出版社 1974 年版,第 53 页。
② 《马克思恩格斯选集》第 4 卷,人民出版社 1995 年版,第 383 页。

公共牧场的土地、公共渔场的海域等,由于每个放牧者或渔猎者都想在公共场合最大限度地获利,积以时日,天长日久,便造成了牧场草地的退化或水产资源的枯竭。他痛心地指出:"这就是悲剧之所在,每个人都被锁在一个迫使他在有限范围内无节制地增加牲畜的制度中。毁灭是所有人奔向的目的地,每个人都在一个信奉公用地自由享用的社会中追逐各自的最大利益,公用地的自由享用给所有人带来了毁灭。"①

当今历史条件下,这类对开放式资源的悲剧式地掠夺,已经从感性的空间形式推及到对现代科学技术成果的普遍误用和滥用,以至于蔓延到对整个生态环境的污染与破坏,诸如农业生产中化肥、农药的大量施用,饲料中添加激素,面粉中添加增白剂,食品中添加防腐剂……从生态学或食品安全角度来说,所有这一切,都在不同程度地改变着实存物态的微量元素的原初属性和原本结构,切割着生物链,致使土地沙化、土壤肥力退化,水源和大气污染,动植物物种锐减,森林植被减少,温室效应攀升,生态环境急剧恶化,最终难免以近期和局部的"合目的"的形式,诱发出长远和全局的"不合目的"的严重后果。

(2)局部"合目的",整体"不合目的"。这类活动更多地表现为空间性、地域性特征,即不同地域、不同族群的行为主体的本位主义价值目标彼此分殊与对立,其结果,虽然取得暂时合乎个别主体的目的之效果,但在总体上却伤害了包括其自身在内的群体主体的利益。因此,在深层次的价值评价中只能得出"不合目的"的结论。例如:一些技术含量低、不采取任何环保措施的小化工厂、造纸厂、水泥厂,一方面生产着低成本高赢利的产品,因而备受地方政府保护;另一方面却大量排放污水、毒气、有害粉尘,严重污染和破坏人们的生产生活环境。如此发展地域经济而不顾高昂的社会代价、环境代价的做法,至今在个别地方仍有不可遏止之势。

所谓地方保护主义,从来就是一个相对的概念,一味地谋求一村、一乡、一县、一市的利益而损害外域的利益者是地方保护主义;孤立地谋求一个地区、一个民族、一个国家的利益而损害外域或他国的利益、肆意破坏地球原初大气地貌者也是地方保护主义。在全球经济一体化的当今背景下,以强补弱、以富

① 转引自黄鼎成等:《人与自然关系导论》,湖北科学技术出版社1997年版,第176页。

济贫者还远未成为主流,绝大多数的国家几乎都在依据自身的条件,谋划和追求着各自的价值目标。个别国家甚至因此而不惜妨碍和损害别国的利益,尤其是一些发达国家,把高能耗、高污染的企业和技术陆续向发展中国家转移,其中化学和核工业所造成的严重污染,业已引起一系列可怕的环境问题,基因变更生物和基因废物会自行繁殖、转移和突变,由此而引起的对环境和人类自身的负面影响是不可逆的。因此,这类局部"合目的"、整体"不合目的"的活动在本质上是经不起环境伦理和正义原则的审视的,急需加以矫正和遏止。

(3)利己害人的所谓"合目的性"。这是一种违反"道德底线"的反人道的活动类型,它是少数人把一己之利建立在别人痛苦基础之上的不道德甚至犯罪行为。在当今市场经济社会中,有人挖空心思制假贩假,以次充优,以假乱真,严重损害广大消费者权益。已经披露的假烟、假药、假酒案,劣质牛奶案,杀猪、宰牛、杀鸡注水案,粮、棉掺沙造假案等,都是相关行为主体以害人的手段追求利己目的的罪恶行径。这类所谓"合目的性"结果的恶性膨胀,将直接导致人类文明的全面衰退,这是对全人类命运的戏谑和挑战。

(4)以"合目的"的良好动机诱发"不合目的"的意外后果。由于人类认识的相对性和科学技术的发展,原本似乎是天经地义的"合目的性"行为,逐渐暴露出"不合目的"的某些弊端。譬如,化肥、农药的施用确实可以达到农业增产的目的,但是实践的继续和科学的发展却发现,这类无机农业增产措施的后续负效应竟是土壤结构的破坏、土地肥力的衰竭以及农产品微量元素的劣质嬗变,食之索然无味,有害健康。至于现代工业生产所带来的"三废"污染、温室效应、植被破坏、动植物物种锐减等一系列严峻的生态环境问题,更是现代文明所诱发的"不合目的"的消极后果。

(5)认知过程中既定成果的"合目的性"与"不合目的性"的并存。这类"不合目的性"是从有形领域向无形领域、从客观领域向主观领域的延伸。人们的主观认知和精神活动,在于追求真理、发展科学、完善知识结构、丰富自身的精神生活,这里每取得一项成果,都意味着人的本质力量的增强和人的目的的实现。然而,人们已经取得的认识成果或科学真理,既可能成为继续前进的起点,也可能成为不断创新的羁绊。人们被已有的思想认识成果牢牢禁锢头脑而死守固有模式的事例几乎存在于一切时代,认识是对既定对象的反映和预见,那些反映滞后而预见不足的认识,其"不合目的"的性质往往更加突出。

以上诸种情形,都值得人们高度重视并加以认真反思、审视和矫正。因为,用自己的行为给自然界带来"灾难",终归是"不合目的"的。同样的,用自己的思维与活动给他人和自己制造有形与无形、眼前与长远的麻烦、困扰与灾难,也终归是"不合目的"的。

2. 人类活动"不合目的性"的原因剖析

人类活动以"合目的"的形式诱发出"不合目的"的意外后果,其原因大致如下:

(1)人的欲望的无限性与资源的有限性的矛盾。地球上可供利用的资源大致有三类:一是可再生资源,诸如空气、水源、森林、草场、耕地、野生动植物等。这是一些天然再生性资源,只要具备一定条件,它们就可以源源不断地再生出来。二是不可再生资源,主要包括地下金属和非金属矿藏,这类资源的形成时间十分漫长,或许需要上百万年乃至数千万年,实际上也就等于不可再生的可耗竭资源。如煤、石油、天然气、各种金属矿藏等,都是可耗竭的。三是恒定资源,即在可以预见的范围内是不可耗竭的永久性资源,这主要指太阳能,它是地球上生命形式赖以生存和发展的主要能源。散射于宇宙太空的太阳能虽然只有 1/20 亿到达地球,但其数量也是巨大的,植物的光合作用把太阳能转化为有机质,年产出量相当于 1500 亿吨炭的热量。据科学家估计,太阳的寿命至少还可维持 100 亿年,它相对于人类发展几乎是无限的。

应当说,生活在地球上的人类有如此得天独厚的资源可资利用,实在无须有什么后顾之忧,然而事实远非如此。近代工业革命以来,伴随着物质财富的增长,滋生出大量困扰人类的负效应。人的需求的增长与资源的匮乏枯竭之间的冲突愈演愈烈:大量可再生资源由于人为因素的干扰破坏不能正常再生,有的甚至被切断了再生的后路;不可再生资源横遭无序掠夺性开采和损耗;恒定资源转化为可利用能源的中介环节严重弱化甚至断裂——环境污染、植被破坏(被形象地喻为地球的肺的森林,每年都在大面积地缩减)。能源危机的浪潮日甚一日地向人类袭来,相形之下,任何能源革命似乎都无济于事。

(2)急功近利的单纯经济目标追求。长期以来,人们为急于经济脱贫,单纯地追求经济效益,谋取经济利益最大化,从而忽略了与经济发展密切相关的社会发展、环境发展系统的其他指标。其实,社会系统的可持续发展,至少包括以下几种基本要素:经济发展;环境优化;制度创新;社会公平;代际平等。这些要素相互渗透,相互制约,共生并存。经济发展既有赖于环境背景,受环境制约,同时又是重要的环境指标。如果发展经济以污染和破坏环境为代价,其经济价值就很可能是伪价值,即在根本意义上不是有利于人,而是有害于人的生存与发展。

另外,创造财富与支配价值在行为主体身上也应力求统一,这样才不至于使一部分人的生活质量的提高以另一部分人的生活灾难为代价。同时,任何一个时代的经济发展,都不该妨碍子孙后代的发展,不能断了后人的生路。这就需要以制度创新作保证,规范经济行为,使片面的经济发展模式代之以全面系统的经济发展模式,坚持大众价值本位,面向未来,谋求发展。实际上,在一些地区和经济实体的经济增长指标的背后,都同时掩盖和排斥了其他系统要素指标的正常增长,于是普遍出现了高投入、高损耗、高污染的"三高"经济行为模式。这种模式将不可避免地以经济上的狭隘"合目的性",把人类拖向完全"不合目的"的环境灾难的深渊。①

(3)人文缺失与价值评价系统的扭曲。生态学研究揭示出,生态价值本身是一个大系统,它包括自然价值、社会价值、环境价值。在生物圈的大系统中,植物、动物、微生物的个体生态、种群生态和群落生态,与环境之间共同构成一个生态系统。面对这样一个生态大系统,要求主体价值评价系统必须是客观全面的,来不得任何片面性和一厢情愿。一个半世纪以前,马克思就曾经把自然界称为"人的无机的身体"。这就意味着自然存在物的价值与作为社会存在物的人的价值是不可分割的统一体,同是自然生态系统的价值要素。

一个时期以来,极端"人类中心主义"的价值论扭曲,从根本上肢解了严整的价值评价系统,把人类价值或社会价值从环境、生态价值系统中孤立出去,片面地凸显到不适当的地位,而把自然价值或环境价值同人类价值相对立,将自然价值贬低排斥到可有可无的地步。按照这种评价逻辑,大自然中的动物植物、山川河流、矿藏土地、大气海洋,只要人愿意,都可以对其任加处置,

---

① 参见崔永和:《关于对象世界"合目的性"问题的生态论审视》,《唯实》2004 年第 11 期。

诸如藏羚羊的皮毛、象的牙、虎的骨、珍禽奇兽的肉等,均可作为人们执意追求的价值目标,至于物种灭绝、水源变质、大气污染、矿藏耗竭、江河断流……全可弃诸脑后,忽略不计。这样一来,经济活动的背后必定要付出惨重的资源损耗和生态恶化的沉重代价。

如果说"合目的性"是指实然存在符合人的主观目的的话,那么,"合规律性"就是人与环境的应然存在的生成过程。这个应然生成过程实际上受着多种因素的影响和制约,人们对于这些复合因素认识和把握到何种程度,规律也就在何种程度上发挥作用。也就是说,规律既内在于人的活动,又不完全取决于人的活动,它在终极的意义上时刻验证着人的活动的自觉性程度。在哲学领域谈论规律的问题由来已久,古希腊哲学中的"命运"、"逻各斯",就有规律的意思;至于在近现代哲学、特别是德国古典哲学中,规律就更加被推崇到绝对的地位,甚至有了"法则"、"法规"、"秩序"的意义,在康德"人为自然立法"的命题中,那个"法"就主宰自然的规律;我们多年来所讲的哲学原理中,规律几乎成了主宰一切、决定一切的行为主体,从而在一定程度上用这种"规律主体"代替或遮蔽了从事实际活动的现实的人这一真正的主体。为了扭转这种局面,有人就提出了人类社会发展"有规律无目的"的论点,认为:"社会发展有规律无目的;人的活动有目的但不一定合规律。历史规律的自发性与人类活动的自觉性处于一种相互作用状态。"①这里的所谓"相互作用状态"指的是规律与目的"有你无我"的相互冲突、相互排斥状态。其实,哲学中的规律具体来说,大致包括自然规律、社会规律和思维规律三大类型,规律起作用的条件及其作用效果,受着人的活动和价值选择的影响。先在自然或自在自然不是哲学所研究的领域,因而哲学所讲的自然,是人化自然。于是,从自然规律到社会规律、思维规律的实际起作用,就必然依次递进地依赖于人,依赖于人的活动对于规律实现条件的创造,依赖于人的价值选择。例如,人们知道了"肥料有利于植物生长的规律"以后,就在自己的活动中沤制肥料、正确施肥。假如肥料不符合植物要求,或者施肥不适时、不适量,那么,这个规律的作用和

---

① 陈先达:《一个值得商榷的哲学命题——关于"合规律与合目的"问题质疑》,《学术研究》2009 年第 8 期。

效果就会大打折扣,甚至引发有害于人的副作用。可见,"合规律合目的"是有可能彼此统一或一致的。在马克思看来,"社会是人同自然界的完成了的本质的统一,是自然界的真正复活,是人的实现了的自然主义和自然界的实现了的人道主义"①。并深刻揭示了"异化劳动"条件下新陈代谢链条的断裂:"资本主义农业的任何进步,都不仅是掠夺劳动者的技巧的进步,而且是掠夺土地的技巧的进步,在一定时期内提高土地肥力的任何进步,同时也是破坏土地肥力持久源泉的进步。"②可以说,当今时代条件下的普遍施用化肥,大量有机肥料不是被回收归还土地,而是被弃置污染环境,从而加剧了新陈代谢链条的断裂,这标志着人们追求现代化活动的盲目性。可以断言,没有富于生态环境价值取向和环境伦理韵味的生态主体的现实生成,将无法遏制和修补这种新陈代谢链条的断裂。

四、生态系统价值与系统要素价值的关系

生态系统维度下的自然价值观,是一种强调整体主义的价值理论,强调将人与自然万物共处的现实世界看做是一个不可分割的整体生态系统,其科学参照是现代生态学和系统论的创立和发展。从空间上看,自然界(广义的自然界包括人类本身)是一个完整、美丽、和谐和相对稳定的生态系统,在这个生态系统中,每一个物种通过各自的作用,均对该系统的稳定存在、均衡演革发挥着特定的功能,并通过彼此的物质循环、能量流动、信息交流等方式生成各自的价值。不仅动物,而且植物、单细胞生物甚至化学耗散结构,都具有类似于人类的追求自身价值的"目的性",即是说,整个自然生态系统的所有要素在某种程度上都具有自我选择、自我实现、自我超越的能力,有一定的"目的性",都是自然生态系统的一个环节。从这个意义上说,人在自然生态系统的共同体中,既不是服从自然,也不是控制自然,而是属于自然、融入自然、与自然"合作共事",成为自然生态系统中的合格的普通一员。因此,人类应该以与其他自然物彼此平等的姿态,与一切自然物和谐相处,放弃用工具理性、

---

① 《马克思恩格斯全集》第3卷,人民出版社2002年版,第301页。
② 马克思:《资本论》第1卷,人民出版社2004年版,第579—580页。

经济理性和科技理性来"算计"自然的思维方式和行为方式。在自然界面前，人类最大的荣耀不是"无所畏惧"，而是"有所克制"，用生态环境理念自觉约束自己，这不仅是人类为其子孙后代的发展所必须承担的责任，更是人作为自然生态系统中的一员，发挥好作为自然物质和能量流动的特殊环节的作用。自然生态价值观从一个宏观整体层面和微观领域视角，向我们展示了人与自然的全面关系，认为人和自然的关系不是谁对谁的有用性问题，而是任何一方都是另一方存在和发展的前提和基础。

在这里，不可回避的问题是，有哪些可以作为价值主体的存在，共同存在于自然生态环境的整体系统之中，从而支撑着自然生态系统，以其自身的内在价值体现着自然生态系统的价值呢？

（1）现实的人是自为的价值主体。在世界万物之中，人作为特殊的自然存在物，是历史地生成的社会的、自然的、有理智、有道德之善的高度发展的现实存在物。这是其他任何形式的存在物都难以与之比拟的。正因为如此，现实人在实现自己的价值诉求中就是自为的主体，这种自为主体的价值选择行为，是"自为"与"为他"的统一，"人的尺度"与"物的尺度"的统一。这种全面的主体的可贵之处在于，他懂得在"为他"中实现"自为"、在兼顾"物的尺度"中实现"人的尺度"的人与自然的内在关系，这是一种任何人以外的存在物望尘莫及的人生智慧。而工业文明以来的一切反生态实践的失误，其根源正在于以实现"自为"而排斥了"为他"，以实现"人的尺度"而糟践了"物的尺度"，由此而失去了"自为主体"的资格。

（2）非人类生命体是自然的价值主体。如果说人是自然属性与社会属性相统一的自为价值主体的话，那么，非人类生命体就是受自然属性规定的自然价值主体，它们的价值诉求或应然存在的生成受"趋利避害"的生存需求的驱动。对于非人类生命体来说，满足生命存续需要的生存就是一切，所以，对于非人类生命体，求生本身就既是它们的内在价值，又是它们之于工具价值和生态系统价值的应然生成。在这里，"弱肉强食"的生存竞争或自然选择法则，就是自然价值主体的应然选择，不能用所谓社会属性规定的道德之善的标准去苛求或套用到非人类生命体的自然领域。

（3）非生命存在物是对象性的价值主体。有关地球史的科学研究早已揭示出,无生命的地球史先于有生命的地球史,生命体源自无生命物质,并且,这种从无生命物质向有生命体的转化过程,恐怕现在都不能说是已经完结了,即这种无机物向有机物的转化、无生命体向有生命体的转化的可能性依然存在,无生命存在物的世界本身,具有永远不可彻底揭秘的孕育和创生生命的无穷奥秘。由此可知,无生命领域与生命领域的界限是相对的,绝对否认非生命体存在物的主体意义的观点,经不起科学史和科学继续发展新成果的检验。因此,人类与非生命存在物之间,依然存在伦理之善。诚如渔民惜水、农民惜土的天然情结。

自然生态系统的整体价值取向在于创生、维持、平衡和更新物种,而作为该价值系统要素的各个物种及其个体的价值取向则在于"趋利避害"地主动适应环境,力求展示自身应然生成的存续过程。这样的自然价值可以视之为自然界的"原生态"内在价值,或称之为环境价值的先在形式;而自然界的系统和要素及其运行发展的过程与结果,对于人类社会及人类个体所产生的作用和效果,可以视之为自然界的外在价值或环境价值的为人形式。环境的社会存在形式又可区分为"次生价值"和"再生价值"两种类型。其中,"次生价值"阶段的前期,自然界对于来自人类的作用力尚能承受,即使遭受到破坏也能自行修复;而在"次生价值"阶段的后期,即到了现代工业文明时期,自然界对于来自人类的作用力已经难以承受,对于自然系统遭受的损坏难以自行修复,新陈代谢链条陆续出现断裂。环境的"再生价值"是指业已严重污染破坏的生态环境,在人类反思和矫正自身行为、扬弃和超越现代工业文明的过程中再次获得拯救,重新找回"绿水青山、碧海蓝天"般的自然的应然存在样态。在这种状态下,不仅自然的应然生成过程可以有序地进行,而且人的生存与全面发展的应然生成过程也可以有序地进行。

总之,人类作为自然生态系统的特殊一员,在这个世界上主要有四种基本存在形式:一是面对自身的生存而存在。人作为一个自然物,其基本前提是生存和物质生活,没有这个前提的存在,人类的其他一切活动都不可能展开和进行。二是面对自身的思维能力而存在。理性使人类能够认识整个世界,也能够使人过一种有意义、有目的的生活。三是面对社会而存在。人是类存在物,离开了社会和人与人之间的关系,个人同样也不能有属于类的生存方式和存在方式。四是面对自然世界而存在。自然世界不仅是人类生存的物质基础，也是人的实践活动的对象，正是人存在着对自然界的实践活动，才使人由猿变成人、由野蛮走向文明。人的这四种存在形式有机结合构成了人的完整存在。割裂这四种关系而片面突出其中的任何一种关系，都会割裂人的完整自我，使其成为一种人性的碎片。现代性抹杀了人与自然宇宙的本质联系，仅仅承认人向自身的生物性生成，向理性生成，向社会生成，而否认在人与自然的关系中还存在着人类的本真自我，结果造成了现代人在自然面前的自我迷失，把人与自然宇宙的对立和做自然的主人看做是人之为人的象征。现代性在主客二分、人与自然对立的基础上主张一种人本主义，强调"人为自然立法"（康德语），人与自然关系属于"主—奴关系"（黑格尔语），为的是从宇宙本体、从上帝本体那里解放人类自我，争取人的尊严。但工业文明以来的生态危机的事实证明，从宇宙本体和上帝本体的极端中走向"人类中心主义"本体，这一结果所带来的并不完全是人类自我解放的福音，同时还伴有人类自我迷失的灾难。追求自我独立和解放的现代性意识，引导现代人解构了人与自然存在的本质同一性，从而也就最终解构了人类自我。自然生物本性虽然本是人所具有的，但不是人之为人的特征。人类为自己生产物质生活资料尽管是改造自然界活动的首要目的，却并非根本目的，人类改造自然界的终极目的是在创造对象世界的同时也创造人自身，使自己成为超越生物本性的人。理性是人类固有的特质，在地球生物圈内目前尚未发现像人一样能思维的动物。但是，现代性却将理性演变为工具理性、计算理性，使它完全服从于生物性或心理性物质欲求。这样一来，人虽然具备理性，但在价值取向方面却没有使人升华到纯粹的动物性之上。人的社会性同样也不能将人与动物彻底区别开来，社会性是人类这一物种的集群特征，如果将物种的集群特征视为人的本质，那么，所有具有集群特征的动物都可以说它们也是人。进一步讲，人类社会所具有的超越于个人的力量，如果用来对抗自然，并将自然变成自己的统治对象，那么，人的社会性也会扭曲人在自然面前的本真自我或应然之在。

海德格尔在《关于人道主义的书信》中指出，近代形而上学的人道主义由于在规定人性时根本不追问"存在"与人之本质的联系，因此他们就堵塞了通向人之本质的正确道路。"对人之本质的最高的人道主义规定尚未经验到人的本真尊严。"①现代工业文明以来的人不追问存在,对存在产生了遗忘,这就不可避免地造成无家可归的状态,即找不到自己的本真自我。结果,科学理性把自然世界当做一幅被摆置的图像而加以摆置,技术理性把自然世界视为促逼、订造的对象而加以促逼和订造。这就是说,现代人迷失了自我就不可避免地制造生态灾难。因为割裂人与自然宇宙本质关联的各种狭隘的"人类中心主义"的人性论,共同的价值诉求无非是:占有自然、征服自然、掠夺自然。生物人性论以"凡人的幸福"为核心,把追求物质生活的舒适富足和感官欲望的充分满足视为人的象征;理性人性论之人类理性由于沦落为工具理性,它就服务于人类欲望的满足,把开发自然、掠夺自然、创造丰饶的物质财富以使人能够纵欲无度当做根本目的;社会人性论则以反自然为特征,把对自然的统治、做自然的主人视为最有价值的行为。以上三种人性论的共同指向是对自然界的剥夺,并赋予人类这种剥夺行为以价值应当性和社会正当性,于是生态危机就在所难免。

要实现走出生态危机的战略目标,人们首先必须将自身从人性危机中解放出来。而要实现人性的解放,即消除人与自然的本质断裂,达成人与自然的本质统一,向自然生成为人就成为现代人拯救人类自我的必然选择。所谓人向自然的生成,是指人以自然宇宙为参照背景认识和把握自我,用大自然的本质来规定人之为人的本质,使人成为表现和确证自然界本质的人。人向自然生成的结果是人与自然在本质上融合为一个整体。在此需要指出的是,人向自然生成中的所谓"自然",并不是指自然界,也不是指自然而然,而是指隐藏在自然现象背后的使生命存在的生态和谐性或潜在应然性。进而言之,人向自然生成为人,也就是领悟和理解自然的生态和谐性,并把这一生态和谐性内化为自我意识,成为人性的一部分。人不是与自然对立的存在,而是与自然和谐一致的存在。人与自然的这种和谐一致的载体就是人向自然生成的为人的人性,其能动环节就是兼顾并借助自然选择的实践选择。

---

① 海德格尔:《路标》,孙周兴译,商务印书馆2000年版,第388页。

第四章

自然价值与环境伦理

环境伦理是迫于生态危机,力图改善人与自然的关系,把人际伦理中的"善"推延到人与自然的关系领域,从而实现人与自然的和谐共生与可持续发展。环境伦理学是在 20 世纪 40 年代提出,70 年代初步形成的新学科。与环境伦理学产生和发展的时期基本同步,可持续发展战略酝酿于 20 世纪 60—70 年代的第一次环境革命,成熟于 20 世纪 80 年代末 90 年代初的第二次环境革命。

环境伦理与可持续发展观不仅具有相同的历史背景,而且在理论层面上具有深度的内在交融性,即在相同的历史背景下,为解决人类所共同面临的生态环境问题从理论上探寻出路。因此,当代的环境伦理学具有反思现代性和面向后现代的历史前瞻性。

第一节 环境伦理的自利—利他原则

人们关爱环境,总是与自身利益相关,但人的自身利益并不是关爱环境的全部目的。环境伦理学的价值关怀,同时包括人的自利性与利他性。利他性不仅有利于他人,而且有利于自然界,有利于整个自然生态系统。

一、环境伦理概览

环境伦理是用来调整人与自然关系的伦理规范体系,其中内含着作为自为主体的人自觉地爱自然且自爱、善待自然且善待自身的生态良知和自然情怀。

在"全球问题"肆虐人类的时代背景下,传统人际伦理受到了空前的挑战,越来越显得力不从心。这里首先遇到的问题是:伦理学是否可以将人以外的自然界作为"道德承受者"来对待,人们对于自然物的伦理关系究竟是一种什么性质的关系? 于是,环境伦理学在人际伦理的基础上拓展了伦理学的理论视野,使伦理学从研究人与人的伦理关系进一步扩展到人与自然的伦理关系。环境伦理学从解决以下的问题中确立了自身的理论根据:人为何要对自然有一种"伦理性"的关系? 探讨人与自然的伦理关系的实践意义是什么?

在西方环境伦理学的理论研究中,形成了两种不同的理论主张:自然主义和人类中心主义。自然主义试图从自然界的内在价值寻找环境伦理学的理论根据,而人类中心主义则主张围绕人自身的价值去建构环境伦理学的理论根据。双方的共识或价值交会点在于,他们都承诺人应当对自然负有道德义务。二者的分歧在于,这种道德义务对人而言究竟是一种直接的义务,还是一种间接的义务? 或者说,这种义务是无条件的,还是有条件的? 我们今天面临的问题是,"自然主义"与"人类中心主义"这两种理论主张是否具有其合理性,我们是否需要超越二者的对立,重新寻求和建构一种更为合理的环境伦理学。

西方环境伦理学的主流理论倾向是以美国环境伦理学家罗尔斯顿为代表的"自然主义"的理论主张。他们以自然的事实性为理论基石,以生态整体主义作为基本的理论立场,对上述两个理论问题作了自然主义的理论解释。罗尔斯顿回答了环境伦理学究竟是派生意义上的还是根本意义上的伦理学问题。按照他的看法,派生意义上的环境伦理学其实仍然是一种"人际伦理学",它对于伦理学的改造只是加上了某些生态学方面的限定条件。这种伦理学更多地考虑的是人类自身的利益和福利,它所谓的环境道德的最终目的还是只关心人类自身,而自然只不过是一个在伦理视野之外的道德附属品,关爱自然只是作为谋求人类幸福和利益的条件。这样一来,即便是人类对自然承担一定的义务,那也只是一种间接的而不是直接的义务,是以自然利益是人类利益的派生物为前提的。罗尔斯顿对这种派生意义的环境伦理学提出批评:"一切的善都仍是对人类而言的善,自然只是附属的。这里不存在承认自然的'对'的问题,而只是以我们对自然给定的限定条件加以接受。"①这里,罗尔斯顿实际上是批评了环境伦理学中的人类中心主义观点。他本人对这一观点持否定的态度,认为从这一观点出发是很难建立起真正的环境伦理学规范的,尽管在实践及其效果上,派生意义的环境伦理学与根本意义的环境伦理学可能并无多大差异,但在理论上却很难从派生意义的环境伦理学推导出对自然的真正关爱,因为它从根本上否定了自然的内在价值。

从伦理学的价值论根据来说,综合自然主义和人类中心主义的环境伦理学的逻辑结论,在于建构关怀自然生态系统价值的环境伦理学。在这里,自然界和人类均有自己的内在价值,为了有助于双方的价值生成,在人与自然的关系中就必然地存在着互为工具价值的关系,二者的价值互补就在实际上生成自然生态系统的系统价值。这就要求,在人与人、人与自然的伦理关系中,没有彼此的相互残害,只有彼此的和谐共存。

经由理论的逻辑整合,环境伦理规范和环境伦理学方法论大致包括如下内容:

1. 自然生命本体论

现实的人是社会的自然生命体,不仅与非人类生命体共生于同一个自然生态系统,而且人的活动与非人类生命体的活动(自然选择)相互影响、相互过渡、相互作用,从而形成一个从低级到高级的生物链,共同构成自然生态系统的现实生命主体支撑。所谓生物链者,形象地反映了所有生命形式被命运的链条紧紧地系在了一起,彼此之间维系着休戚与共、息息相关、同命相连的相生相依关系。于是,人就同时以两种身份、在两大领域从事着跨领域活动:在自然领域,人需要以自然生命的形式同非人类生命体打交道,立足于自然基础,在山水草木中谋求生存;在社会历史领域,人需要以特定的社会存在物的身份同他人和社会打交道,在实践活动的基础上实现自身的社会生成和个人生成,逐步全面地实现和发展自身。因此,人们需要破除忽视自然的片面的惯

---

① ［美］H.罗尔斯顿:《哲学走向荒野》,叶平等译,吉林人民出版社2000年版,第15页。

性思维定势,切忌过分地看重人的实践活动而忽视自然选择法则,误以为唯有人的实践活动才是创造财富的唯一源泉或唯一途径。其实,非人类生命体的活动以及其他自然条件,对于人的现实生活和人类社会历史过程同样发生着不可忽视的重要作用。在生物圈的大家族内部,富有环境伦理德行的人们只有加倍地热爱自然、关爱生命,才能在超越自身的境界中更加全面地关爱自己、实现自己、发展自己。

2. 自然家园情感论

历史悠久的中国,远古时期就开启了农业生产的智慧,观测自然天象与农业生产的关系,基于日积月累的经验,独创了亘古流传的一年"二十四节气",用以了解天时,把握季节,因地制宜,适时安排农活。看似分散、封闭、落后的小农,在成年累月的劳作中却面对大地,心系自然,从事着循环、绿色、可持续的生产劳动,过着悠闲、生态的草根化生活。所谓"采菊东篱下,悠然见南山"的田园诗句,充分体现了数千年的"天人合一"的传统农业生态诱人的文化精髓。以此为切入点体察环境伦理真谛,别有一番自然家园的韵味。可叹,工业文明以来的"现代化"潮流,把世界卷入追求财富、迷恋物欲、无度消费、崇拜都市化的时代旋涡之中,于是,砍树毁林、移山填海、掠夺自然、排污排毒、杀生趋利……既丢失了优秀的传统文化,又彻底毁坏了自然家园。其实,"现代化"、"城市化"、"工业化"这些概念,需要认真加以分析、扬弃,如果把"现代化"的东西当做纯粹理想的好东西去崇拜、去迷恋、去向往、去刻意追求,看不到其中可能同时包含着的消极的、反生态的、不可持续的、反人类的成分,那就会丧失自然家园,误入反生态、反人类的歧途。环境伦理呼吁:把被"现代化"的化肥、农药、杀虫剂、除草剂、工业污水侵染的肥力退化、土壤结构彻底破坏的"废地",尽快通过施用农家有机肥料、增加土壤腐殖质,逐步把耕地拯救、培育成微生物的繁茂王国、庄稼生长的理想温床。

3. 生态系统价值论

自然生态系统是一个有机整体,这个大系统有着自身生生不息的应然生成过程,置身于这个动态价值的历史流动中的一切价值主体,其自身的应然生成都与这个生态大系统具有内在的价值相关性。一切维护生态大系统价值的生成或存在形式就都是系统要素的正向交互作用和应然过程,如良性循环的生物链中不同生物之间的互依互补关系,生命体与非生命体之间的物质交流和物质循环的关系等,并由此积淀和生成着"扩大了的系统价值";而一切危害系统价值的生成或存在形式便都是生态大系统的"异在",或者是与生态系统价值存在着负相关关系。中国有所谓"多个朋友多条路"的古训,这古训不仅适用于人际领域,而且适用于人与自然的交往关系领域。不能因为自然生态系统本身似乎并无"生命活性"、不能被感性地人格化,就否认其中的价值生成意义。那些鸟语花香的所在,正是人与自然和谐共存、人与动植物友好相处的美好家园。这既是自觉地"为人的"应然生成过程,也是自足地"为自然的"应然生成过程。

4. 辩证联系方法论

人与自然的伦理关系要求人对生态环境和自然万物施之以道德"善",人的这种道德价值选择的认识论、方法论基础,便是贯穿其中的辩证联系方法论。人的活动从来都是有目的的,基于人与自然和人与社会的普遍联系,人们在与自然打交道的过程中,"人创造环境,同样,环境也创造人"。因此,人对生态环境和自然万物施之以道德"善",就意味着道德主体对自然负责,对社会负责,对自身负责。当今时代,越来越多的地区出现自然灾害频发的反常现象,干旱水涝、酸雨冰雹、沙尘海啸等,看似与人的活动无干,实际上却与人的反生态活动有着本质的因果关联。世界上的事物和过程本来都是有限的,诸如经济发展是有限的、自然资源是有限的、地球承载力是有限的……人们却误认为是无限的,或者在主观上把这类有限的事物和过程扭曲成无限的,从而在"发展经济"的目的驱动下一往无前,制订着一年超过一年的经济发展指标,预设着步步攀升的财富增值计划。殊不知,现代人类正是这样一步步地陷入了哈丁提出的"牧场悖论"的悲剧之中。可见,辩证法的普遍联系方法具有广泛的普适性,随着具体条件的多样化差异,联系会有不同的类型和形式,诸如直接联系与间接联系、本质联系与非本质联系、内在联系与外在联系等,并且依据一定的条件,不同的联系将发挥不同的作用。由于人处在普遍联系之中,对于联系认识或把握的自觉程度不同,也会影响联系发挥作用的程度和效果。例如,假如人们缺乏辩证法素质,对于人与自然的本质联系认识不足甚至置若罔闻,那么,自然环境的污染和生态系统的恶化将会日益加剧。

5. 人生存在能动论

人生是基于人的实践活动不断生成的过程,因此,该过程生动地体现着人的能动性本质。在人的能动性问题上,历来存在着不同的理论主张:一是人的能动性是无限的还是有限的? 或者说,人的能动性是有条件的还是无条件的? 关于这个问题的失误,在历史上和现实中都是有深刻教训的。1958 年的"大跃进"热潮中,我国一度流行"人有多大胆,地有多高产"的口号,于是,人的能动性被说成无限大,人的胆量决定地的产量。对此,我国著名哲学家李达同毛泽东之间还发生过一场争论:1958 年 11 月,李达在毛泽东下榻的东湖宾馆当面发问:"'人有多大胆,地有多高产'是不是马克思主义?"他毅然坚持"人的主观能动性不是无限大",而毛泽东则坚持"在一定条件下无限大"。事后,毛泽东曾经回忆这次争论:"孔子说过,六十而耳顺。我今年 65 岁,但还不够耳顺。听了鹤鸣兄的话很逆耳。以后我要同他多谈谈"。① 如今,现实生活中所发生的严峻的生态环境问题,大半是由于人类过分地夸大了自身的能动性而引起的,特别是随着工业文明"现代化"潮流的蔓延,人在自然界面前几乎达到了肆无忌惮的程度,为了谋取满足物质欲望的经济效益,掠夺自然、乱砍滥伐、任意杀生、排气排污,把自然生态践踏得千疮百孔。这样无限膨胀人的能动性的结果,将不可避免地遭到自然界的报复。二是在人的能动性发挥作用的过程中,是忽视、限制或排斥自然选择的作用,还是借助于自然力、尊重自然选择法则? 人的能动性具体发挥作用的过程,不仅是人本身的自然力得以显现的合目的性过程,而且是人本身的自然力与外在的自然力彼此渗透与会合、从而共同发挥作用的过程。荀子尝曰:"登高而招,臂非加长也而见者远;顺风而呼,声非加疾也而闻者彰。"又说:"君子生非异也,善假于物也。"②可见,善于借用自然力量,尊重和利用自然选择法则,是保证人的能动性得以正常发挥与行为"合目的"的重要条件。如果人以自身的能动性干扰和排斥自然选择法则,完全置"物的尺度"于不顾,那么,人的合目的的动机将必然导致不合目的的效果。实际上,人的能动性是能动与受动的统一、动机与效果的统一、

---

① 参见王炯华:《李达评传》,人民出版社 2004 年版,第 410—412 页。
② 《荀子·劝学》。

"人的尺度"与"物的尺度"的统一,从而也就是实践选择与自然选择的统一。

6. 双重选择生成论

所谓双重选择,是指人的选择与自然选择。其中,前者是人的自觉自为的对象性价值选择和创生过程,后者是"物竞天择,适者生存"法则下的生命体"趋利避害"的自在过程。然而,在理性原则制导的思维范式下,传统伦理学却只讲一种选择,那就是人的选择。认为自然是无所谓选择的,因为只有人才是有理性的存在物。这样一来,人就成了宇宙的主宰,自然界的统治者,他不仅可以任意践踏、掠夺、占有自然资源,而且还要为被他污染、破坏的自然生态系统代言,"为自然立法"。近代的德国古典哲学中,康德就提出"人为自然立法"的原则,作为回应"休谟问题"的一种答案,这不仅成为当时的一种时尚,而且在两百年后的今天,仍然为人们所津津乐道。既然人能为"自然"立法,那么,"为社会立法"、"为他人立法"就更不在话下。于是,人便显得极其伟大、崇高和神圣起来。当然,把"上帝"替换成"人"的反教会运动,无疑包含历史的进步意义,确实是一种解放,一种自由人性的回归。但是,由此而引起的后果值得人们思索:一是导致"上帝死了",虚无主义的斤斤计较淹没了人的心灵皈依之所,破坏了人的精神家园;二是在逻辑上给社会、给人生带来了无穷无尽的生态环境问题。因为这种理性思维范式犯了一个方向性错误:人可以独立于自然而自立为绝对主体。工业文明以来的大量经验事实说明,人们围着财富与金钱转的结果是,随着精神家园的失落,人类的自然生态家园也消失得无影无踪了。于是,人的正常生活、身体健康、生命安全随之成了大问题。这就提出了一个根本性的问题:人的命运真的完全取决于人自身吗? 看起来,人不仅是自己活动的产物,同时也是大自然的产物。因此,只有与自然的友好合作,人才能获得幸福和自由,自然生态系统也才能自足地有序演化。

这个问题在中国传统文化的积淀中,似乎已经是一个常识。在那里,不是"人为自然立法",而是人对自然的领悟、尊重、顺从,这就是"天人合一"的自由精神。不管是道家还是儒家,从来都不以为"人"与"天"可以"二元分置"或截然相对。在他们看来,人不过是"天"这个"大一"中的"多"。"理一分殊",人在"理"面前从来都有自己的谦卑。每个人虽然都有自己独异的认识、情感、意志能力、价值选择,但却并不是游离于"天"这个"大一"之外。由于承认"多"的优先性和包容性,人活也让自然活,自己活也让别人活,于是,人们在自己的现实生活世界中就可能趋于自觉,从而获得自由。与中国"天人合一"的文化传统相比,西方"主客二分"的文化定势就逊色得多。欧美自由主义传统建基于绝对的个人自立之上的理论是主观悬设的。凌空蹈虚,不切实用,作为好玩的文字游戏,智力训练,逻辑推演,它可能是有价值的,比如发现理论科学,但以此全面地指导人的现实生活世界,却无力回答:人类在过度消费的社会里"魂归何处"的终极价值关怀问题。总之,丢失了对于自然的应有的尊重,就完全无法理解和解读人与自然的双重选择和双重生成的丰富辩证法。

二、环境伦理中的三重道德关系

环境伦理学是一个富有开放性和包容性的新兴学科,在思维方式和理论主张方面具有极大的张力和兼容性,它既包容现代人类中心主义即浅环境伦理观,也包容非人类中心主义即深环境伦理观,并内含着可持续发展的环境伦理观。

1. 环境伦理"三重道德关系"不等于"万物有灵论"

环境伦理研究论域的进一步扩展,就出现了大地伦理。大地伦理进一步拓展了伦理关系的界域,使人们对大自然的一切存在物(包括山川、河流)都纳入到了道德关怀的范围。美国著名生态学家和环境保护主义的先驱利奥波德,甚至对一个毫无价值的、被人们称之为野草的指南花也抱有深厚的感情。他在《沙乡年鉴》中有这样的描述:"当我在 8 月 3 日再次经过墓地时,栅栏已经被一帮修路的搬走了,指南花也被砍掉了。现在是很容易预测未来的:几年之内,我的指南花还将会枉费心机地试图在割草机上生长,然后就会死掉。随它死去的将是那草原时代。""公路局说,在每年夏季的三个月里,经过这条路的小汽车有 10 万辆,而这三个月正是指南花开放的时候。乘坐这些小汽车的人肯定至少也有 10 万人,他们曾经'上过'叫做'历史'的这门课,而且其中大约有 25000 人曾'上过'所谓的植物学。但我怀疑是否有一打人曾经看见过这些指南花,在这一打人中,可能几乎没有一个人会注意到它的死亡。如果我要告诉一个与墓地相毗邻的教堂的神父,修路队一直在他的公墓里,在割杂草的借口下,焚烧着历史书,他会感到惊异和不解:一种杂草怎么会是一本书?""这是当地植物区系葬礼的一个小小的插曲。反过来,也是世界植物区系葬礼的插曲。机械化了的人们,对植物区系是不以为然的,他们为他们的进步清除了——不论愿意或不愿意——他们必须为在其上度过一生的地上景观而自豪着。大概,比较聪明的做法是,立即禁止讲授真正的植物学和真正的历史,免得某个未来的公民会因为他的美好生活所付出的植物区系代价而于心有愧。"①

在大地伦理视域内,实际存在着"三重主体",即人类、非人类生命体、无生命体,他们都是环境伦理的主体。对此,目前学术界持反对意见的人居多,他们的理由大致如下:

(1)"主体生命论"。他们认为,非人类生命体作为环境伦理的主体,还勉强可以接受,因为它们毕竟是"有生命"的。而非生命体并无"趋利避害"的选择机能,岂能被视为环境伦理的主体。可见,他们所谓的"主体"概念,实际上被赋予了"有生命"的、"有欲求"的、"趋利避害"的生理机能等生命的属性规定,这其实只是扩大了的人类中心论的主体理论。坚持这样的主体论,仍然难以走出"主客二分"的思维模式:因为只有会动的生命才是主体,不会动的非生命体便只能是客体。其实,对象世界也就是对象性主体,而与对象主体打交道的人则是自为性主体。于是,在人与"人化自然"物发生相互作用时,不论是非人类生命体,还是非生命体,在属人世界里都会借助于人的能动活动而成为对象性主体,并在双重选择的交会点上发生彼此的能量、信息和价值生成过程的相互转化。

(2)认为把非生命体视为主体就是"万物有灵论"。"万物有灵论"的实质是"多神论",因为这里的"有灵"绝不只是"有生命",而是承认在人以外或人以上存在着驾驭和主宰人类命运、足以给人类降临祸福的超然力量,而且这种神秘的力量既可以是看不见、摸不着的非感性存在,又可以借助于任何具体物质形式而存在和发挥作用。和这种神秘主义的"万物有灵论"完全不同,主

---

① [美]奥尔多·利奥波德:《沙乡年鉴》,侯文惠译,吉林人民出版社 1997 年版,第 43—44、213 页。

张非生命体是环境伦理主体,只是承认它们是一种特定形式的"人化自然",这种"人化自然"通过实践选择和自然选择的共同作用,或者说,通过人借助于自然力量和自然借助于人的力量的"友好合作",从而生成"人的自然化"和"自然的人化"的双重价值过程。这里不仅避免了任何的神秘色彩,而且在承认和接纳自然力的前提下,充分肯定了人的自觉能动性的关键作用。因此,即使承认非生命体的环境伦理主体地位,也丝毫没有把人类命运拱手交给非生命体来主宰的消极无为因素。

2. 现实的人是自然属性与社会属性的统一

(1)人的双重属性与双重价值观照。现实的人从来就是社会属性和自然属性的统一体,人与自然的关系同人与人的社会关系是交互作用并彼此规定的,"人的尺度"与"物的尺度"之间既有统一或一致的方面,又有对立或相斥的方面。自然界生成人及其"为人"的过程,并非是自然界的"有意而为"或"有意预设";相反,自从有了人类之后,自然的存在样式并非处处都符合人的需要。比如,并非由于人的饮用需求才有了水、由于人的呼吸才有了氧气、由于人的食欲和耕种需要才有了沃土和食粮……自然界所提供给人类的物质资源,有些是先天的偶合,大量的则是人能动地改变自然的结果。因此,把握人与自然的全面关系,必须始终坚持实践基础上的生成论维度,同时兼顾人的实践能动性与自然选择法则的统一,在实现人的内在价值的同时,兼顾自然的内在价值;在利用自然的工具价值的同时,自觉发挥人的爱护自然、帮助自然的工具价值。实在地说,有些非人类生命体对于人类的要求,有时往往是很简单、很有限的,并不需要人类对之作出多少奉献,而只是"期盼"人类不去打扰它们的宁静或生存秩序。可叹,在全球经济一体化和科技迅猛发展的当今时代,片面追求物欲满足的人们,竟然连自然生命体的这点起码的要求都难以满足!

(2)伦理关系的两种基本类型。在学术界,坚持"人类中心主义"价值观的人们竟然把伦理关系局限于双方皆有自觉意识的主体之间的关系,即把伦理关系严格限定在"对等规范"的主体间性关系。其实,伦理关系历来包括两大基本类型:"对等规范主体"伦理与"非对等规范主体"伦理。在一定意义上来说,后者较之前者对于道德主体具有更高的道德要求,因为它无须"投桃报李"式的礼尚往来,没有"施善图报"的欲求。诸如人间的母爱、救济弱者、拯救落水者、善待自然和爱护非人类生命体等,都需要道德施善者具备高尚的社会良知、道德情操和人性情怀,而不是伦理双方负有对等的权利—责任关系。即使在传统的人际伦理领域内,道德主体之间也并非严格的"权利—责任"对等关系,而是存在所谓"滴水之恩,当涌泉相报"的道德规则。这也正是环境伦理学或生态伦理学之所以成为可能的生活逻辑和道德依据。

3. 坚持可持续发展伦理观

大地伦理作为一般环境伦理的深化与拓展,其重要贡献就在于提出了大地共同体的概念,认为人是大地共同体中的一员,这个大地共同体包括土壤、水、植物和动物。大地伦理学用"大地"这个词来概括大地共同体的内涵,具有很强的包容性。人的本能促使人为了在这个共同体内取得一席之地而去竞争;同时,人的伦理观念又促使人去和自然力量合作。利奥波德用以表述共同体内涵的"大地",与"大自然"有相同的意思,但"大地"的意义更加深刻。

大地伦理学改变了人们原先把自己凌驾于自然界之上的传统角色观念,改变了人对自然的主宰和统治地位,让人们对大地上所有的存在物心存热爱和感激之情。在大地这个共同体之中,任何事物都有其存在和生活下去的理由,每个成员都在以自己的存在和变化为这个共同体作出贡献。可持续发展环境伦理观主张人与自然和谐统一的整体价值观,它与深环境论中的环境整体主义是一致的,不同之处在于可持续发展环境伦理观在强调人与自然和谐统一的基础上,更承认人类对自然的保护作用和道德责任,以及对一定社会中人类行为的环境道德规范的研究。可持续发展环境伦理观对现代人类中心主义和非人类中心主义采取了一种超越和整合的态度。一方面,它汲取了生命中心论、生态中心论等非人类中心主义关于"生物—生态具有内在价值"的思想,承认自然不仅具有工具价值,同时也具有内在价值,但又不把这种内在价值仅归于自然自身,而提高为人与自然和谐统一的整体效应。这样,由于人类和自然是一个和谐统一的整体,那么,不仅是人类、连同自然物都应该得到道德关怀。另一方面,可持续发展环境伦理观在人与自然和谐统一整体价值观的基础上,承认现代人类中心主义关于人类所特有的"能动作用",承认人类在这个统一整体中占有的"道德代理人"和环境管理者的地位。这样,就避免了非人类中心主义在实践中所带来的困难,使之更具有适用性。

工业文明以来的经验事实证明,当人类忽略了自然的价值、地位和作用,并由此而任意摆布自然、践踏自然的时候,那就不仅必然导致人与自然的深刻矛盾和尖锐冲突,而且由此也必然导致人类内部的重重危机,导致人际之间和代际之间正义原则的全面失落或全面溃塌。于是,人类就这样用自己的双手堵死了自己持续发展的后路。只有当人的选择同时尊重和包容自然选择的时候,人们才算是接近和实施了可持续发展伦理观。

三、环境伦理的自利性原则

1. 人与自然都具有"自利性"

人与自然构成环境伦理学的双重道德主体,由此出发,环境伦理学的研究对象包括两个方面:人与自然的道德关系以及受制于人与自然关系影响的人与人之间的道德关系。前者是环境伦理学的基本问题,后者是关于一定社会中人类行为的环境道德规范。因此,研究受制于人与自然关系影响的人与人之间的道德关系,主要是调整社会成员之间的利益关系,属于社会伦理或人际伦理范畴。

在人际伦理中,正义原则是首要原则。在这里,环境正义是用正义原则来规范人与人之间的伦理道德关系。在研究人与自然的道德关系中,所建立起来的环境伦理的道德规范系统,是用以规范和矫正人对于自然的占有、利用、改变等行为,这是可持续发展环境伦理观的重要内容。作为一种评价社会制度的道德评价标准,可持续发展的环境正义关注人类的合理需要、社会的文明与进步。其主要含义:一是要求建立可持续发展的环境公正原则,实现人类在环境利益上的公正;二是要求确立公民的环境权。为了实现在环境问题上的公正原则和维护人的环境权利,就须在可持续发展的历史维度上尽量做到既不伤害人的利益、幸福和生存发展的权利,又不伤害自然生命体的利益和生存需求,不干扰和破坏自然生态系统的自足演化过程。

2. 观照自然利益是实现人的目的与效果相统一的重要前提条件

人在同自然打交道的过程中,无不具有从自然界获取有利于自身的资源和生活资料的动机预设,这种自利性目的不仅是可以理解的,而且是人的实践活动中必要的驱动因素。然而,这种目的能否在近期和长远的意义上得以真正实现,却并不完全取决于人的目的本身,而同时还取决于人们是否能够关照自然的"利益",即尊重自然选择,尊重自然物"趋利避害"的"自利性"需求。只有在人的利益与自然利益的汇合域之内,才能真正实现人类改变自然、自然改变人的双向生成的正向效果。如果人类只顾自身的利益,而忽视或侵害自然界的利益,那就不仅在根本上违背了环境正义原则,而且必将导致人与自然同时难以为继的生态灾难。按照马克思关于人的对象性活动的理论主张,人的本质力量的发展和实现程度,只能靠实践的结果或实践的对象来确证。因此,在人与自然双向作用的过程中,生态环境质量和自然万物的存在状态,正是人本身的素质能力和文明程度的重要标志与切实确证。

中国政府高度重视经济发展与环境保护的关系问题。2009 年 11 月 25 日召开的国务院常务会议决定,到 2020 年中国单位国内生产总值二氧化碳排放比 2005 年下降 40%—45%,并提出相应的政策措施和行动。会议认为,妥善应对气候变化,事关我国经济社会发展全局和人民群众根本利益,事关各国人民的福祉和长远发展。中国作为负责任的发展中国家,主张通过切实有效的国际合作,共同应对气候变化。我们将坚持《联合国气候变化框架公约》和《京都议定书》基本框架,坚持"共同但有区别的责任"原则,主张严格遵循巴厘路线图授权,加强《公约》及《议定书》的全面、有效和持续实施,统筹考虑减缓、适应、技术转让和资金支持,推动哥本哈根会议取得积极成果。会议指出,在不久前联合国召开的气候变化峰会上,胡锦涛主席代表中国政府向国际社会表明了中方在气候变化问题上的原则立场,明确提出了我国应对气候变化将采取的重大举措。全国人大常委会作出了关于积极应对气候变化的决议。中国的立场和主张,赢得了世界各国的充分理解和广泛认同。我国始终高度重视气候变化问题,坚定不移地走可持续发展道路,从国情和实际出发,制定应对气候变化国家方案,积极推进经济和产业结构调整、优化能源结构、实施鼓励节能、提高能效等政策措施,不断增加应对气候变化科技研发投入,努力减缓温室气体排放,增加森林碳汇,提高适应能力,取得了积极成效。面对气候变化的严峻挑战,我们必须深入贯彻落实科学发展观,采取更加强有力的政策措施与行动,加快转变发展方式,努力控制温室气体排放,建设资源节约型和环境友好型社会。会议决定,通过大力发展可再生能源、积极推进核电建设等行动,到 2020 年我国非化石能源占一次能源消费的比重达到 15% 左右;通过植树造林和加强森林管理,森林面积比 2005 年增加 4000 万公顷,森林蓄积量比 2005 年增加 13 亿立方米。这是我国根据本国国情所采取的积极的自主行动,是我国为全球应对气候变化所作出的巨大努力。

我国正处在全面建设小康社会的关键时期,处于工业化、城镇化加快发展的重要阶段,发展经济、改善民生、优化环境的任务十分繁重。我国人口众多,经济发展水平还比较低,经济结构性矛盾仍然突出,能源结构以煤为主,能源需求还将继续增长,控制温室气体排放面临巨大压力和特殊困难,实现上述行动目标需要付出艰苦卓绝的努力。应对气候变化工作要立足于推动经济社会与生态环境同步发展,加强生态文明建设,统筹经济发展和保护环境、现实需要和长远利益。要把应对气候变化作为经济社会发展的重大战略,加强对节能、提高能效、洁净煤、可再生能源、先进核能、碳捕集利用与封存等低碳和零碳技术的研发和产业化投入,加快建设以低碳为特征的工业、建筑和交通体系。制定配套的法律法规和标准,完善财政、税收、价格、金融等政策措施,健全管理体系和监督实施机制。加强国际合作,有效引进、消化、吸收国外先进的低碳和应对气候变化技术,提高我国应对气候变化的能力。增强全社会应对气候变化的意识,加快形成低碳绿色的生产样态和生活消费方式。

四、环境伦理的利他性原则和互利性原则

在承认自然的价值生成和人类自身的价值生成的基础上,即可建构起人与自然和谐统一的整体价值观,这是一种可持续发展的环境伦理观。现代生态学和系统科学的研究表明,自然界(包括人类社会在内)是一个有机整体,生命系统表现为网络格局。在整个自然生态系统中,从物种层次、生态系统层次到生物圈层次都是相互联系、相互作用和相互依赖的。任何生物都有其内在目的性,都以其各自的方式在相互依存的生态关系中实现其自然的善。因此,任何生物和非生命体都以其自身的选择实现着自身的价值生成过程。生物和非生命体所实现的价值生成过程,在环境伦理学视域内都享有道德地位并应该获得道德关怀。可持续发展环境伦理观把道德共同体从人扩大到

"人—自然"系统,把道德对象的范围从人类扩大到生物和非生命体。与此同时,由于只有人类才具有理性和实践的能动性,具有自觉的道德意识,进行道德选择和作出道德决定,所以只有人才是自觉的道德主体。因而,人类具有自觉维护生物和非生命体的责任。

自利性原则与利他性原则的有机结合、彼此互补,则往往生成"放大了的"自然生态系统价值。其实,利他性原则与自利性原则并不是截然对立或互不相干的,而是有着深层的内在互动关系和不同价值主体间彼此价值生成的内在关联。一般说来,自利是利他的前提和动因,利他是自利的补充和条件。如果只讲自利而排斥利他,那么,自利的目的就难以得到实现。利他行为可以分为两类:"一种是以自己利益为条件的,这其实是从属于利己性质的行为;另一种是以自身价值为条件的,这是出自美好心灵的行为。这两者都是'为自己着想',但前者是自私,后者是自重。自私只是做事,而自重却是做人。"①如果从个性发展的历史进程或不同阶段说来,则可以把利他行为区分为"片面的个性利他"与"全面的个性利他",前者的利他行为以自身利益为核心,后者的利他行为则以全面地做人为其内在目的。

在保护生态环境问题上,目前的基本类型大多处于"片面的个性利他"行为阶段,这样一来,当遇到环境保护与个人利益相冲突的情况时,利他行为的环保事业就会遭遇流产或前功尽弃的危险。现实生活中生态环境的治理和保护,之所以常常出现不同国家、不同地区、不同社群、不同个人之间的义务分担和局部利益的纷争,在一些关键领域或关键问题上难以达成共识,其深层的人性本质和精神文化原因,正在于"片面的个性利他"因素在起作用。因此之故,全面的世界性的生态环境保护的真正有效和持之以恒地开展,尚有待于人性本身的历练和全面提升,有待于"片面个性"向"全面个性"的历史性推进。

第二节　环境伦理的公平原则

如何做到环境公平? 这在如今已经成为一个当务之急的话题。环境伦理

---

① 赵汀阳:《论可能生活》,三联书店1994年版,第36页。

不仅追求人与自然之间的公平,而且追求人对于自然资源的占有和利用的公平,同时关注对于人的活动所产生的消极环境后果的治理和消解,警惕和遏制部分国家和地区对于污染项目和污染废品进行反生态、反人道的跨国界、跨地区转移。

一、环境公平的类别

环境公平可以从不同的维度加以把握:按类型划分,包括国际环境公平(国家之间的环境公平)、国内环境公平(一国内部的环境公平)、代际环境公平(当代人与后代人的环境公平);按照环境的地域空间与人的关系划分,包括一国内部不同区域间的环境公平、两国之间的环境公平、国际区域间的环境公平、全球环境公平和宇宙环境公平;按照不同的环境要素划分,包括大气环境公平、国际海洋环境公平、国际内陆水域环境公平、地球土地资源环境公平和野生生物资源环境公平;按照人对于环境资源的占有、利用、转让过程划分,包括环境资源占有公平、环境资源利用公平、环境资源转让公平等。

可持续发展的环境公平应当包括国际环境公平、国内环境公平和代际环境公平。(1)国际环境公平。国际环境公平意味着各地区、各国家享有平等的自然资源的使用权利和可持续发展的权利。建立国际环境公平原则必须考虑到满足世界上贫困人口的基本需要;限制发达国家对自然资源的滥用;世界各国对保护地球负有共同的责任但又有所区别,工业发达国家应承担治理环境污染的主要责任;建立公平的国际政治经济和国际贸易关系以及全球共享资源的公平管理原则。(2)国内环境公平。一国国内的环境不公平现象同样会加剧环境的恶化,造成生态危机。在建立国内环境公平原则的过程中,应该考虑的主要因素包括:消除贫困;自然资源的公平分配;个人和组织环境责任的公平承担;在环境公共政策的制定中重视环境公平和公共资源的公平共享等。(3)代际环境公平。代际公平原则就是要保证当代人与后代人具有平等的发展机会,它集中表现为资源(社会资源、政治资源、自然资源、资金以及卫生、营养、文化、教育和科技等的人力资源)的合理储存问题。在如何建立代际环境公平储备问题上,学术界提出了诸如建立自然资本的公平储备,实现维持生态的可持续性,实行代际补偿等方法。建立代际环境公平的原则应当考虑到的因素主要有：代际公平的代内解决；当代人对后代人的道德责任；满足代际公平的条件；实现代际公平的基本要求等。

确立保护人类的环境权是可持续环境伦理观中另一个社会道德原则。所谓环境权，主要是指人类在健康、舒适的环境中享有的生存权利、发展权利和实现自身的权利。公民的环境权不是一般的生存权，它侧重于人类的持续发展和人与自然的和谐发展。确立保护人类的环境权是社会正义的需要。当前，环境权作为一种道德理念和法律理念已经得到人们的广泛认同，并且在一些国家的宪法中确立成一项人的基本权利。但是，由于它本身的某些不确定性以及与传统法律权利的交叉和冲突，因此，在实际操作中，特别是在发展经济的实践选择中还存在较大的争议。

二、违背环境公平的现代根源

工业文明以来，反环境公平现象的出现和蔓延，大致源于以下原因：

1. 市场经济利润原则的副作用

在商品经济高度发达的历史阶段，通行于社会的基本原则是"利润最大化"，它所追求的目标始终是"以最小的投入获得最大的效益"。因此，即使在规范市场经济条件下，市场经济也远不是什么理想经济，其中必然包含着经济目的驱动下的竞争和垄断，而且对于一切短期内无经济效益的环保活动毫无兴趣。这样一来，就根本谈不上所谓环境公平问题，甚至普遍反其道而行之，不惜透支环境成本换取一时的经济效益。这首先在代际之间就失去了环境公平。其次，少数人凭借个别优势对于环境资源的掠夺占有，必然给大多数人带来生态灾难。另外，在我国城乡二元结构的社会背景下，随着人们对于现代工业文明的反思与超越，逐步从现代工业化时代迈向后工业生态化时代的历史转变，必将发生环境公平文化的全面重建。当前，现代人一般都认为，即使农村的环境资源优于城市，人们也大都不会选择生活于艰苦的农村，而宁愿选择生活条件优裕舒适的大城市，这种完全忽略环境需求的人生价值扭曲，遮蔽了人们全面提升生活质量的生态视界。更有在利润驱使下的以邻为壑者，竟以利己害人、利己杀人的犯罪行为来追求所谓经济效益。然而，凡是涉及损害人体健康和伤害人命之类的事件，都是绝对不能简单地用经济价值来换算或用经济赔偿所能真正解决问题的。

2. 人的需求结构的片面化倾向

由于受市场经济"利润最大化"原则的影响和驱动,现代人的需求日益趋向物质化、物欲化和消费攀比风潮。于是,奢靡之风在全球"经济一体化"的裹挟中普遍蔓延,浪费能源,践踏自然,掠杀自然生命体,污染和破坏环境,颠覆环境公平,自绝后路,势所难免。其实,人非动物,不是吃好、住好、玩好就万事大吉了,人的需要是全面的,随着人类文明的进步,物质生活需要在全部生活需要中所占的比重将逐步缩小。马克思晚年曾经这样写道:"事实上,自由王国只是在必要性和外在目的规定要做的劳动终止的地方才开始;因而按照事物的本性来说,它存在于真正物质生产领域的彼岸。"①这表明,在马克思的人生价值旨向中,自由的重心将发生从物质生产领域向非物质生产领域的历史转移,从片面的物质需求向全面需求转移。

3. 经济霸权潜规则

由于受市场经济追求利润目的的驱动,对于环境资源的占有、利用过程,必然出现垄断性的经济霸权和贫富悬殊,即经济强势的国家、地区或经济实体,凭借自身的经济实力而以强凌弱,在掠夺、占有、利用环境资源的活动中逐步巩固和强化有利于自己的霸权地位;而这种居高临下的经济强势地位,又助长了这些特殊的经济群体把环境污染技术、污染企业项目和工业垃圾向经济低端的弱势国家、地区和人群出卖或转移,从而便根本没有了环境公平可言。

4. 短期脱贫与快速牟利的文化心理

现代经济全球化的潮流,迅速唤起了贫困地区的人群脱贫致富的梦想,甚至在有些人的心目中,竟然要和发达国家争所谓的"污染权",认为只许他们"州官放火"破坏环境,就不许我们"百姓点灯"赌上环境代价致富。结果,"短平快"地脱贫,"短平快"地污染破坏环境,几乎没过上几天好日子,就遭到了自然界的"报复"。事实上,发达国家致富在先,破坏环境在先,理应对于生态环境负有不可推卸的责任,但是,有些发达国家在治理污染方面表现欠佳,世界环境发展大会上的许诺,会后总也迟迟难以兑现。这就从根本上违背了环

---

① 马克思:《资本论》第3卷,人民出版社2004年版,第928页。

境公平,于是从反面激起了贫困地区人群的不满,更加弱化了快速牟利的人群的生态理念、环境意识的文化心理。

5. 现代工业文明中的另一种"异化"

工业文明虽然已经延续了百多年的历史,人的生产和生活条件已经得到了根本性的改善,但是,马克思的异化理论之于当代人来说仍然没有过时,即是说,当代人依然沉沦于另一种异化困境之中。如今,另一种异化现象在世界范围内普遍地蔓延开来,它严重地毒化着整个社会,悄无声息地奴役着人们。现代社会的物质繁荣,是依靠无限膨胀的过剩生产和层出不穷的各式商品来维系的,它唯有不断地刺激或拉动人的需要,才能继续存在下去。而不少现代人却如饥似渴、不知疲倦地购买商品,其实,他们并不是真正需要这些东西,他们的购买欲多半是由于变化莫测、无孔不入的广告激发起来的。为了满足自己莫明的购买"需要",他们必须想方设法、永无止境地赚钱,将自我的成就感完全沉浸在获得金钱和消费金钱的活动之中,对金钱的偶像崇拜达到了疯狂的程度,不少人笃信"有钱走遍天下,无钱寸步难行"的生活信条。于是,人类向着自由之巅的跋涉如此地艰辛,不仅看不到云雾缭绕的山顶,看不到希望;相反,还注定要被自己不断新造出来的神灵所统治——人的购买欲望永远难以满足,物质需要的膨胀永无止境,科技的发展和财富的增值成为人的另类异在,并因而令人失去自由。这正如马克思预言的那样:"在我们这个时代,每一种事物好像都包含有自己的反面。我们看到,机器具有减少人类劳动和使劳动更有成效的神奇力量,然而却引起了饥饿和过度的疲劳。新发现的财富的源泉,由于某种奇怪的、不可思议的魔力而变成贫困的根源。技术的胜利,似乎是以道德的败坏为代价换来的。随着人类日益控制自然,个人却似乎日益成为别人的奴隶或自身卑劣行为的奴隶。甚至科学的纯洁光辉仿佛也只能在愚昧无知的黑暗背景上闪耀。我们的一切发现和进步,似乎结果是使物质力量具有理智生命,而人的生命则化为愚钝的物质力量。现代工业、科学与现代贫困、衰颓之间的这种抗争,我们时代生产力与社会关系之间的这种对抗,是显而易见的、不可避免的和无庸争辩的事实。"①工业文明在当代所造成的

---

① 《马克思恩格斯选集》第 1 卷,人民出版社 1995 年版,第 775 页。

副作用,包括人本身的异化和自然的异化,越来越印证了马克思的预言。

6. 现代大都市的过度膨胀与农村生活空间的相应萎缩

现代大都市愈发展,人们就愈在更多的方面控制自然,因而也就愈离开自然的赐予,愈容易成为别人的奴隶或自身卑劣行为的奴隶。这里是在人们大量使用机械的时代条件下说的,但在人们已经开始涌向都市来找饭吃的时代,这种预见就愈易变成现实。人应该是自己命运的创造者和主宰者。然而,人类的一切进步,常常都包含着自己的对立面,"异化劳动把自主活动、自由活动贬低为手段,也就把人的类生活变成维持人的肉体生存的手段。因此,人具有的关于自己的类的意识,由于异化而改变,以致类生活对他来说竟变成了手段。这样一来,异化劳动导致:……人的类本质——无论是自然界,还是人的精神的类能力——变成对人来说是异己的本质,变成维持他的个人生存的手段。异化劳动使人自己的身体,同样使在他之外的自然界,使他的精神本质,他的人的本质同人相异化"①。为了追求商业经济环境下互相攀比、花样翻新的物质欲望目标,人的活动不仅销蚀着自身的精神文化底蕴,甚至也严重销蚀着自身的自然肌体的权利定在,折磨着自己的身体,损害着自己的健康和生命。在这种新形式的异化面前,所谓环境公平的一切原则统统都在受排弃之列。

三、通向环境公平的可行性路径

1. 兼顾人的全面需求与全面发展

人的需要始终受制于供需关系的变化与人的选择能力的发展程度,这就意味着决定人的全面需求的实现程度有两个因素:客观的需求对象的实际状况和人本身的主体能力。面对需求关系的千变万化,市场调节机制也并非万能,由于需求对象的匮乏和人的价值选择的失误,弄得不好,市场机制也可能违背环境公平,干扰人的正常生活秩序和社会的稳定。因此,对于畸形消费的及时矫正和市场价格的适度干预,是维护社会公正和环境公平的必要措施。

当前,现实社会生活中普遍存在着两类违背环境公平的现象:一是把刺激

---

① 《马克思恩格斯全集》第 3 卷,人民出版社 2002 年版,第 274 页。

消费作为经济发展的驱动杠杆,而不管这种刺激是否合理,是否与人的经济实力和消费结构相适应,是否能够带来持续促进经济健康运行的积极因素;二是在对于住房和其他方面的消费,存在着严重的攀比心理,忽视实用和实效原则,把对于消费对象的占有视为"社会身份"的符号或象征,追求超前消费和过度消费,丢掉了节能、环保、生态理念。在这种态势下,还谈何环境公平。

2. 进一步调整经济结构和完善经济增长方式

一个健康自洽的经济结构,其"能源—生产—流通—消费"是彼此循环、首尾衔接的,近期和长远的运行是基本平衡有序的。在经济运行中,凡是发生能源危机、生产过剩或生产不足、流通渠道不畅或流通价格失真、消费不足或消费过度等现象,都可能违背环境公平,导致经济的大起大落或各种形式的经济风险。

根据中国国情,不同产业格局、不同产业群体、不同消费结构、不同能源供给等方面,要彼此协调,就需时刻保持中国"农业大国"的基本特色,在生态、节能、高效、可持续的原则下,保证中国经济健康稳妥地运行。而不可受世界市场和全球经济一体化潮流的裹挟而丢失中国特色,过分地用现代化排斥生态化,用城镇化排斥国内地域经济的均衡发展。大量事实证明,中国只有在维护国内环境公平的基础上,才有可能在维护世界环境公平中作出自己的贡献。

3. 立足本国特色经济,发展国际经济合作

一个国家的经济发展能否立足于"世界历史"的高度,能否跻身于世界经济的同步发展的行列,关键在于是否具有本国独特的不可替代的特色经济、特色经济要素和特色经济产品,这就取决于作为从事经济活动的主体素质能否吸纳和掌握世界上一切先进的生产技能、科学技术成果和精到的管理经验,能否不断作出领先世界水平的科技创新和经济创新。只有这样,才能具备争取经济环境公平的发言权。同时,经济发展的良性格局从来就是一个开放性的系统,因此,发展经济需要建立广泛的、世界性的经济交流与经济合作关系,互利互补,共同发展。一旦经济系统被封闭,切断了同外界的物质、能量、信息的交流与互动,经济发展的后路就将遭到堵塞,从而也就没有了环境公平可言。

4. 尊重民族特色文化,实行世界性的文化交流

不同的地区和民族,都具有自己独特的民俗和文化传统,在拥有和享受本

民族文化的意义上来说,每个民族的文化都是平等的,彼此没有高低贵贱之别。因此,每个民族都具有独立自主地发展本民族文化的自由和权利。同时,随着马克思所预见的"世界历史"性时代的临近,将必然发生"地域性的个人为世界历史性的、经验上普遍的个人所代替"①。这样一来,各民族之间的文化交流与相互借鉴,不仅是必要的,而且是不可避免的。

第三节　环境伦理的构建与实施途径

建立可持续发展环境伦理观具有普遍的现实意义。由于可持续发展是在现有国际关系原则框架内达成的共识,它的基本思想不仅已为世界各国政府所采纳,而且也被世界广大公众所接受。所以,在当前环境伦理体系尚未获得统一的情况下,可持续发展环境伦理观可以提供较大的空间,容纳不同的环境伦理学说,在不同层面上起到指导人类保护环境实践活动的作用。因此,可持续发展的环境伦理观在理论上和实践上都具有很大的优势。

但是,由于可持续发展的思想非常富有弹性,不同的人可以对"可持续"的含义作任意的解释,从而使得可持续发展环境伦理观在理论上有很大的空间去相互磨合。同时,由于世界各国经济发展的不平衡,难以用单一的伦理模式覆盖世界上的全部国家和地区。所以,可持续发展的环境伦理观的建立是一个逐渐完善的过程,还有很长的路要走。它不仅需要在理论上逐渐成熟,而且需要在长期的环境保护实践中逐步探索,并在反复检验中不断提升。

一、兼容大地伦理的环境伦理

环境伦理学的理论方法,可以粗略地概括为伦理道德意义上的"类"与"共同体"的"善"向自然的扩展。其理论论证的逻辑起点可分为从自然出发和从人的规定出发两大类型,分别表现了西方分析哲学与形上哲学传统的影响。环境伦理学在西方有其思想和观念基础,但从理论和逻辑论证来看,还存在根本性的问题。系统和深入地总结、反思环境伦理学的理论方法、思想基础

---

① 《马克思恩格斯选集》第 1 卷,人民出版社 1995 年版,第 86 页。

与论证逻辑,对更加深入的研究具有重要意义。

当前,中国的人地矛盾十分尖锐,中国的人口正以每年近1500万的速度递增,而耕地却在以每年800万亩的速度减少,一增一减,形势严峻。缓解之计,一是靠粮食进口,二是靠化肥农药。而这两种办法都不是万全之策,均不可持续。因为,以中国的人口之巨,进口粮食难以支撑这样庞大人群的用粮问题;而化肥农药,虽然近期效应明显诱人,但土壤的全面破坏、肥力衰竭以及随之而来的粮食安全则大成问题。在连年人口增长的压力下,耕地面积却急剧锐减,其直接原因是大量农田被用于基本建设,主要用于城市建设。一是新增城市用地数量巨大。据国家统计局2009年9月16日发布的报告显示,我国城市数量已从新中国成立前的132个增加到2008年的655个,城市化水平从7.3%提高到45.68%。我国100万人口以上城市已从1949年的10个,发展到2008年的122个。二是原有城市成几倍或十几倍、几十倍地扩建。三是农村的厂房、民宅基本建设用地占地数量同样不可忽视。这样一来,无论是规划批地或违规占地,都在共同催生城乡基本建设蚕食耕地、围挤人的生存空间的态势急剧蔓延。现在看来,伴随"高楼平地拔起"的是"良田楼下沉寂",一时的经济繁荣背后却酿造着百年生态忧患,那种把城市的新建与扩建盲目地当做好事或喜讯,而不同时考虑其中的生态灾难,显然是有失偏颇的。

在如何全面评价传统农业以及中国农业的发展战略问题上,著名后现代农学家、澳大利亚国家级工程"绿色澳洲项目"主任大卫·弗罗伊登博格曾经作出了中肯的分析、比较和建议:"虽然现代农业暂时解决了养活65亿人的问题。但是,现代农业没有解决土壤侵蚀、土壤盐化以及农村贫困问题。更有甚者,现代农业虽然支撑着现代城市和经济,它却依赖矿物能源(煤、气和油),因此其基础摇摇欲坠……难道中国真的渴求发展与澳大利亚和美国相同的'现代'农业吗?如果真的那样,那么,中国充分'现代化'的农业只需要1300万农民(中国人口的百分之一)。充分'现代化'的农业工业会让大约8亿人继续向业已拥挤的大城市大规模地迁移。这一迁移会迫使中国再建80个像北京、上海那样能容纳1000万人的城市。正如人们所见,这在美国、欧洲的大部分国家以及澳大利亚(它是全球最城市化的大陆)是可行的。然而,中国需要80个巨型城市吗?或者说,是否存在着一种适于中国的后现代的未来？就像世界上很多地方一样，对于澳大利亚的很多地方来说，要挽回局面已为时太晚。森林已经消失，剩下的是贫瘠的土地和遭罪的农民。我目前在'绿化澳大利亚'组织的工作就是帮助农民重新种植澳大利亚森林，以保持当地野生动物，恢复土壤肥力，改变河水质量。这将是一项长期的任务，需要新的思维和新的农业方法。现代农业不可能为澳大利亚提供将来。我们认为，中国别无选择，唯有发展一种独特的后现代农业。现代农业完全依赖矿物燃料，随后又要释放二氧化碳。它需要太多太多的人离开农村的家园，迁居到本就人满为患、遭到污染的大城市。现代农业是靠过去 100 年的发明创造发展起来的，它不可能以它现在的形式再持续 100 年了，更不消说 1000 年。必须发明一种后现代农业。"①这些分析和建议都十分认真、严肃，而贴近中国实际。

二、环境伦理与环境教育

生态环境的治理、建设与可持续发展，并非一朝一夕之事，而是需要几代、十几代乃至几十代人的坚持不懈的艰苦努力。人类要实现可持续发展，必须树立新的生态理念和环境意识。这就需要通过教育来建立作为未来公民的学生的环境素质和生态价值观，深刻了解人与自然的互动，培养对环境的尊重及解决环境问题的能力。

工业文明以来，以利润为主干的价值体系一直主导世界潮流，举凡经济、政治、社会制度、文化教育和科技发展以及工商各业，无不把如何有利于获取经济效益为思考重点。因此，人们不断追求经济增长、膨胀物质消费，并把现代科技推上至尊地位，以为市场经济可以拯救中国的经济落后，科学技术足以解决任何问题。但是，市场经济本身也有其历史局限性，它一方面在一定历史时期和一定程度上可以促进经济社会的发展；另一方面，市场经济由于其利润铁律，必然导致竞争、投机和垄断，而对于一切短期内无利可图的环保事业并无太大兴趣。于是，片面的经济发展必然导致生态环境的恶化。

---

① ［澳］大卫·弗罗伊登博格：《中国应走后现代农业之路》，周邦宪译，《现代哲学》2009年第 1 期。

因此,若要改善环境质量,就必须重新探讨人类对环境的价值观,建立新的环境伦理。长期以来,人们一直将"价值"局限于金钱或商品的市场价值。因此,在面对经济开发及自然保护的两难困境时,往往忽略环境保护,忽略保护物种以及自然的奠基意义及其观赏和文化价值。人类以"万物之灵"、"宇宙万物的主宰"自居,相信以人类的智慧足以改造世界,从而忽略了人类其实只是自然生态系统的一分子,与其他生物及非生物有着相互依存的密切关系。现代人类虽然运用科技极大地改造了环境,但是大量的开发及滥垦、滥捕、滥杀造成了大量物种的灭绝,其结果严重影响了人类赖以生存的生态系统,给人类带来了无穷的生态环境灾难。

这就需要通过教育,使学生、使后来人深刻了解人与自然和谐共存的密切关系,树立热爱自然的环境意识和可持续发展的生态价值观;并且懂得经济增长本身有其极限,不是以科技至上和个人消费水准来判断生活质量和社会文明的发展程度。因此如何在各级各类的学校教学中增设和拓展生态环境教育的内容,关乎着实施环境教育的战略决策、保证节约能源、保护生态、热爱自然、优化环境事业的后继有人,是落实科学发展观的重大实践环节。

1. 从学科建设的高度,切实开展生态环境教育

生态环境教育要落实在教学中,其中教材的编写、选择与推行,是极其重要的基础性环节。当然,作为环境教育的教材,不限于课本的内容,近年来环境教育日益受到社会各方面的重视,辅助教材的出版如雨后春笋,有效地充实了生态环境教育的载体资源。但毕竟还只是补充教材,还没有正规的生态环境教育的教材能够登上教育的大雅之堂。

概略说来,生态环境教育应突出以下原则:

(1)生态环境的可持续原则。在人们的生存环境中,譬如在生产实践活动和生活消费活动中,凡是出现了不可持续的现象,比如水资源的利用、土地的利用、热能和其他资源的利用等,如果发生了不合理的开发和非循环的低效利用,都必然导致资源的匮乏,导致生态环境的污染破坏。这种不可持续的生态环境又主要是由人的活动引起的,那就是如同马克思所说的出现了"异化现象",就应该通过人们对于自身活动的反思,积极扬弃这类异化现象,复归到生态环境的可持续轨道上来。

（2）环境知识与生态文化相结合原则。生态环境教育不仅是关于人的环境伦理教育，而且其中必然渗透着各门综合知识的教育。因此，需要利用跨学科教学的教育形式，使学生得到综合素质的提高和自身能力的全面发展。

（3）通过实地考察增强生态忧患意识原则。生态环境教育不限于传统的课堂教学，同时必须因地制宜地利用机动灵活的形式，组织开展社会实践教学，参观生态环境方面的正面的和反面的具体事例，让学生接受实地的直观经验的教育，通过不同的亲身体验，加深对于治理和保护生态环境的重要性的认识，明确认识到建设良好的生态环境，不仅是重要的社会生产实践活动，而且在当今时代，环境需要将越来越成为人所面临的空前迫切的实际需要。

（4）回归自然的生态选择原则。自然是人的生存基础，俗话说"一方水土养一方人"，人的生存历来离不开与自然界的相互作用，在实践基础上，保护自然与保护人自身是彼此一致的。人类利用自己的智慧和力量改造自然、利用自然，是为了回归自然，与自然界和谐发展，而不是为了远离自然，把自己高高悬置于自然界之上。

"生态学"概念最早由德国动物学家海克尔于1866年提出，其含义是探讨有机体与周围环境的关系。后来，英国生态学家坦斯莱于1935年在《植被概念和术语的使用问题》一文中，提出了"生态系统"概念。他认为，有机体与其周围环境形成一个自然系统，不能把有机体与其环境彼此分开，整个自然系统不仅包括生物复合体，而且包括环境的全部复杂的自然因素。按照自然生态系统的思路，人们应该懂得从能量流动、物质循环、族群成长、物种繁衍等方面来阐明生物与环境的互动、生态系统中物种的相互依存以及族群生长的动态平衡关系。据此，在环境教育中让学生了解一些生态学方面的相关知识，将会有利于激发和鼓舞学生对自然环境的热爱、对自然资源的珍惜和对保护动植物的情趣。与之相反，一切反生态学的原则，都意味着如果人们破坏生态环境，就会直接或间接地影响其他的生命，影响人类本身，破坏生态环境就是在断绝人类生存之根。

当前，我们倡导科学发展观的价值指向，不仅重视生态环境的优化，同时也尊重人的全面需要。这个人与生态环境相统一的重要理念，既克服了单方面尊重自然环境的"自然中心论"的弊端，又克服了为了人、为了获取经济利益而不惜破坏生态环境的"人类中心论"的弊端。

2. 引导学生全面了解生态环境破坏的严重性

地球上正面临种种生态环境危机。例如：森林植被锐减、物种急剧减少、沙漠化蔓延、空气污染，水源污染、温室效应、酸雨成灾、臭氧层破损，等等。实际上，生态环境事件常常与人口政策、经济政策、文化教育、社会福利等因素密切相关。生态环境的治理和优化本身，是一项需要持之以恒的战略任务，这是需要几代、十几代乃至几十代人的不懈努力才有望奏效的事业。因此，生态环境教育就显得十分必要和迫切。通过有效的生态环境教育，培育具有生态理念和环境素质的时代新人，这是我们事业的希望，是生态优化和环境建设的希望。

人的生存与发展要可持续，生态环境要可持续，这是可持续发展原则的基本内容。在发达国家，不要凭借先进的科学技术手段去继续疯狂劫掠自然资源，污染和破坏生态环境，不要把自己的幸福建立在广大发展中国家人民的痛苦基础之上；在发展中国家，脱贫致富、发展经济需要遵循可持续发展的原则，既不要为获取一时的经济利益而破坏生态环境，又不要为了满足当代人的需要而断了子孙后代的生路。在人的需要结构中，除了基本需求之外，还有不断提高生活质量和生活品位的需要。但是，自然资源是有限的，节约资源和保护环境是现时代的人们无法回避的问题。由于不同国家和地区的经济社会发展水平和发展能力各不相同，所面临的实际生态环境问题各不相同。因此，在治理、优化和建设生态环境的活动中，所面临的具体任务、发展策略和采取的措施也各有不同。如：发展中国家在保护生态、改善环境的过程中，必须侧重于经济的发展，以保证人的基本生活需求的满足；而发达国家则应该在能源消耗和环境污染方面有所克制，为逐步缩小国际社会在利用自然资源方面的过于不均等的悬殊作出应有的努力。为了有效缩小差距，达到贫穷国家和富有国家尽量公平地使用自然资源的环境目标，有必要寻求国际合作，重新调整国际经济关系。

学生是未来的公民，他们注定要面临诸多环境问题和社会问题。教育是坚持可持续发展原则的重要保证，在学校实施生态环境教育的目标，在于培养能够解决环境问题的公民。传统教育对于这方面的问题重视不够，既缺乏生态教育理念,又缺乏生态教育的内容和方法,对此必须有清醒的认识,下决心尽快补上这极其重要的一课。

3. 进行生态环境调查与跨学科教学

生态环境调查与实施方式包括两个方面:个案研究与亲身经历。个案研究可借助于个别实例,了解环境状况的第一手资料,学习环境调查解决的方法、策略、过程和各种策略和目标的制定。个案研究常常能够激起学习者的兴趣,激发学习者的环境正义感。从个案中亲身经历是一种"在做中学"、"在实践中学"的有效方式,该方式具有直接性和实效性,是环境教育中简易可行、切实有效的方法。

环境教育是一种跨学科的科际整合教育,也可称之为一种"通识教育",非由单一科目、单一专长的教师所能胜任。环境教育的目标,在于培养受教育者对环境负责任的素质和行为,维护人的环境权利,竭尽人的环境义务,以不断优化环境、维持资源的可持续利用。具有全面性、系统性、通识性环境教育,需要有一种完整的、持续性的教育计划,以更有助于培养学生的生态理念、系统价值观和环境伦理素质,从而达到环境教育的目的。

环境教育的任务在于揭示人与环境的互动关系,培养对环境、对人类的热爱,对人的环境需要的尊重,对环境生产或环境建设的热忱以及为有效解决生态环境问题所需要具备的综合素质和能力。面对当今日益严峻复杂的生态环境问题,传统的教育理念、教育管理体制、教学内容和教学方法等,都已经远远不适应环境教育的要求。于是,环境教学不应该只限于知识的传授、资料的整理,而是需要突出问题意识,以解决实际问题为重点。国际自然保育联盟(IUCN)曾于1972年召开的国际环境保护与教育教师训练课程会议中,建议环境教育教学方法应包括:(1)在环境中教学,让学生置身于特定的自然环境并亲身去体察生态环境问题。(2)引导学生认识自然环境,除让学生自行观察、记录外,教师应指导学生进行环境指标分析与不同环境质量的比较。(3)组织和开展多种保护环境的教学活动,针对本地实际中的生态环境问题,引导学生进行独立的思考、判断及评价。

环境教育要从儿童做起,小学的环境教育教学的策略及方法主要包括两大类:在环境中教学和为优化环境而教学。其中又包括诸多具体的教学方法。

如组织师生对学校周边的生态环境进行实地调查,作出优化和改善学校环境问题为主的个案研究、小组讨论,举办环境知识、健康饮食和生态生活的各种知识问答或座谈会,利用适当时机和有效形式开展灵活多样的参观活动,履行保护环境的公益活动,把生态环境的优劣与个人能否健康成长彼此密切结合起来。

自然资源与生态平衡是生态学的主要课题,其中前者指的是生态系统的组成要素,后者偏重于生态系统的功能。然而,自然资源一词多以人为中心,指称人类所依赖的生物及非生物性资源。例如:动植物、空气、水、阳光、矿物等。由于资源本身的再生性和有限性,又分为再生资源和非再生资源。迄今为止,由于适合人类居住的星球仅只有地球,所以地球再生资源及非再生资源的多寡就决定着人类未来的命运。和人类依赖自然资源一样,自然生态系统内的生物与非生物,存在着物物相依的关系,如果其中的物种或非生物因子发生改变,就会影响其他的物种,在自然界可以承受、可以自行修复的限度内,整个自然生态系统仍会趋于平衡、稳定,维持着一种动态平衡的常态。

根据物种与环境间的相互影响及生态平衡关系,探讨物质循环、能量流动与族群成长等的基本生态定律,属于环境教育的重要内容。特别是针对能源这一话题,阐明自然资源的可再生性与不可再生性,以及人们在使用能源的过程中可能产生的副作用,如空气污染、酸雨等;根据人口数量和人均消耗量的增多这两个人为因素,探明破坏自然生态系统平衡、耗竭自然资源的生态现状和进一步恶化的趋势,强调提醒人类控制及节约使用自然资源的重要性。

户外教学对一般教师并不陌生,它是环境教育的重要一环。户外教育是一种让学生走出教室,亲身体验自然及了解现实社会生活的教学活动,也是一种有系统、有计划、有目标导向的教学活动。在传统的教学方式中,学生的学习往往局限于教室,仰赖教师的口述、板书或从书本上获得。因此,学生缺乏与大自然的接触、与社会实际生活的接触,无法建立起与大自然的感情互融,难以感受和体悟大自然的演化变迁的秘密。这样一来,课本上的知识也难以得到实际经验的应用,难以融会贯通。环境教育是行动的教育,感性的教育,实践的教育,不只是概念的认知,所以更需要学生走出教室、亲身经验与体悟。

4. 培养学生健康、环保的生活习惯和消费方式

人的日常生活中的能源消耗,不限于一日三餐的生物能源摄入,更在起居(保暖、清洗、娱乐等)行为等多方面的消耗,在于日常生活习惯对能源的利用和对环境的影响。目前的能量来源主要依赖煤、石油、天然气、水力等,这些能源称之为传统能源。此外,太阳能、风能、核能等是近年来发展的新能源,其中核能产生的能量大。但如果发生核能事故,则会产生极大的破坏性灾难,致使现代人对其若即若离,又爱又怕。面对传统能源的有限性以及利用过程中对环境的污染破坏,探寻和发展新的替代能源,乃是节约能源、保护生态环境的有效路径。

三、孕育生态文化与建设生态文明

尊重自然价值,保护生态环境,需要人们具备理论自觉和文化情怀,这就需要从以下几个方面做起:

1. 明确人在自然生态系统中的角色定位

在不同的历史阶段,人在自然生态系统中具有彼此不同的历史定位。人类社会的早期,人处于对于自然和对于族群的依赖关系之中,缺乏人的自主性、独立性和能动性,人与自然的关系呈现为自然强势和人类弱势的状态,人的命运在很大程度上受制于自然的摆布。这时候,人类每从自然界索取到一定的生活资料,就标志着人类文明前进了一步。人类历史进入到工业文明的大机器生产时代以后,虽然人与自然的作用方式得以延续,但是二者的力量对比却发生了根本性变化,即逐步从自然强势和人类弱势的关系结构转向人类强势和自然弱势的关系结构,当这种人类强势超过了一定的限度,亦即超过了自然的承受限度,生态环境危机就发生了,甚至恶化到导致人与自然两败俱伤的地步。在这种形势下,人类就需要清醒地反省和审视自身的活动方式究竟发生了那些偏差? 人类所遭遇的生态环境问题中有多少是由于人的活动所导致的? 当今时代,人类需要从不断壮大自身征服自然的能力,逐步转向适度克制或限制自身,从向自然进攻转向亲近自然,从单纯开发利用自然转向兼而保护自然。这样的"开发富源,兼容天下"的自然情怀和生活境界,就是一份宝

贵的生态文化财富。

生态文化的生成过程,不仅具有纵向的历史性特征,而且具有横向的区位特色,即不同地域的生态文化都具有自身的特殊性,诸如海洋生态文化、平原生态文化、山地生态文化等,各有其特点。我国是世界农业大国,因此随时代而不断更新的农业文明居于特别重要的地位,平原生态农业、海洋生态渔业、山地生态林牧业等经济形态,将在我国未来的发展战略中具有特别重要的意义。

2. 明确发展经济与保护环境的内在关系

长期以来,在全球范围内从西方到东方,酿成了一个颇具普遍性的经济发展模式,即发展经济与保护环境势不两立的模式。在这种经济模式下,人们普遍面对着两难选择:要么发展经济赌上环境代价,要么在保护环境中维持原始经济或落后经济。这在许多人眼里是富与贫的抉择。发展经济与保护生态环境之间果真是如此地势不两立吗? 问题的症结究竟何在? 这是在生态文化自觉和建设生态文明的过程中必须正确回答的问题。

一方面,工业文明时代的经济实质上是一种生态文化缺失和环境伦理缺失的经济。在大工业经济扬弃前工业经济的过程中,人与自然的关系全面地被扭曲了,经济利益最大化的目标追求,膨胀了人的欲望的无限性,遮蔽了自然资源的有限性;工业大机器装备起来的人们,在生产活动中对自然界造成了毁灭性的破坏;随着社会财富迅速地向少数人集中,大工业经济同时具有了反生态、反正义、反人性的属性,从而必然导致自然的异化与社会的异化同步滋生。

另一方面,保护生态环境,建设生态文明本身,也同时具有切实的经济意义。优化、治理和建设生态环境的过程本身,并不像人们长期以来所误解的那样,一定与发展经济背道而驰,而是在本质上彼此相依、相互规定、相互补充的内在统一关系。优质的生态环境,是经济发展的重要基础条件,是满足人的经济需要、环境需要和保证人的生活质量的重要内容。假如生态环境遭到了致命的破坏,自然资源严重匮乏,那么,经济发展就必然难以持续,甚至会完全断绝经济发展和人类生活的后路;凡是赌上环境代价换取一时的经济发展的地区,经济本身的质量和后果都迟早会大成问题。比如,在水污染、土壤污染和大气污染特别严重的地方,其农产品的质量都已经发生了全面的蜕化,食用这些农产品就会直接影响人的生活质量,人体健康和生命安全都难有保障;优良的生态环境意味着自然资源的有序利用,意味着人的经济需要和环境需要得到了比较充分的保障,不仅人的经济生活质量得到了保证,而且人的环境权利、生态文化、审美愉悦和生活境界等都达到了一个较高的层次。

3. 明确环境伦理在生态文明建设中的重要作用

所谓生态文明建设,当前人们业已达成共识的内容主要包括人与自然的和谐共处,人与人的群体和社会和谐共处,人与自身的活动成果彼此协调。人自身的活动成果不仅有利于人自身,同时有利于社会、有利于自然生态环境,于是,自然界——人及人的社会——自然生态系统就是一个彼此和谐共生、全面可持续发展的有机系统整体。为了实现这一美好理想目标,环境伦理建设就是一个不可或缺的重要条件。就人类本身来说,环境伦理建设主要是改善人与自然的关系,在保障人的环境权利的同时,要求人本身尽其关爱自然的环境义务;就自然环境本身来说,环境伦理建设的目标在于矫正工业文明以来人类对于自然资源的过分开发和消耗,治理环境污染,维持生态平衡,保护物种多样性,实现人与自然的和谐共处。

当前,自然资源和人的环境需求的分配不公普遍存在,发达国家与发展中国家在关于自然资源的占有和利用方面存在巨大悬殊。因此,在治理生态环境过程中,需要在世界范围内加强环境伦理建设。一方面提高全人类的生态理念和环境意识,增强人们在生态环境问题上的道德自律;另一方面,在环境伦理建设中开展各种形式的国际合作,加强国际环境立法和舆论监督,把环境伦理的软约束和环境立法的硬约束有机统一起来。

4. 明确环境伦理建设对于人类自身发展的重要规定性

与人的自然属性和社会属性相对应,人自身的现实生成和全面发展就需要同时呼唤人的自然自觉和社会自觉。在人的自然自觉的活动过程中,人需要尊重和保护自身的自然资源和自然力,尊重和爱护外在的自然资源和自然力;在人的社会自觉的活动过程中,人需要尊重个人的社会权利和他人的社会权利,并且在维护人的一切正当权利的同时,履行自己的环境责任和社会义务。

现代工业文明以来生态环境的全面恶化,标志着人的环境权利、环境义务或环境责任的缺失,或者说是人的环境文化素质和生态良知的严重缺失。环境文化缺失的重要表现首先在于,人们在实践活动中,特别是在与自然界打交道的过程中,对于人的环境权利的否认、侵害和剥夺。需要强调指出的是,否认人的环境权利与侵犯、剥夺人的环境权利是性质不同的两个问题,前者在于彻底否定或取消了人作为自然生态系统成员的资格,于是,就根本谈不上所谓人的环境权利的问题。在现实生活中人的环境需要、环境权利至今尚未被认可、被重视,其根本原因,就在于对人的环境权利的否定,是对于人的自然生态系统成员资格的剥夺。因此,大量污染破坏生态环境的行为主体(包括决策个体、行为个体和行为群体等),不是仅仅对于人的环境权利的剥夺或侵犯,而是否认了人之为人的资格。这正如米尔恩所指出的那样:"否认人权的存在与侵犯人权之间的区别至为关键。事实上,是人权被否认给予某些人,而不是人权被侵犯,才会与一个纯正的世界人类共同体的存在不相适应。因为被否认享有人权的那些人因此被剥夺了成员资格。虽然对任何人权的侵犯总是道德上的错误,但至少还存在补救的可能性。侵犯人权行为的受害者并没有被否认作为人类成员伙伴的身份。"①

总之,人与自然以及人与社会之间的关系,从来都是双向的或相互的,有理性的文明人在对待自然界和社会的关系中,应当遵循"得其应得"和"给其能给"的伦理原则;同时,社会不仅是人生存和发展的条件和环境,而且是多种力量整合的主体形式。因此,作为社会主体,它对于人和自然界也应该遵循"得其应得"和"给其应给"的伦理原则,而不能从自身单方面的利益出发,把某些有害于人或自然界的东西强加于对方。这应当是环境伦理的基本原则,是生态文明建设的基本要求。

---

① ［英］A. J. M. 米尔恩:《人的权利与人的多样性——人权哲学》,夏勇、张志铭译,中国大百科全书出版社 1995 年版,第 164 页。

第五章

自然价值与人的生存

　　人既是自然存在物，又是社会的自然存在物。随着人与自然、人与人的交往关系的全面发展，人类开发、加工、利用自然资源的方式和效果将随之发生根本变化。在反思工业文明、走出生态危机的过程中，人们将在理论上和实践上努力把整个自然界变成人类的朋友，并逐步学会与自然界"交朋友"，把自然资源加工成精神艺术品，从而促成人与自然的双重价值的应然生成，把人的本质视为自然本质与社会本质的统一，经由实践中介促成人与自然的和谐共处。

第一节　自然界：人类活动与生活的基地

　　自从有了人类史，在人的对象性活动的基础上，先在自然向人化自然的转变就一刻也没有停止过。关于先在自然，虽然人们对它说不出什么，也全无任何的选择可言，但是，它却对于人的意义世界或现实生活世界具有绝对的优先性，换句话说，人们生来所面对的先在自然，完全是外在地给予的。然而，先在自然一旦同人发生了这样那样的联系或关系，在与人的相互作用、相互影响的过程中，它就不再是先在自然或自在自然了，而转变成了人化自然。于是，人化自然就成为人的世界或人的生活的一部分，与之相应，人本身就成为自然界的一部分。

一、自然界是人的活动基础

自然界是人类生活与活动的基础,是人类以实践为中介从中获取生活资料的永恒基地。自然条件或自然资源"可以归结为人本身的自然(如人种等等)和人的周围的自然。外界自然条件在经济上可以分为两大类:生活资料的自然富源,例如土壤的肥力、鱼产丰富的水域等等;劳动资料的自然富源,如奔腾的瀑布、可以航行的河流、森林、金属、煤炭等等。在人类文化初期,第一类自然富源具有决定性的意义;在较高的发展阶段,第二类自然富源具有决定性的意义"①。自然资源从来就是人类生存的必要前提,人与自然的相互作用、相互生成是人类生活的基本内容。

20 世纪 70 年代以来,工业文明把全球带进了环境污染日益严重的时代。从理论层面突出探讨人与自然的关系问题的生态哲学,把反思、批判和超越近代以来资本主义的工业文明,探索、选择和前瞻人类走出"全球问题"困境的可能性路径,作为哲学的时代话题,从而标志着生态哲学就是"入世"哲学。当今中国,把生态哲学作为科学发展观的理论基础,日益受到学术界和全社会的普遍关注。深刻反思和矫正工业文明以来的实践误区,切实把科学发展观引向现实生活层面,成为当今中国的理论主题和实际需要。

从伦理层面说来,人在自然界面前常常扮演着"二重性角色":既"伟大"又"渺小";既可能对自然界施之以"善行",又可能对自然界施之以"恶行"。一方面,被现代化武装起来的人们,其能力足以移山填海、改天换地、拦河筑坝、劈山开矿,贪婪地向自然界索取自己想要的一切;另一方面,人作为自然属性与社会属性的统一体,其本身的生成过程就内在地包括自然选择的结果,人类的生存不可能僭越"自然法则",正如人的身体构造和生理机制在本质上是从属于自然界运行的整体法则一样。由于现代人类对这一生态法则的完全忽视和蛮横践踏,生态环境恶化的趋势仍在继续。罗马俱乐部会长奥瑞里欧·贝恰正是在这种意义上断言:"人类现在正朝着错误的方向前进。"②

---

① 马克思:《资本论》第 1 卷,人民出版社 2004 年版,第 586 页。
② [日]池田大作、[意]奥瑞里欧·贝恰:《二十一世纪的警钟》,卞立强译,中国国际广播出版社 1988 年版,第 155 页。

在人与自然的关系问题上,马克思很早就明确拒绝"人类中心论"和"自然中心论",他曾经深刻揭示了"异化劳动"条件下新陈代谢链条的断裂:"资本主义农业的任何进步,都不仅是掠夺劳动者的技巧的进步,而且是掠夺土地的技巧的进步,在一定时期内提高土地肥力的任何进步,同时也是破坏土地肥力持久源泉的进步。"①当今"全球问题"愈演愈烈,清楚地昭示一个真理:人们不能不顺从大自然的法则,听从大自然的摆布,逆来顺受地接受一切自然选择的"报复",诸如沙尘暴的肆虐、大气的恶化、水源的污染、酸雨的袭击等难以避免的厄尔尼诺现象和拉尼娜现象。

工业文明所导致的人与自然双重异化的负效应,在感性经验层面大致可以扼要地罗列如下。

第一,土地荒漠化、沙漠化、贫瘠化。工业用地和工业生产致使土地污染,土壤退化,可耕地大面积锐减,由于人类长期施用化肥、农药和其他化学制剂,破坏了土壤结构,连带了农产品的普遍污染。

第二,大量物种濒临灭绝。工业化大规模侵占了自然空间,引起自然生态系统的严重退化和物种的灭绝。雷文(P. Raven)曾经证实:每一种植物灭绝后,就会有十几种依赖于这种植物的昆虫、动物或其他植物随之灭绝,而这种连锁反应会将灾难扩大到整个生态系统(加快物种的减少速度)。

第三,气候异常,洪水、干旱、飓风肆虐,臭氧层淡薄或出现破洞。工业污染大面积破坏植被,工业废弃物损坏了亿万年形成的气候环境,导致温室效应,特大自然灾害频发。

第四,资源匮乏、能源危机。在现代化科学技术装备下,工业化大生产以空前的手段索取自然资源,大量消耗能源,致使自然资源的供给难以为继。

第五,地下水位下降、河水断流、江河污染、空气污染。工业化无限制地开采挖掘,大量排泄排放废水废渣废气,致使整个生态系统面临崩溃。据世界卫生组织的一项调查显示,全世界 80% 的疾病是由于饮用被污染的水而造成的。

第六,粮食危机、饮食安全危机、"隐性饥饿"波及全球。在大工业挤压农

---

① 马克思:《资本论》第 1 卷,人民出版社 2004 年版,第 579—580 页。

业的经济格局中,加之人口压力,世界性粮食危机正在威胁人类。当代人类摄取的食物中,有益微量元素普遍下降,有害污染物迅速增加,许多现代病就这样地"病从口入",人的健康和生命安全受到威胁。农业生产的工业化,不仅作物和牧草的多样性急剧减退,而且由于化肥、农药和工业添加剂的大量施用,饮食中不仅严重缺乏原有绿色生态食品中所含的有利于健康的维生素、矿物质和微量元素;同时,为了增加产量,食物中还富含有害健康的化学元素或激素。于是,尽管人们有相对足够的食物摄入,但却普遍缺乏营养,"隐性饥饿"现象却几乎遍及全世界,尤其在发展中国家成为严重的社会隐患,致使人的发育不良或生理、智力发育缺陷。这就不能不撩拨起人们对于亲近大地的传统农耕文明的追慕与留恋。

无论在何种历史条件下,只要人们保持与自然的和谐共处关系,就可能有一个有利于自身的较好的客观物质基础;反之,如果人与自然的关系出现了裂痕、对峙和冲突,人类就最终难逃遭受自然法则惩罚的厄运,现实生活就会遭遇到种种难题。多年来,在经济全球化的潮流中,只要沿着以违背自然法则、赌上环境代价、破坏生态平衡的道路发展经济,不管实际上暂时能够取得多么令人陶醉的经济效益,出现多么令人引以为自豪的经济繁荣景象,但迟早总会要面临问题丛生、生态灾难频频降临的困境,当今的国际性的金融风暴的深刻症结之一,就在于生态环境的全面溃塌,从而引发经济的不可持续。中国的大量事实也说明,撇开生态环境抓经济,把发展经济同环境保护彼此对立起来,把追求 GDP 的增长同关注民生的关系彼此割裂开来,到头来总是难以避免越忙越乱、问题不断、捉襟见肘的窘境。这是一种人类生存基础的溃塌,任何撇开人与自然的基本矛盾关系而在枝节问题上的修修补补,都将无济于事。

二、生态环境质量是人本身发展程度的标志

长期以来,学术界在人的本质问题上一直是重人的社会本质而轻人的自然本质,并认为人的社会本质高于和优于人的自然本质。这就助长了人与自然彼此隔离和相互对峙的倾向,并把自然界单纯视为供人类占有和利用的工具。工业文明所导致的人与自然双重异化的负效应,除了感性经验层面的内容以外,更加深刻的异化现象还表现在精神文化层面上。在人与自然界的相互作用中,完全应该对人类提出"道德伦理"的要求,让更多的人能够尽量以生态"良知"和"理智"的道德立场对待自然万物。人一旦具备了追求生态文明价值的环境伦理素质,他也就具有了"对象性的本质力量的主体性……它所以只创造或设定对象,因为它是被对象设定的,因为它本来就是自然界。因此,并不是它在设定这一行动中从自己的'纯粹的活动'转而创造对象,而是它的对象性的产物仅仅证实了它的对象性活动,证实了它的活动是对象性的自然存在物的活动"。而这种"彻底的自然主义或人道主义,既不同于唯心主义,也不同于唯物主义,同时又是把这二者结合起来的真理。我们同时也看到,只有自然主义能够理解世界历史的行动"①。沿着马克思的这一理论路向,我们就需要把人的本质看做是自然本质和社会本质的有机统一体,逐步增强人文价值与环境价值的互补性,降低二者的互斥性,逐步拓展双重价值相互依赖、"互为内在"的统一关系,克服双重价值"互为外在"的对立关系。

没有文化的经济是建立在沙塔上的经济,失去环境品位的发展是没有前途、不可持续的发展。当今时代条件下的生态文明建设,急需过滤、审视、防止和抵御反生态的世界性经济潮流的侵袭,深刻反思和矫正工业文明所带来的"社会异化"和"自然异化",把发展经济和保护环境有机结合起来,用兼顾自然价值和社会价值、环境价值和经济价值、近期价值和历史价值相统一的系统价值观,逐步代替狭隘的单一经济价值和只顾眼前利益的片面价值观,认真实施环境治理和环境建设的基本工程,在满足人们的物质生活需要、精神生活需要和环境生活需要中与大自然和谐相处。实际上,人与其他自然物的本质区别,正在于人不是生态系统中一般的本能意义上的消费者,而是生态系统的理智的参与者、建设者、调控者、维护者。正如人们违背道德底线就要犯法,从而引起"人的异化"一样,超越自然底线就要违反自然法则,引起"自然的异化",即自然界受到来自人类的令其难以承受的"征服和改造",从而呈现出对于自然生态系统和人本身的负价值,这既是自然界本身的蜕化,也是自然界对人的"报复"。因此,把治理建设一个和谐的生态环境视为"利在当代,功在千秋"的百年大计,积极发展生态经济、无公害经济,建设既有利于自然、又有利于人

---

① 《马克思恩格斯全集》第 3 卷,人民出版社 2002 年版,第 324 页。

类的生态文明,是当代合格的"生态人"的历史责任和神圣权利。

一个多世纪以前,马克思曾经把指导他本人研究工作的总的结果作出了如下精辟概括:"人们在自己生活的社会生产中发生一定的、必然的、不以他们的意志为转移的关系,即同他们的物质生产力的一定发展阶段相适合的生产关系。这些生产关系的总和构成社会的经济结构,即有法律的和政治的上层建筑竖立其上并有一定的社会意识形式与之相适应的现实基础。物质生活的生产方式制约着整个社会生活、政治生活和精神生活的过程。不是人们的意识决定人们的存在,相反,是人们的社会存在决定人们的意识。社会的物质生产力发展到一定阶段,便同它们一直在其中运动的现存生产关系或财产关系(这只是生产关系的法律用语)发生矛盾。于是这些关系便由生产力的发展形式变成生产力的桎梏。那时社会革命的时代就到来了。随着经济基础的变更,全部庞大的上层建筑也或慢或快地发生变革。"①马克思的这一思想资源,对于我们今天的新农村建设仍然具有重要的参照意义,我们绝不能再像过去那样,撇开生产力的现实状况,一味地热衷于做生产关系和上层建筑的文章,抱着美妙而不切实际的幻想,单方面地让生产力围着生产关系转、经济基础围着上层建筑转,结果难以走出贫穷落后。

展望未来中国经济前景,生态环境问题将成为制约经济的瓶颈。回顾历史可知,每个时代都有自己的中心话题。革命战争年代,中国人民不进行革命就没有生路,革命成为那个时代的中心话题;革命胜利后,掌握了政权的中国人民要过上幸福生活,走社会主义道路,不搞经济建设不行,解放生产力、发展经济曾经是改革开放以来的中心话题;跨世纪的中国人民现在越来越认识到,我们面临的许多新情况、新问题层出不穷,其中,制约经济的重要因素,集中在生态环境问题上。走社会主义道路不发展经济不行,发展经济不抓保护治理生态环境不行。从人本身审视生态环境问题的根源,实质上是个文化问题,事实反复警示我们:没有文化的经济是建立在沙塔上的经济,是没有希望的经济。

---

① 《马克思恩格斯选集》第 2 卷,人民出版社 1995 年版,第 32—33 页。

三、自然界是人类活动必须借助的重要力量

从现实的人及其现实的社会生活出发,马克思发现,自然界是人与人联系的纽带,是人的现实的生活要素,是人的存在的基础;通过人的实践活动中介,人的自然的生成与自然的人的生成便相互过渡,互融为一个有机过程。因此,"整个所谓世界历史不外是人通过人的劳动而诞生的过程,是自然界对人来说的生成过程"①。对于这里所涵摄的丰富内容,可以作出如下的解读:

第一,人的生活不能脱离自然基础。人类的早期,曾经直接从自然界索取自己生活的必需品,以至于我们可以把自然界视为早期人类之母;随着人类步入文明时代,人们开始用先进的生产手段加工自然物,以获取日益丰富的生活资料。离开自然界,或者自然界出现了可怕的裂变,人们的生活就难以为继。

第二,自然界不仅是人类可靠的"衣食父母",而且是人类生产活动的"伙伴"或"合作者"。马克思曾经指出:"人在生产中只能像自然本身那样发挥作用,就是说,只能改变物质的形式。不仅如此,他在这种改变形态的劳动本身中还要经常依靠自然力的帮助。因此,劳动并不是它所生产的使用价值即物质财富的惟一源泉。正像威廉·配第所说,劳动是财富之父,土地是财富之母。"②人们要顺利获得自然力的帮助,就必须尊重自然物的尺度,在正确把握自然规律的基础上,为自然规律在有利于人类的意义上发挥作用积极创造条件。

第三,人与自然的相互生成,致使二者无论是在本体论意义上,还是在生成论意义上,都难割难分,彼此相互规定。人实现自身的现实活动过程,从来都立足于一定的自然基地之上,并依靠人与自然之间的相互过渡、相互生成关系,实现自身的价值目标。因此,在现实的社会生活中,几乎没有办法分清哪是自然的,哪是社会的,在这里,人的自然的生成与自然的人的生成相糅并生,浑然一体。

---

① 《马克思恩格斯全集》第 3 卷,人民出版社 2002 年版,第 310 页。
② 马克思:《资本论》第 1 卷,人民出版社 2004 年版,第 56—57 页。

第二节　自然价值与人文价值的关系

一、自然价值与人文价值的相斥关系

工业文明以来的大量经验事实证明，人与环境、人文价值与自然价值之间的互斥性与互补性同时并存，并且随着人对自然界作用手段的日益强化和提升，人在自然界面前变得越来越不够谦虚和理智了，不仅越来越失去了对自然界的"归依感"和"感恩意识"，而且变得越来越有几分"疯狂"起来，践踏自然资源，杀灭动植物，毁坏自然的价值。这就不仅给自然界带来了致命的威胁，同时在深层的和长远的意义上，日益切断了人类自己生存和延续的后路。现实生活中的人，没有个体能动性、独立性不行，但是个体性的过度膨胀、过度轻蔑和毁坏环境也不行。从生态系统的角度看问题，"那些违背环境伦理的行为比那些违背传统伦理的行为要危险得多，因为它将危及许多代人……民意调查一再显示，喜欢环境保护的人数与喜欢有污染的廉价商品的人数的比例是二比一；而大多数人，不论身份地位如何，都会同意，必须不惜一切代价保护处于危险之中的环境的完整性。但是，如果没有一项把最低限度的环境道德转化为法律的政策，这是难以做到的。我们不能指望工业企业会主动考虑其行为的长远影响，更不要指望哪个工业企业会单独这样做，除非政策能够加以干预，使所有的工业企业都一致行动；而且，即使是一致行动的工业企业的行为，也必须要接受更大的社会利益的制约"①。

有人把人类灭绝物种的反生态过程，视为"物竞天择，优胜劣汰"的物种进化法则，这显然是为破坏生态、污染环境的"恶行"作辩护，体现了"自然工具论"或"人类中心论"，是继续加剧生态危机的遁词。如果人的行为对于自然生态系统作出过分的无序干扰和破坏，频频造成物种的非自然灭绝，那正是"全球问题"的根源。雷文（P. Raven）曾经证实：每一种植物灭绝后，就会有十

---

① 　[美]H. 罗尔斯顿：《环境伦理学》，杨通进译，中国社会科学出版社 2000 年版，第376—377 页。

几种依赖于这种植物的昆虫、动物或其他植物随之灭绝,而这种连锁反应会将灾难扩大到整个生态系统(加快物种的减少速度)。在这里,需要严格区分"人为灭种"与"自然灭种"的不同性质和作用:"由人类的侵犯造成的人为灭种,与自然灭种是根本不同的。有关的差异使得二者的道德意义截然不同,就如同自然原因引起的死亡与谋杀不同一样。自然灭种对物种尽管有害,但在生态系统中这绝不是坏事;它是生态系统向前发展的窍门。物种参与了共同的生命之流,但又被生命之流抛弃,正如个体参与了生命的物种之流但又被物种之流抛弃一样。这样的灭种在物种的形成过程中属于正常的更新。"①一切人为灭种在实质上都是对于正当自然价值的粗暴践踏与毁灭,从而严重威胁整个价值系统的有序运行。

二、自然价值与人文价值的互补关系

在自然创造生命的进程中,人类是生命系列中的"晚辈"和迟到者,即使宇宙中唯有人类是有理性的,能够创造自然系统所不能创造的许多"高级价值"形式,但他们仍然时刻需要进行理智的价值角色定位:人们用以创造价值的生命基质和能力素质,在源头上乃是大自然所赋予的,他们之所以能够创造价值,首先是在自然界创造他们的生命基质的基础上才有可能。现代西方"生态中心论"伦理学创始人利奥波德认为,我们不应该把自然环境仅仅看做是供人类享用的资源,而应当把它看做是价值的中心。生物共同体具有最根本的价值,这应当成为人生伦理和道德情感的指导,以便把社会良知从人类扩大到自然生态系统和大地。

在生物圈的系统链条中,低端生物的生存繁殖,为高端生物的生存与发展提供必要条件,每一个生命有机体都是一个价值的有效增殖器,其中并不一定要理性的渗入和导向。罗尔斯顿认为:"某些价值是客观地存在于自然界中的,它们是被评价者发现的,而不是被评价者创造的……某些价值是已然存在于大自然中的,评价者只是发现它们,而不是创造它们,因为大自然首先创造的是实实在在的自然客体,这是大自然的计划;它的主要目标是要使其创造物

---

① [美]H. 罗尔斯顿:《环境伦理学》,杨通进译,中国社会科学出版社 2000 年版,第 210 页。

形成一个整体。与此相比,人对价值的显现只是一个副现象。"①例如:一棵树,为了汲取水分和养料,而深深扎根于更加肥沃、更加适宜自身生存的土层之中;一只蚂蚁,为寻找面包屑而四处奔走;沙壳虫像蜗牛那样,用沙粒建造窝巢并随身带着窝巢行走,当遇到危险时它就躲进窝巢。这些生命机体受自然选择和遗传程序所决定,不停地"去抗争、探求、战斗、逃跑、生长、繁殖、抗拒死亡……有机体虽有某些倾向性,但它们并不是有意而为"②。在罗尔斯顿看来,"有意而为"和"无意而为"毕竟都是"为",都是主体间相互影响、相互作用的能动过程。虽然这里难免带有某种程度的忽视理性作用的"自然中心论"倾向,但是,在当今时代条件下,如实地承认和尊重人类主体和非人类生命体这样两种主体的共生并存,承认二者均有争取自身应然存在的价值诉求,正是确立生态价值观、创造生态价值、维护价值系统的完整性和生态系统的均衡发展的首要逻辑前提。

人与自然的关系沿革经历了漫长的历史过程。早期的人类,限于个体能力和群体联合程度的极其低下,不得不备受大自然的摆布,从而在自然界面前的主动性和自由度极其有限,不得不与非人类生命体保持着过多的天然相似性。现代工业文明以来,科学技术充当了人类"征服自然"、"改造自然"、"劫掠自然"的工具,人类日益膨胀了自身那种"自然界的主人"的荣耀感,尤其是在利益驱动之下,不同的人以其各不相同的方式伤害着自然生态系统。有的人以透支环境资源、发展经济的形式破坏生态,有的人以利己利人的形式"合法地"破坏生态,有的人以利己害人的形式或害人害己的形式非道德地破坏生态,有的人则以保护生态环境的动机和形式却导致了破坏生态的效果。加之自然界本身的退萎因素的负面作用,从而共同导致了生态的退化,加剧了人类与非人类生命体之间的紧张关系。在这种情势下,一切所谓坚持人类"一元价值导向"而贬低和牺牲生态价值的行为选择,比如在特定文化境域内纵容"公海捕鲸"、在大国优越感支配下急剧膨胀"人均耗能量"等等,在今天都

---

① 　[美]H. 罗尔斯顿:《环境伦理学》,杨通进译,中国社会科学出版社 2000 年版,第 158—159 页。

② 　同上书,第 148—149 页。

有违环境伦理、人类正义和生态良知。这就迫切要求人们调整和超越传统哲学的主体论与价值观,承认和尊重人类主体与非人类生命体、人文价值与自然价值的同时并存,逐渐步入人与自然、人类社会与生态环境和谐共处、可持续发展的生态文明轨道。

三、人类应该履行保护自然的责任和义务

根据辩证法的基本原则,一切以时间、地点、条件为转移。世界上没有绝对万能的、至善至美的事物,人的力量不是无限的,自然资源也不是无限的,人们对于自然的占有,只能适可而止,越过了临界点,就会导致人与自然的双重异化,自然报复人类,整个自然生态系统就难以可持续地运演。当然,人类并非完全消极地顺从自然,适应环境,而是在实践中能动地探索和创造自己的生活路径,选择、创造和实现可能的价值取向。但是,这种能动的实践创造活动在本质上是开放的过程,特别是时刻向着自然界开放,尊重自然,利用自然,善于同自然的协作与联手,从而形成一种扩大了的人—自然系统的生态合力。

系统价值观认为,人类价值与自然价值共同构成统一的价值系统,在这个系统内部,人类价值与自然价值这两大要素之间存在着互为因果的双向互动关系。这种价值关系可以分为"互为内在"的关系和"互为外在"的关系两种情况,其中,前者是互利互补的关系,后者是互斥对立的关系。双方的"互斥性"又可分为彼此可承受的与彼此不可承受的不同类别。矫正和防止彼此不可承受的互斥关系的继续和蔓延,是我们当今扬弃工业文明、建设生态文明的迫切任务。

对于大工业拒斥农业所必然引起的异化现象,马克思曾经作出分析揭示:"地产的根源,即卑鄙的自私自利,也必然以其无耻的形式表现出来。稳定的垄断必然变成动荡的、不稳定的垄断,变成竞争,而对他人血汗成果的坐享其成必然变为以他人血汗成果来进行的忙碌交易。最后,在这种竞争中,地产必然以资本的形式既表现为对工人阶级的统治,也表现为对那些因资本运动的规律而破产或兴起的所有者本身的统治。从而,中世纪的俗语'没有无领主的土地'被现代俗语'金钱没有主人'所代替。后一俗语清楚地表明了死的物

质对人的完全统治。"①并且指出："资本主义生产使它汇集在各大中心的城市人口越来越占优势,这样一来,它一方面聚集着社会的历史动力,另一方面又破坏着人和土地之间的物质变换,也就是使人以衣食形式消费掉的土地的组成部分不能回归土地,从而破坏土地持久肥力的永恒的自然条件。这样,它同时就破坏城市工人的身体健康和农村工人的精神生活。"②可见,即使在兴盛的工业文明排弃农耕文明之时,农耕文明仍然深受人们的关切。面对当代的"全球问题",人们终于可以断言,人类历史的进程不幸完全被马克思所言中了。人类要想继续在这个星球上存活下去,必须在实践向度上寻求跳出环境灾难的生存样态。

面对遍及全球的生态环境危机,环境伦理学在理想主义和悲观主义之间保持着一种应有的张力,认为人类在现代环境灾难的重重包围中,人类作为唯一有理性的高级的"社会的自然存在物",对生态负有保护的责任和义务,只要人类能够认真反思和调整自身的思维方式和行为方式,是完全可以拼杀出一条希望的生路来的。生态哲学的实践向度并不在于追求"至善至美"的纯粹理想王国,而是在反思和祛除工业文明的环境灾难中,探寻和推进后工业时代生态文明的多种可能性路径,在全面清扫工业文明的环境灾难的基地上,呼唤彻底转换经济增长方式,发展生态产业、绿色产业、动植物救助产业等,因地制宜地推进后工业时代绿色环保产业和农耕文明的复兴。

第三节　从"两种生产"到"三种生产"

当代"全球问题"的日益突出,从根本上打破了环境资源的"供求关系"。环境质量的普遍下降,导致了人类对于环境需要的极度匮乏,从而迅速凸显了环境生产的重要地位,即在传统的生活资料的生产和人类自身的生产的理论视界以外,开拓环境生产的理论视域和存在样态,从"两种生产"过渡到"三种生产"。

---

① 《马克思恩格斯全集》第 3 卷,人民出版社 2002 年版,第 262 页。
② 马克思:《资本论》第 1 卷,人民出版社 2004 年版,第 579 页。

一、环境生产的客观必然性

生活资料的生产包括物质生活资料的生产、精神生活资料的生产和工具的生产;人类自身的生产包括人的肉体生理(生命)的生产、体力的生产、智力的生产和社会关系(交往)的生产。两种生产并非彼此孤立分置的关系,而是相互依存、互为条件、彼此交融的关系。一般来说,生活资料的生产是手段,人类自身的生产是目的,坚持这个原则,就有可能避免那种"舍身求物"、"谋财害命"、"要钱不要命"的物欲主义、拜金主义以及把人工具化的错误倾向。

自古以来,人类从来都是既依赖环境又作用于环境,既消费环境又生产环境的,这就意味着非原生态环境是在不断变化的历史生成过程。环境生产是一种特殊生产,它是依托于一定的自然基础和社会背景,由自然力和人的社会生产能力共同作用并产生一定的生态环境效果的过程。这是一个多个"分力"所交互作用而形成的"合力"过程,其中既有生物基因的魅力和生物机体的自然选择,又有人的个体和群体的自觉追求。恩格斯晚年关于"历史合力论",为理解环境生产提供了很有价值的方法论参照,他在1890年致约·布洛赫的信中写道:"历史是这样创造的:最终的结果总是从许多单个的意志的相互冲突中产生出来的,而其中每一个意志,又是由于许多特殊的生活条件,才成为它所成为的那样。这样就有无数互相交错的力量,有无数个力的平行四边形,由此就产生出一个合力,即历史结果,而这个结果又可以看作一个作为整体的、不自觉地和不自主地起着作用的力量的产物……每个意志都对合力有所贡献,因而是包括在这个合力里面的。"①人类生产从来都是需要借助于自然力,从而渗透自然力于其中的过程;同时,作为人类生活基础的自然界的演化过程,也渗透人的活动于其中。特别是在环境生产的过程中,自然力无疑是该过程的分力之一,而人的活动所产生的环境价值或环境结果,虽然有些并不在人的活动预期之中,但却是这个总过程中各种分力所组成的合力所导致的结果。

在人类社会历史过程中,实际存在着生产关系与生产力、上层建筑与经济基础以及人与自然界这样三重基本的矛盾关系。随着工业文明所带来的负面

---

① 《马克思恩格斯选集》第4卷,人民出版社1995年版,第697页。

效应日益凸显,当今时代的生态环境问题日益严峻,人的环境需要空前匮乏,诸如大气污染,空气中的氧含量下降,有毒物质增加;水源污染,饮水的安全系数下降;土壤的工业污染,农产品中有害的微量元素增加,严重威胁人体健康和生命安全。生态环境问题已经成为当代重大而紧迫的理论问题与现实问题,于是,现实的、紧迫的环境需要,要求从传统的"两对基本矛盾"学说过渡到"三重基本矛盾"学说,从"两种生产理论"过渡到"三种生产理论",适时拓展出环境生产理论与环境生产实践。只有如此,才能真正把"从事实际活动的人"作为理论出发点,坚持"不是意识决定生活,而是生活决定意识"①的原则,一切具有批判力的理论研究必须从现实出发,而不应从既定的概念和理论体系出发,这就要求我们不失时机地切实把环境生产提升到人类生产活动的重要地位。

二、环境生产的基本特征

人类周围的生态环境是整个自然界的组成部分,它是由生物群落与生态环境之间不断进行物质循环和能量变换而形成的系统整体。自然生态系统内部的物质循环和能量变换,促使人类周围的生态环境生生不息、不停顿地持续演化。我们可以把人类周围的生态环境的这一动态演化过程,视为自然生态系统的生产和再生产的重要内容,简称环境生产。

就整个自然生态系统的结构而言,它是由生产者、消费者、分解者和非生命物质四类要素组成的有机整体,而在所有这些要素之间,客观地存在着相互依存、相互渗透、相互制约、相互转化的内在联系。这样一来,健全而可持续的环境生产,实际上必须具备两个基本条件:一是自然生态系统的构成要素应具有足够的或尽量多样的数量保证。即是说,构成环境生产的各方面的基本要素、"生产主体"是多种多样的,它们都是环境生产的参与者,缺一不可,缺少了其中的任何一个方面,环境生产就无法进行;如果自然生态系统的构成要素在数量上减少到一定的限度,甚至出现枯竭现象,那么,环境生产则不可能正常进行。二是环境生产各要素以及各"生产主体"之间,需要彼此具有优化协

---

①　《马克思恩格斯选集》第 1 卷,人民出版社 1995 年版,第 73 页。

调的关系。这种关系,可以看做是环境生产的生态关系。所谓生态关系,是指环境生产各构成要素之间,特别是自然生命体与现实的人之间所具有的相互适应、相互制约、相互促进以及和谐共处的关系。

自然生态系统各构成要素的不可或缺性,实际上构成了自然生态系统的平衡和稳定的基础,而生态平衡或生态稳定又是环境生产的必要前提和正常状态,只有在这种前提和状态下,环境生产才可能具有最大的生产效能和尽量高的生产正值。因此,要想增加环境生产的产量,提高环境生产的综合质量,维护自然生态系统的平衡和稳定就是十分必要的。

环境生产是一种特殊的生产,是在一定的自然基础和社会背景下,由自然力和人的能力共同作用并产生一定的生态效果的过程。在环境生产的结果中,至少包括诸如纯净的大气、清洁的水源、绿色的植被、无污染的安全食品,有利于人的生活健康、审美需要和全面发展的生态环境资源。这些环境生产的结果,既可直接用以满足和改善人的环境需要,又能满足非人类生命体的生存需要,从而有利于自然生态系统的良性运行。大致说来,环境生产具有不同于生活资料的生产和人类自身的生产的如下特征。

1. 具有双重生产主体

参与承担环境生产活动的是人类主体与非人类生命体,甚至自然界本身的演化过程也创造着环境资源。其中,尽管非人类生命体和自然的演化对于环境的生产是"自在"的、"无目的"的,然而其"生产"的意义和效能却是巨大的。单就植物的叶绿素在光合作用下的"生产",就为地球上的所有生命提供了赖以生存的极可宝贵的有机物和生存能源。非人类生命体不仅参与"生产"环境,"生产"动植物和整个自然生态系统,同时也参与"生产"人本身,"人创造环境,同样,环境也创造人"①。非人类生命体在创造环境、创造人、创造自然生态系统方面,都不失为环境生产的不可或缺的主体角色和生产力的重要因素。人类劳动并不是它所生产的使用价值的唯一源泉,威廉·配第说得好:劳动是财富之父,土地是财富之母。马克思把劳动过程的简单要素归结

---

① 《马克思恩格斯选集》第 1 卷,人民出版社 1995 年版,第 92 页。

为:"一边是人及其劳动,另一边是自然及其物质。"①离开自然条件和自然力的帮助,不仅劳动无法进行,而且人的存在本身就会大成问题。而作为环境生产主体的现实人,其大多具有环境生产效能的活动都是包含在其他对象性活动之中,并与其他生产活动同步进行,譬如人们的种庄稼、建果园、营造经济林等农业生产活动,其中的环境效应往往被搁置于人的目的之外,尤其不被纳入"政绩"之列,这里只能意味着人们对于环境价值或自身环境需要对象的粗心大意或盲目的忽视。

2. 满足双重主体的需要

环境生产保护和创生着人类和非人类生命体所需要的自然物质资料,诸如空气、土壤、水源和多种可再生性有机物。环境生产包括被动生产与主动生产、环境治理与环境建设两大类型:所谓被动治理,是指对已经被严重污染和深受创伤的自然环境进行救助、修复和优化的工作,切断污染源,整顿和监督严重超标的工业、企业生产项目,控制和检测化肥、农药的生产及其施用规模和限度,关停白色污染和有损环境的产品的生产厂家,加大烟草的生产、销售系列的利税调控力度,重新找回自然家园;所谓主动建设,是指大力发展绿色经济、生态经济、循环经济,推行标准化、无公害生产,维护清新的空气、优质的土壤、清洁的水源以及阳光、气候、地貌等的良性生态系统。所有这些环境生产所创生的环境需要的对象,尽管在原初的人类那里几乎无须花费辛勤的劳作而唾手可得,无须拿金钱去购买,但是,它们对于人类的生存发展和维持整个生物圈的平衡与可持续发展却是无价的、极其可贵的。

3. 生产周期长

许多环境生产的效果往往不是"立竿见影"的,而是在其后续的历史过程中间接地、渐进地得以显现,此所谓"前人栽树,后人乘凉"的道理。这就要求作为环境生产主体之一的现实人,放弃单纯追求眼前经济效益的生产活动方式,走出单方面掠夺型的征服自然、改造自然、掠夺自然的自然工具论的价值误区,以称职的环境主体的历史责任感和远见卓识的大度胸怀,在"利己—利他—利环境"的生态良知和代际正义原则下,把人文价值与自然价值、个人价

---

① 马克思:《资本论》第 1 卷,人民出版社 2004 年版,第 215 页。

值与社会价值、环境价值与历史价值统一起来,努力建设生态文明,做与自然和谐共生的新时代的"生态人"。

4. 创生多重价值

环境生产不仅在现实生活层面创造和维护着诸如空气、水源、气候、土壤等人类的生活空间和有形资源,同时,还创造广义的使用价值(包括审美价值)、生命价值、历史价值和环境价值(含共时性环境价值与历时性环境价值)这样复合的价值形态。它不仅是人的价值生成过程的条件和内容,同时也是非人类生命体的价值生成过程的条件和内容。显然,任何一种环境生产的价值形态,对于环境生产主体之一的人来说,大都不具"得而私"的独有性。

5. 具有双重属性

其自然属性是指构成生态系统的各要素之间在相互依存、相互作用的过程中所进行的物质循环和能量变换。自然生态系统内部的这种物质循环和能量变换,是自然生态系统进行生产和再生产的基本方式。正是在这种循环和变换中,自然生态系统内部的各种要素及其相互关系不断地得到更新和再生,即自然生态系统中的一切要素的应然价值生成不断得以实现。自然生态系统在进行生产和再生产的过程中,具有这样几种基本的动力:自然生产能力、自然自净能力、自然调节和自组织能力、生态稳态应变反应能力等。环境生产的社会属性是指对于人类说来,应将自然生态系统的变化发展自觉纳入生产过程,目的在于促使人类自身要像抓物质生产、精神生产、人口生产那样去重视、保护和生产周围的生态环境,积极开展生态环境建设,促进自然生态系统的良性循环和有序演化。

完整的环境生产过程,包括三个基本的环节:生物生产环节、能量流动和转化环节、物质循环环节。生物生产环节是环境生产的直接形式或基础。它包括把太阳能转化为化学能的初级生产,进而把化学能经过动物的生命活动转化为动物机体的次级生产。能量流动和转化是生物经过生产环节生产出来的能量,在自然生态系统中的天然地分配与消耗。这种分配与消耗是通过生物的食物链的方式实现的。能量总是要以一定的物质为载体,它的流动离不开物质的循环。这就是环境的生产者、消费者、分解者之间进行的营养物质循环,分别体现在大气圈、水圈、土壤圈、岩石圈之间进行的物质流动与能量变换。人作为有理性的环境生产者,应当自觉自为地善待自然,善于与其他类别的环境生产者协调合作,尊重一切非人类的环境生产者的应有地位和作用。

如同社会生产的发展有其自身的规律一样,环境生产在其运行发展的过程中,也有自身的基本规律。由于人类和自然生态系统处于密不可分的统一体中,因而,这些规律对人类的活动也就具有了规范或制导的作用。概略说来,环境生产的基本规律有如下内容:

第一,整体协调规律。自然生态系统是众多要素的有机联系、相互制约的整体,其中任何一个要素的变化,都必然会直接或间接地引起其他要素的变化,即"牵一发而动全身"。因此,有理性的人类在处理生态环境问题时必须具备全局观念,在与自然界发生交往关系时,必须周密考虑到可能会给周围生态环境和环境生产所带来的种种影响。

第二,供应量或消耗量要小于环境生产量的规律。自然生态系统通过自行修复和再造过程,从而使自身所拥有的各种资源或物质贮备不断得到补充、更新和再生,从而为人类和其他生物群体提供源源不断的资源和能量。然而,这样的"源源不断"是有条件、有限度的。只有在生态能量的产出与消耗相对平衡的情况下才能维持。这就要求人类从自然生态系统中索取的物质能量必须小于它自身的生产量,也即小于环境生产量,以便使它能够得到足够的补偿,从而不断维持自身再生的能力。如果人类以"杀鸡取蛋"、"竭泽而渔"的方式对待自然生态系统或周围的生态环境,那就必然会破坏自然生态系统的生产和再生产,也会使人类自身失去各种资源的根本来源,这将置人类自身于生态危机的可怕境地。

第三,自我调节规律。自然生态系统在演化过程中,能自行调节和组织自身的生产和再生产。例如,假如构成自然生态系统的食物链中的某个环节出了问题,它就可以自动通过其他渠道予以补偿,以达到自身新的平衡;如果外部输入骤然增加或对外输出骤减,它也会自行进行调节,抵消外来冲击。但是,自然生态系统的这种自我调节能力是有限的,超过一定的限度,它的这种自我调节能力就会衰竭甚至丧失。这就需要环境生产参与自然生态系统的调节过程,这也是我们今天之所以强调环境生产重要性的客观依据。

第四,保证食物链畅通规律。食物链是自然生态系统进行生产时所需原料和能量的来源以及生态产品分流外运的基本渠道,因而,保证食物链的畅通就成了环境生产的根本任务。如果由于人为灭种导致食物链的断裂,那就会同时置人类与其他生物于危险境地,所以,人类应该积极保护生物圈里的动植物,避免由于人的行为而导致生物种群的灭绝,从而确保环境生产在食物链畅通的条件下正常运转。

鉴于环境生产所具有的上述特征,它至今尚未引起人们足够的重视。实际上,在尊重环境生产的基础上,全面实施生态的生产样态和生态的生活方式,正是"以人为本"通向生态文明的现实中介。马克思曾经指出:"劳动首先是人和自然之间的过程,是人以自身的活动来中介、调整和控制人和自然之间的物质变换的过程……当他通过这种运动作用于他身外的自然并改变自然时,也就同时改变他自身的自然。"①这种物质变换以"自然被人化,人被自然化"为基本内容,通过物质变换,人的本质力量进入到自然界之中,自然界的本质进入到人类社会之中。这样一来,人就在改造自然的同时也就改变了他自身的自然和生活样态,面向自然生成为人,从而人就同时具有了自然的本质规定性和社会的本质规定性。但是,由于环境生产理念的缺位,许多人至今仍在自觉或不自觉地继续从事着破坏生态、污染环境、加害于自然和人类的"负生产",创造着"负价值"或生态灾难。正是在这种意义上可以说,当今历史条件下环境生产的紧迫性和重要性,远远高于生活资料的生产和人类自身的生产。

三、环境生产与其他两种生产的内在关联

长期以来,人们曾经将社会生产局限于生活资料的生产和人类自身的生产这样两种生产形式。这样的划分,在很大程度上忽视了社会生产得以生成和发展的自然前提,而这种自然前提一直都在依赖环境生产。其实,传统的两种生产和环境生产之间具有密切的关系:从根源上讲,社会生产是自然生态系统中环境生产的分支,是整个环境生产派生出来的人类社会形式;从历史发生的角度说来,当自然生态系统的整体生产发展到一定的阶段,才从大自然的怀

---

① 马克思:《资本论》第 1 卷,人民出版社 2004 年版,第 207—208 页。

抱中诞生了人类。人类自身的产生,不仅与人类生产自己的生活资料彼此同步,而且与环境生产密切相关,它一刻也不能离开环境生产。这就是说,环境生产与生活资料的生产和人类自身的生产,既相互联系,又相互区别。一方面,环境生产既是后两种生产的条件,又需要后两种生产的参与,环境生产的要素既包括人类自身,又包括自然力量;并且,环境生产的效能或结果,作为基础条件贯穿于人类社会的始终。因为人是影响和参与环境生产的能动因素,所以改变和提升人的素质能力与活动方式,就成为当今历史条件下改善环境生产现状的一个主导性因素。另一方面,生活资料的生产和人类自身的生产完全是由人来承担、以人为目的而进行的生产活动,它们始终按照人的愿望和要求来进行,因此,便具有无限需求促使下的无限发展的趋势和品性。于是,面对自然资源的恒定性和有限性,就难免发生"无限需求"和"有限供应"的矛盾,从而必然违背"物质生产的发展要适应环境生产发展状况"的规律。这个规律的含义是:(1)从物质生产发展的速度和规模而言,物质生产的发展不能大于或快于环境生产的发展,不能超出环境生产本身所能供应的极限或承载极限,因此,人类的物质生产必须遵循适度发展的原则;(2)人们在从事物质生产的活动过程中,不仅要追求一定的经济效益和社会效益,同时还要追求生态效益或环境效益,要在遵循环境生产基本规律的基础上,合理开发和节约利用自然资源,减少对环境的污染,避免对生态的破坏,促进环境生产和物质生产的彼此协调与良性发展。

在当今历史条件下,真正科学的大生产观在实践活动中具有重要的指导意义。这就要求人类在生产实践中既要抓生活资料的生产、人类自身的生产,又要抓环境生产。人类要在遵循环境生产运行规律的基础上,自觉采取切实可行的方法,修复和优化人与自然的关系,热爱自然,保护环境,促进环境生产的正常发展。"三种生产一起抓",是环境生产社会化和社会生产生态化相统一的实际体现。历来人类的生产活动都处在自然界的领域里,即都不能脱离自然界的制约,而且人类的环境需要和物质生活需要以及精神生活需要同等重要,这种需要一刻也不能停止。因此,环境生产也就构成了生活资料生产和人类自身生产的基础和前提。由此可见,人类只注重抓生活资料的生产和人类自身的生产而忽略环境生产,显然是行不通的。在生态危机威胁全人类的今天,忽视环境生产几乎是寸步难行。如前所述,当今的环境生产,如果离开了人类的自觉参与,是不可能正常地进行下去的。所以,只有"三种生产一起抓",才能有效缓解人与自然、社会生产与环境生产之间的紧张关系,从而实现社会生产与环境生产的协调持续发展。

在三种生产的相互关系中,环境生产的社会化和社会生产的自然化是经常发生并相互过渡的。所谓环境生产的社会化,是指整个生态系统的生产和再生产,已经渗入了人的因素和社会的力量,越来越多的环境生产已被纳入到物质生产的过程之中,逐步发生着人类所希望的或有利于人类的变化。所谓社会生产的自然化,是指要把生活资料的生产和人类自身的生产置于生态系统的大背景下去加以审视和把握,在具体的实践过程中,要用"两个尺度"相统一的原则或标准,来衡量生活资料的生产和人类自身的生产的优劣、成败,看它们是否促进了环境生产的发展,是否带来了良好的环境效应,其具体运行是否有利于维护环境生产中物质循环渠道的畅通,是否维持了三种生产的生态化。

环境生产的社会化和社会生产的自然化是辩证统一的。但是长期以来,人们所关注的主要是环境生产的社会化,而忽视了社会生产的自然化。这就使得"两种生产"与环境生产之间出现了越来越不相协调的反生态现象,即在三种生产之间出现了尖锐的矛盾,使社会生产的发展远远大于或快于环境生产的发展,从而使环境生产遭受到空前严重的干扰、冲击和破坏。目前,环境生产极端社会化的趋势,已经造成了非常严重的后果:(1)环境生产的规模和效能在不断缩小,许多环境生产的基本要素在不断减少甚至消失;(2)环境生产的亏损日趋严重,其生产能力在大大下降,实际效能在急剧降低,越来越难以满足人类和其他生命体的环境需求;(3)生态环境严重恶化,生产中的"有害物质"、"劣质产品"在日益增多,人类所受到的来自大自然的"惩罚"或"报复"日益频繁和加重。

生活资料的生产和人类自身的生产,始终都交织着人与自然的关系,处处都渗透着自然的因素或自然力的作用。因此,"两种生产"一旦违背了自然的尺度,就必然会遇到难以排解的麻烦,甚至会陷入绝境。总之,生活资料的生产和人类自身的生产的发展,一定要适应环境生产发展状况,这是对社会生产生态化的基本要求。但是,对于人类主体来说,社会生产对环境生产的适应,是一个积极能动的过程,人类在校正社会生产的偏差、控制社会生产过分膨胀的同时,还要善于运用先进科学技术手段,去提高自然界的自组织能力,增加环境生产的效能,从而在实现人与自然、三种生产彼此协调发展的前提下,使环境生产更好地满足人类与自然生命体的环境需求。

第六章

现代化实践的生态悖论

　　半个多世纪以来,实现工业、农业、国防和科学技术的现代化,曾经是中国人民的美好愿望。在追求和实现现代化的征程中,我国的工业得到了先进科技的提升,农业获得了工业化的武装,军事走出了"骡马化"加"语录化"的传统模式,许多科学技术成果跻身于世界先进列,人民生活的普遍改善和社会历史的全面进步有目共睹。然而,"现代化"本身却具有二重性,它在促进物质财富增长、经济社会发展和人民生活水平提高的同时,却酝酿和积淀了人和自然的双重异化:生态环境受到了现代化的污染和破坏,人类生活受到了现代化的扭曲和困扰。这一现代化的实践悖论,值得我们认真反思和切实矫正。

第一节　工业经济对生态良知的遮蔽

　　大工业生产和资本主义的扩张本性,引发了日益严重的生态危机,直接威胁着自然生态系统的持续存在和人类自身的生存安全。生态危机的深层根源在于,一是人的"欲求无限性"与自然资源有限性的矛盾;二是在对自然资源的占有和利用关系上的分配不公。因此,走出生态危机的现实路径,就必须切实培育和提升现实人的人文精神,切实修复国际范围内的环境正义,力求使人的内在需求与自然生态系统的良性运行彼此协调统一起来。

一、现代工业化经济的环境代价

工业文明以来,不论是西方世界还是东方世界,在采取工业化手段发展经济的过程中,都不同程度地采取了以生态环境为代价的经济模式,从而普遍地污染和破坏了生态环境。工业化程度的提高,一方面直接决定经济的发展水平;另一方面则直接影响和破坏了生态环境。在许多国家和地区,工业化程度的高低与生态环境的污染破坏成正比。具体来说,在工业生产实践中,现代化程度越高,对生态环境的污染破坏就越严重,排出的废气、废水、废料的数量就越大。

在现代工业化经济的发展过程中,环境代价是巨大的,教训是深刻的:

其一,自然资源不仅是有限性的,而且是脆弱的。相对于古代人类,工业文明以来人的生产方式与活动方式,激发出对自然资源的日益疯狂的掠夺和强烈的占有欲。因此,人们不仅以空前的规模和速度耗费了不可再生的自然资源,同时普遍地打破了可再生自然资源的存续链条,资源的耗费速度远远超过了资源的再生速度。

其二,大工业和现代化潮流直接导致了气候异常,大气污染、水源污染、土壤污染、温室效应、植被破坏、能源危机、物种减少、生态灾难接踵而至。

其三,过度追求经济高速发展的结果,不仅破坏了"物的尺度",伤害了自然的内在价值,引发了诸多物种的濒临灭绝,造成了生物资源危机,而且日益严峻的生态环境问题直接威胁到人的健康和生命安全,普遍地降低了人类的生活质量。

其四,工业文明以来,赌上环境代价发展经济的实践模式成为人类的普遍选择,从而不仅销蚀了经济社会的文化根基,而且导致了人与自然的双重异化,扭曲了人的本真需求。正如马尔库塞所指出的那样:由特殊的社会利益加给个人的"虚假需要","使艰辛、侵略、不幸和不公平长期存在下去。按照广告来放松、娱乐、行动和消费,爱或恨别人所爱或恨的东西,这些都是虚假的需求"①。这就必然从根本上阻碍人的自由全面发展。

———————————

① ［美］赫伯特·马尔库塞:《单向度的人——发达工业社会意识形态研究》,张峰、吕世平译,重庆出版社1988年版,第6页。

现在,人们越来越清楚地看到,这样的环境代价是血淋淋的生命的代价,它已经远远超出了经济的范畴,从可直观的层面蔓延到了文化的层面,这种文化误导人类在追求经济天堂的美梦中坠入了自掘坟墓的迷宫。于是,在现实生活中除了那些昧着环境伦理良知仍在偷偷摸摸牟利的行为之外,几乎再无人公开站出来去冒天下之大不韪为破坏生态环境的行为做辩护。

米尔恩曾经从严格的意义上把人的权利分成七项内容:"生命权、公平对待的公正权、获得帮助权、在不受专横干涉这一消极意义上的自由权、诚实对待权、礼貌权以及儿童受照顾权。"①由此可见,当今时代的生态环境问题,在诸多方面都严重地伤害了人的权利,特别是那些有害健康和生命安全的生态环境问题,直接威胁和侵犯了人的生命权。所以,环境伦理建设实质上是人自身素质的建设,是全面维护人的权利的文化建设,是人在环境伦理的自律和他律的基础上,尊重人与自尊、尊重自然与自尊的重要内容。从长远的观点看问题,人才战略在环境伦理建设中具有举足轻重的地位,因为只有具备了环境伦理素质的人,才有望在实际行动中不断提高生态理念和环境意识,有望在坚持利己、利他、利自然的三维伦理原则中提高文化自觉,从而在自己的价值生成过程中,逐步进入生态文明的人生境界。很显然,缺失环境伦理素质的人就是不完全的人,是缺失自然情怀的人,甚至是害人害己的人。

二、现代化过程对人的需要的扭曲及矫正

人的需要本身不仅是一个动态发展的历史过程,而且是一个具有多层级的系统结构。

物质生活需要是人的基本需要,但不是唯一需要。一切人类历史的第一个前提是:"人们为了能够'创造历史',必须能够生活。但是为了生活,首先就需要吃喝住穿以及其他一些东西。因此第一个历史活动就是生产满足这些需要的资料,即生产物质生活本身。"②但是,人的需要是一个动态过程,"已经

---

① [英]A. J. M. 米尔恩:《人的权利与人的多样性——人权哲学》,夏勇、张志铭译,中国大百科全书出版社 1995 年版,第 171 页。

② 《马克思恩格斯选集》第 1 卷,人民出版社 1995 年版,第 79 页。

得到满足的第一个需要本身、满足需要的活动和已经获得的为满足需要而用的工具又引起新的需要，而这种新的需要的产生是第一个历史活动"①。几乎与人的物质生活本身的生产同步发生的，还有人的社会关系的生产和精神关系的生产，而这些生产，正是受人的交往需要和精神需要的驱动而逐步发展起来的，这是对于单纯物质生活需要的丰富与超越。

过分膨胀的物质生活需要必将遮蔽人的其他需要。人的需要的满足过程，既趋向全面，又要求均衡。在当代西方社会，技术理性的合理性主要体现在它所带来的生产效率和巨大的物质财富。然而，当代西方社会却利用日益增加的社会财富，制造出对人的生存毫无益处的"服从"关系，编制出服务于资本法则的"虚假需要"，由于物质生产过程的一体化，造成了人们在"需求和愿望上的同化，生活标准上的同化，闲暇活动上的同化，政治上的同化"②。这样一来，人在物质生活中同一步调的过度消费，必然遮蔽和妨碍人的其他方面需要的满足。可悲的是，消费主义蒙骗我们饕餮于物，却不能给我们以充实和富足感，因为我们仍然是社会、心理和精神上的饥饿者。相反的极端——贫困，对于人类的精神也许更糟，它同样毁灭环境。饥饿者放火烧荒、乱砍滥伐、过度开垦和耕作。如果人类拥有太多和拥有太少，地球都将受难，问题在于多少算够？怎样规模的消费是这个行星可以支撑的？如果不重新调整我们消费的生活方式，那就只有将地球毁灭了事。③

没有高层次的生活需要，人的物质生活需要往往会被扭曲到有害于人的健康发展的程度。近百年来西方资本主义经济的发展史，实质上是利润原则和资本增殖的历史。在这个过程中，它把人的需要迅速统一到追逐利润和物质消费的形式上来，"'开采'资源——获取它们的价值而不考虑对未来生产率的影响——在资本主义经济中是一种不可抗拒的趋势，而成本外在化部分地是将其转嫁给未来：后代不得不为今天的破坏付出代价。这就产生了约翰

① 《马克思恩格斯选集》第1卷，人民出版社1995年版，第79页。
② ［美］赫伯特·马尔库塞：《单向度的人——发达工业社会意识形态研究》，张峰、吕世平译，重庆出版社1988年版，第27页。
③ 参见［美］艾伦·杜宁：《多少算够——消费社会与地球的未来》，毕聿译，吉林人民出版社1997年版。

斯顿所说的'生态帝国主义'。它喜欢剥削新的土地和资源,因为后者为初始的利润和迅速增长的生产率提供了很大的潜力。"①追求利润的热潮必然销蚀人的精神追求和审美需要,造成大规模的文化沙漠或文化空场,把文明高尚变成无意义的字眼,人间的温情脉脉代之以冷冰冰的利益关系,生产的物质化倾向和需要的物欲化倾向必然把全面的人扭曲为"单面的人"。

通过反思现代化,促使未来人类社会摆脱生态危机,走向生态文明,必须从根本上矫正人的活动方式和需要结构。

1. 坚持"两个尺度"相统一的原则

人与自然的相互生成依赖于双重主体,即现实人的自为主体与自然界的对象主体。例如,人们通常所谓"庄稼是农民种出来的"与"庄稼是地里长出来的"这样两个同时成立的肯定判断,就表征着双重主体的共同作用。然而,这并不是说二者在任何条件下都是正相关关系,而是依据不同的条件发挥着彼此相斥或彼此统一的不同作用。工业文明以来,人们在追求经济发展和物质利益的过程中,过多地用"人的尺度"排斥或干扰了"物的尺度",片面渴望自然的人的生成而忽略人的自然的生成,结果必然导致自然环境与人的生存不可持续的"双重异化"。工业文明以来,在人与自然的关系中并存着双重的"不对等性":人类在改造自然的过程中,一般呈现为人类强势和自然弱势(大量工业污染对大地的腐蚀侵袭,把大批化肥、农药、除草剂等等强加于土地);而在遍布疮痍的自然界"报复"人类的过程中,则往往呈现为自然强势与人类弱势(人在温室效应、酸雨、冰灾等自然灾害面前所表现的窘迫和无奈)。因此,富有生态良知的人们在改造自然的过程中,应该懂得尊重自然、爱惜生命、保护生态,充分理解自然选择法则,自觉维护自然生态系统的价值。

诚如恩格斯所指出:"我们不要过分陶醉于我们人类对自然界的胜利。对于每一次这样的胜利,自然界都对我们进行报复。每一次胜利,起初确实取得了我们预期的结果,但是往后和再往后却发生完全不同的、出乎预料的影

---

① [英]戴维·佩珀:《生态社会主义:从深生态学到社会正义》,刘颖译,山东大学出版社2005年版,第6页。

响,常常把最初的结果又消除了。"①令人遗憾的是,近代以来,人们在利用现代化技术手段改造自然、满足自身物质欲望的同时,严重破坏了自然界的生态平衡,彻底颠覆了整个自然生态系统,从而给人类带来了沉重的生态灾难。在人类历史过程中,欲望固然是人性的展现,然而,欲望是由需要决定的,而人的需要本身同时并存着积极需要与消极需要,并且需要本身是一个历史过程,原来的需要满足了,又会有新的需要。因此,人的欲望无所谓"有限"、"无限"的问题,只有积极与消极、正向与负向的区别。具有文化底蕴和伦理规约的欲望,是文明社会的人性象征;而超脱或游离于文化底蕴和伦理规约之外的欲望的满足,则必然是吞噬人性的野蛮和愚昧。人的自然的生成与自然的人的生成,往往随时可能出现积极与消极、进化与退化、正值与负值的双重效应,因而,为了全面坚持"以人为本"的原则,必然要求人们及时对之进行反思与矫正,自觉消除人的实践活动中的异化现象,扬弃人与自然界关系中的"伪发展"。

2. 坚持"两重价值"相互生成的原则

在人类社会的属人领域,自然价值的生成与人的价值的生成是彼此同步的,或者说,是一个过程的两个方面。同时,在"两个尺度"相统一的情况下,这两个方面是相互依赖、互为条件的。自然内在价值的正常生成过程,为人类提供源源不断的生活资源和适宜的生活环境;人的价值的正常生成过程,又反过来为自然内在价值的生成提供有利的人为条件。但是,工业文明以来,人类在人与自然的关系中越来越处于主动的支配地位,于是,也就越来越忽视自然的内在价值,而把自然界仅仅当做工具去役使,用"人的尺度"单方面地去排斥"物的尺度"。因此,生态危机主要源自于人类的"异化"活动。

3. 兼顾"双重主体"共同发展的原则

现代生态危机对于人类的重要警示在于,在人与自然的关系中,人类要认真反思自己的活动方式和生存样态,认真审视和确立经济发展与环境保护的内在关系,认清人的物质需要与精神文化需要的内在关系,用人与自然的"交往理性"代替"工具理性",用尊重自然、爱护自然、与自然和谐相处的生态理

---

① 《马克思恩格斯选集》第4卷,人民出版社1995年版,第383页。

念代替片面追求经济效益的狭隘利润观念,逐步学会"按照任何一个种的尺度来进行生产,并且懂得处处都把内在的尺度运用于对象;因此,人也按照美的规律来构造"①。同时,兼顾人类自为主体和自然对象主体的价值生成,维护人与自然的可持续发展。人的"尺度意识"是人本身的主体性和价值应然生成过程的本质规定,人在自己的活动中,不仅能够自觉意识到自身的"尺度",明确其行动中立足于已然和实然,达到未然和应然的根据;同时能够自觉意识到对象主体的"尺度",明确对象的实然,兼顾对象的应然取向。只有这样的"双重尺度"意识,才构成了人的自觉性、能动性和全面的主体性本质。凡是用自身的尺度遮蔽了对象主体尺度的人,就是主体性缺失的人,终究也是被动的人,片面的人。比如,当人在与自然的相互作用过程中,只强调自身的尺度而违背了自然的尺度,其结果必然会受到自然的报复或"惩罚"。通常所谓的这种"自然的惩罚",其实质就意味着人的主体性的缺失,或者说,是主体性缺失的外在表现。具有双重尺度的人是全面的人,这时,"人跟自然界打交道,懂得按自然界的规律办事,懂得制造适合于对象的工具。在采摘和狩猎的同时学会了种植和畜牧,在生产和建造时懂得按原材料的性质和结构进行加工,在同人打交道时也懂得要适合人的特点,等等,这就是人的活动中有对象的尺度"②。

第二节　个人利益原则的合理性及其限度

一、人的属性及其历史形态

从人的交往关系说来,人的属性包括自然属性与社会属性。其中,人的自然属性是人之为人的自然依据,是人与生俱来的生物学属性。人作为生命体,在其现实性上首先是一个自然存在物,其生理肉体结构和自然生命活力都根源于自然界,人是自然界的一部分。人的自然属性首先表现为生理需要和遗传本能,诸如趋利避害、求食求偶、求生畏死、求乐避险等,都体现着人的自然

---

① 《马克思恩格斯全集》第3卷,人民出版社2002年版,第274页。
② 李德顺:《价值新论》,云南人民出版社2004年版,第44页。

属性的原始动力。人的自然属性与其他自然生命体相类似,体现着人与自然的统一关系。但是,人作为世代延续的自然生命体,其自然属性并非一个静态恒定的固定存在物,而是具有历史发展的动态性、过程性,在生物学意义上既有遗传,又有变异。

人的社会属性是指人异于非人类生命体的"非动物性",是人之为人的社会依据,但这并不否认人是动物,而是说人的动物性在劳动和交往实践中被社会化了,人不仅是自然存在物,而且是社会的自然存在物。现实的人同时具有自然规定性和社会规定性这样双重属性,他不仅与自然界具有统一性,而且总是生活在一定的社会关系之中。马克思在《关于费尔巴哈的提纲》中曾经指出:"人的本质不是单个人所固有的抽象物,在其现实性上,它是一切社会关系的总和。"①人的生存样态及其所有生活行为,都不能不与周围的人发生关系,诸如生产关系、亲属关系、性爱关系、同事关系等。这种复杂的社会关系规定了人的社会本质,形成了人区别于一般自然生命体的社会属性。

从个人与他人和社会的关系说来,人的属性包括人的群体属性、个体属性和类属性。按照马克思的"人类社会三形态"思想,此三者是依据一定的具体历史条件,依次递进的历史过程。马克思指出:"人的依赖关系(起初完全是自然发生的),是最初的社会形式,在这种形式下,人的生产能力只是在狭小的范围内和孤立的地点上发展着。以物的依赖性为基础的人的独立性,是第二大形式,在这种形式下,才形成普遍的社会物质变换、全面的关系、多方面的需求以及全面的能力的体系。建立在个人全面发展和他们共同的、社会生产能力成为从属于他们的社会财富这一基础上的自由个性,是第三个阶段。第二个阶段为第三个阶段创造条件。因此,家长制的,古代的(以及封建的)状态随着商业、奢侈、货币、交换价值的发展而没落下去,现代社会则随着这些东西同步发展起来。"②人的社会属性同样是共性与个性的统一过程。在共性或同一性的意义上,凡人都是特定的历史条件、实践样态、交往方式、生活习俗的

---

① 《马克思恩格斯选集》第1卷,人民出版社1995年版,第60页。
② 《马克思恩格斯全集》第30卷,人民出版社1995年版,第107页。

产物,具有特定的社会规定性;而在个性或差异性的意义上,一定历史条件下的不同的个人,由于受到不同的经济、政治、思想文化等不同社会因素的影响,其社会地位、社会角色、社会职业、社会利益、思维方式乃至价值取向、行为习惯、生活方式等,都会彼此存在差异。人的社会属性的同一性与差异性的对立统一运动,是社会结构稳定性和社会历史发展阶段性的主体根据。人类之初,现实的个体的人处于血缘关系依附下的"人的依赖关系"阶段,在群体性庇护下的人类个体,由于其主体能力和素质的原始、贫乏、低下,他不可能独立于人类群落和群体活动之外,不可能有自己的独立活动空间和生活条件。在往后的时期,由于生产力的逐步发展,社会劳动产品有了剩余,人就开始分化为不同的阶级或阶层,这时的人虽然有了自己有限的个体活动空间,但仍然处于政治服从关系下的"人的依赖关系"阶段,人的各种权利还处于被遮蔽的状态。到了近现代,由于生产力的进一步发展,人的生活条件有了明显改善,社会阶级进一步分化和明晰,人的个体经济权利逐步觉醒,人们在追求自己的私利和独立生活空间的活动中,日益丰富和发展了自己的个性,逐步从"人的依赖关系"阶段转变到人的"个体独立性"阶段。

伴随经济社会的历史变迁和人类文明的进步,人与人的交往以及人与自然界的交往将随之深化和拓展。人的活动成果通过广泛的交换和交流,将越来越成为世界性的财富,人本身的发展便随之从"个体独立性"阶段进入到"自由个性"阶段,人的属性也就从以个体属性为主转变到以类属性为主。只有到了这个高级社会阶段,个人的本质力量才有可能与他人和社会融为一体,个体本质与类本质之间的屏障才有望最终被拆除。

二、个人利益原则的合理性

在人类历史过程中,个人利益始终体现着作为个体的现实人的内在价值的实现。人类早期,个人的内在价值的生成,几乎仅限于维持人的自然生命体及其生理机能,以此艰难地维系着人类种群的延续。在这样的历史条件下,个人利益的实现紧密地依赖群体的存在,并通过群体活动方式得以具体的实现。在人类物种繁衍的意义上,这种个人利益天然是合理的。

在马克思"三大历史阶段"理论的第一大形态中,即"人的依赖关系"形态,实际存在着相互区别的两个阶段:首先是血缘关系下的人身依附阶段,这个阶段的个人利益是与个人所归属的群体利益彼此统一的,设若剥夺了个人利益,那么,人类种群的存在与延续就必然大成问题。因此,维护个人利益与维护种群利益,是同样神圣的。这种个人利益与群体利益的原初同一,从人类伦理关系的萌芽上说来,无疑不失其和谐与美好,尽管人的生存状态充满了无奈的艰难。其次是政治服从关系下的人身依附阶段,这个阶段的个人利益,由于阶级的分化而开始出现彼此的对立,作为被统治阶级的个人利益难有保障,几乎时刻遭到统治阶级的剥夺。可见,阶级的出现同时具有两重性:一方面,它标志着社会生产力有了一定的发展,劳动产品有了剩余;另一方面,阶级的出现带来了剥削和非正义现象。在这样的历史阶段,维护被剥削阶级的个人利益,就是天然合理的。但是,这种善恶标准经常受到剥削阶级的颠倒和歪曲,他们往往把剥削阶级的利益说成是合理的,而把被剥削阶级的利益说成是不合理的。于是,千方百计地变换花招,压抑和侵害被剥削阶级的广大社会成员的个人利益,维护剥削者少数人的利益。

现代工业革命和文艺复兴运动,开启了个性解放的新纪元。从此,人类社会便进入到马克思所说的以物的依赖性为基础的"个体独立性"阶段,由此也就把个人利益推向了一个新的历史高度。在这个历史阶段,由于个人的素质能力和交往范围得到了一定的提高和拓展,商品交换的纽带为人与人的社会关系的发展架起了现实的通道,通过商品交换,人的需求也进一步全面化了,这时的个人利益是以往任何时期都不可比拟的。在规范市场经济的领域,个人的一切正当利益不受侵犯。因此,在马克思看来,这第二个阶段为第三个阶段创造条件。也就是说,这个"个体独立性"的历史阶段,是通向高级理性社会不可逾越的必经阶段。

但是,"个体独立性"阶段的个人利益绝不是至高无上的、无任何限度的最终决定性原则,即不是无条件的、绝对合理的原则。道理很简单,这时追求个人利益的个人还具有一定的片面性,还不是自由充分发展的全面的个人。因此,它将依据一定的社会历史条件被更加自由全面发展的个人的利益所代替。

三、个人利益原则的限度

现实的个人在追求个人利益的过程中,如果伤害了他人利益、环境利益、社会利益和人类利益的时候,它就达到了合理的临界点,转化为不合理的了。在当今时代条件下,这个临界点有以下几种不同的表现形式:

首先,损害他人利益的个人利益。在欠规范的市场经济条件下,一切商业活动都是围绕着追逐利润的中心而进行,这就难免有些人为了个人利益而损害他人利益,不择手段,以邻为壑,甚至为贪图私利而胡作非为,谋财害命。这就超越了个人利益合理性的限度,突破了个人利益的底线。现实的市场领域内以次充优、以假乱真、缺失诚信、坑蒙拐骗的商业行为,都属于损害他人利益的不义之举。

其次,损害社会利益的个人利益。损害社会利益是损害他人利益的特殊表现形式,因为社会利益虽然并非直接的个人利益,但它却是社会大众利益的集合,损害了社会利益,就必然间接地损害他人利益。现实生活中的社会利益,具体地表现为不同层次的群体利益。不过,并非所有的群体利益都是正义的、正当的。因此,对于损害社会利益的个人利益,需要作出进一步的分析辨别。在这里,存在着一个判别社会利益或群体利益之是否正当的标准,那就是马克思在《德意志意识形态》中提出的"两类共同体"思想。即如果一个社会或群体是"真实的共同体",它的利益就是与生活在其中的绝大多数个人的利益彼此一致,相互补充,因而这样的社会利益或群体利益就是正义的、正当的,损害这样的社会利益或群体利益的个人利益就是不正当的,就突破了个人利益合理性的底线。反之,如果个人利益同"虚幻的共同体"的利益发生了冲突,那么,这样的个人利益就不是不正当的,反而是值得肯定的。

最后,损害环境利益的个人利益。这里主要是指工业文明以来破坏生态环境的个人利益,追求这样的个人利益(包括由此扩大了的各种群体利益)引起了一系列生态环境灾难,不仅使自然环境中的非人类生命体蒙受灾难,同时给全人类(包括我们的后代)带来无穷的困扰和生态灾难。显然,以生态环境为代价的个人利益肯定是不正当、不合理的,它同样明显地突破了个人利益合理性的底线。

因此,人们在依据具体历史条件追求正当的个人利益的过程中,应当明确个人利益合理性的限度,时刻警惕和防止个人利益超越这个限度而走向其合理性的反面。

第三节　从片面的个人到全面的个人

作为现实的个人,只有同时考虑到自然的需要,才能充分认识和生成人的自然属性;只有同时考虑到他人,才能充分认识和生成人的社会属性。传统农耕社会的小生产者,在简单而原始的生产过程中,养成了对自然的原初尊重,他们对于自然界的关心,有着一种"同命相连"的原始情结。但是,他们的社会属性却是稀薄或贫乏的,他们有着只考虑自身利益的封闭性思维习惯,这种"自我中心"的思维模式一直延续至今。小农的心理惯性必然导致对他人活动的无知和对他人利益的漠视,这不仅妨碍他们形成开放的行为方式和社会意识,而且到了商品经济的背景下,往往是造成商业诚信缺失的文化心理根源。超越小生产者的自我封闭心理的现代公民意识,要求每个社会公民都是彼此平等和独立的个体,每个个体的合法权利都必须受到保护和尊重。所以,在当今时代条件下,公民意识是人的社会属性的集中体现,它又会在人们全面理解人的自然属性和社会属性的问题上,不断得到提升。

一、个体独立性阶段的历史定位

早期的人类个体,由于生产能力低下,过分依赖于自然界,在朦胧的血缘种群意识下同大自然融为一体。在政治服从关系下的人身依附的社会形态中,集体利益与个人利益之间的矛盾始终存在,集体利益与个人利益的不同道德祈向,在彼此对立和分置的状态下很少有平等可言。于是,当"虚假共同体"君临人间的境遇中,处于强势的集体利益就普遍遮蔽和吞噬了处于弱势的个人利益。因此,"第二大社会形态"在伦理领域的积极意义,便集中体现在对于个人利益道德祈向的维护与张扬。

近代肇始于意大利的文艺复兴运动,开启了个性解放的道路,重视人性而贬斥神性,重视理性而贬斥信仰,争取解放的个人由此从宗教神学的羁绊下走上了自由的道路。

14—15 世纪的意大利,处于西方商业贸易的中心地位,经济上呈现出繁荣景象,这为个人的独立和文化的发展提供了有利的社会条件和文化氛围。新兴资产阶级为维护和发展其经济和政治利益,首先在意识形态领域展开了反封建专制的斗争,意大利的众多人才资源和丰厚的文化遗产,为社会上层和富商巨贾提供了发展的机遇。他们广泛招揽学人才智,在意大利汇集了众多的博学才子。拜占庭帝国灭亡后,由于意大利境内还保留了许多古代罗马的建筑遗址和古代典籍,所以深通古希腊文化的学者和大量典籍流入意大利。随之,对于古代希腊、罗马文化的研究和鉴赏,在意大利蔚然成风。人文主义者从古代典籍中发现了肯定现世生活和肯定人的思想的学说,在此基础上,他们建立了新的思想体系,即人文主义思想体系。人文主义在当时是先进的资产阶级的世界观和价值观,成为文艺复兴的指导思想,支配了文艺复兴时期的文学、艺术、哲学和科学的发展。文艺复兴是新兴资产阶级在意识形态领域里的革命,是一次空前深刻和意义深远的思想解放运动。美洲新大陆的发现,为多元文化的交会融通提供了地域空间与宽松和谐的社会氛围。一个多世纪以来,美国经济社会所取得的领先于世界的迅猛发展,从一定意义上说,正是得益于多民族集聚交融的锐意创新的多元文化。

资本主义得以发展壮大的经济支撑,是普遍的商品交换的市场经济,而与市场经济相匹配的主体,乃是具有"个体独立性"的个人。这种富有个性的人,既在经济权利和物质利益方面获得了"个人的觉醒",也在科学理性、实践能力和价值取向诸方面获得了个性的独立。19 世纪英国言论自由理论的集大成者约翰·密尔的人性理论为研究和理解"个性"提供了重要的思想资源。他认为,个性就是每个人都具有独立意志,能够根据自己的经验、知识、性格与利益对外界事物作出判断;而不是根据他人、社会、传统、习俗作出判断,个性就意味着多样性,意味着每个人不仅有自己的性格、欲望与爱好,而且有不同于他人的生活方式、人生追求和价值观。"自由、平等、博爱"作为新的价值观和主流意识导向,几乎覆盖浸润了整个西方世界,这无疑是一个伟大的历史进步。"资产阶级在它已经取得了统治的地方把一切封建的、宗法的和田园诗般的关系都破坏了。它无情地斩断了把人们束缚于天然尊长的形形色色的封建羁绊,它使人和人之间除了赤裸裸的利害关系,除了冷酷无情的'现金交易'，就再也没有任何别的联系了。"①为了适应商品生产和商品交换的需要，资产阶级开辟的世界市场使"一切国家的生产和消费都成为世界性的了……过去那种地方的和民族的自给自足和闭关自守状态，被各民族的各方面的互相往来和各方面的互相依赖所代替了。物质的生产是如此，精神的生产也是如此"②。于是，生产工具、交通条件都得到了巨大的改进，生产资料和人口的分散状态迅速地被集中所代替了，分散的农村不得不屈服于城市的统治。就这样，"资产阶级在它的不到一百年的阶级统治中所创造的生产力，比过去一切世代创造的全部生产力还要多，还要大"③。资产阶级在这场空前的历史变革中，曾经起到了"非常革命的作用"。然而，当资产阶级意识到它"用来推翻封建制度的武器，现在却对准资产阶级自己了"④的时候，所有历史前进中的交响曲就很快地跑调了、变味了，这个精心谋利的阶级不能再把个性解放的运动继续地推向前进了。于是，当社会特权者的个人利益与他人的、社会的、全人类的利益处处发生冲突的时候，这样的社会统治者或社会制度就不能够再促使社会文明和生产力的进步和发展了，这些个人利益也就达到了它的合理性的极限，"片面个性"将逐步代之以"全面个性"。

二、"片面个性"与"全面个性"

尊重个性比起压抑个性来，无疑具有巨大的历史的进步性。但是，资产阶级引领下的个性解放，还只是初级的、不彻底的，因此，这时独立的个体所具有的个性，就只能是"片面的个性"。在资本主义社会，人的本质的发展受到异化劳动的扭曲，人的个性发展陷入了终身执行某一特定职能的"局部工人"的命运。对此，马克思指出，在异化和阶级对抗的条件下，"个性的比较高度的发展，只有以牺牲个人的历史过程为代价"⑤。这时期具有"片面个性"的现实个人，他们的经济权利和社会权利都有了一定程度的觉醒或主体自觉，他们

---

① 《马克思恩格斯选集》第 1 卷，人民出版社 1995 年版，第 274—275 页。
② 同上书，第 276 页。
③ 同上书，第 277 页。
④ 同上书，第 278 页。
⑤ 《马克思恩格斯全集》第 34 卷，人民出版社 2008 年版，第 127 页。

在维护个人权利和尊严、维护自己的经济权利、政治权利和思想权利的活动中,促进了社会的文明和进步,具有一定的历史进步性。但是,这些个人在维护和争取个人利益的同时,并不能同时关照他人和社会的利益,甚至"损人利己"、"损环境利己",常常为了谋取个人的私利而直接或间接地伤害他人和社会的利益。特别是在占有、利用和掠夺自然资源方面,他们往往因为在自己的活动中严重污染和破坏生态环境,便同时把自身、他人和自然界投入到生态灾难的深渊。

扬弃工业文明的主体依托,在于沿着马克思的"世界历史理论"的宽宏视域,从"片面的个人"向着"全面的个人"迈进。马克思的自由个性理论的核心,在于尊重每个人的人格、权利、价值的尊严,即在尊重"我"的个人人格、权利、价值和尊严的同时,也承认和尊重任何另一个"他者"的个人的人格、权利、价值和尊严。这样一来,个人之间就不再有那种高低贵贱之别,这就是马克思关于"大写的个人"的基本含义,这是当今时代极度匮乏、极其需要的思想资源。

三、从"片面个性"到"全面个性"

从"片面个性"向"全面个性"的提升,是人类文明史演进的必然阶段。"片面个性"的实质在于,"只顾个人利益而不管他人死活"的极端利己主义,这种极端利己主义者的行为方式,是把个人的幸福建立在别人痛苦的基础上,于是,他们在实际生活中奉行的信条是"弱肉强食"的生物法则。这样一来,不仅表现为损人利己,以邻为壑,丧失了人际伦理和道德良知,而且不惜赌上环境代价和后代人的命运,执意从事物质化的生产,疯狂地追求物质性的消费,个体性的人变成了"单向度的人"。

"全面个性"是对"片面个性"的否定,具有"全面个性"的人把"每个人的自由发展是一切人的自由发展的条件"作为自己的思想准则和行为准则,把自身以外的任何一个人的利益看做是与自身利益同等重要和同样神圣的人的权利,力求在与别人的协作、互利中共生。他们在个人行为和个性塑造的过程中所遵循的基本原则是:"别人有的,我尽量有;我所有的,又不刻板地重复别人",这就是"全面个性"的本质规定,这时候就有望进入"自由人联合体"的历史阶段。于是，这些现实的个人在"他们共同的社会生产能力成为他们的社会财富这一基础上的自由个性"，就成为"全面个性"的本质规定。

作为现实的人，只有把自然看做人的生命的有机组成内容，才可能理解自身对自然的"伦理性"关系的实质，也就是将人与自然的伦理关系理解为一种内在的统一性关系，将人与自然的关系内化为人与人、人与自我的关系。这种关系的生成既是人所应承担的义务，也是人类未来的"天命"所在。于是，人对自然的伦理关系的生成就意味着如何在人自身的存在与发展中，在人的生命活动中揭示自然的存在本性，澄明自然的存在价值。为了实现人的这一"天命"，就要不断地提高人性自觉、全面发挥人的生命本性，在人性的发展中、在人的自我生成中去实现和完善这一"天命"。

在扬弃和超越现代化、走向生态可持续的后现代过程中，人类自身的发展需要经由从个体本位向类本位的转化，这种转化意味着一种普遍的"类意识"的形成，意味着"片面个性"将被代之以"全面个性"，从而，在把个体本位提升到自觉的类本位的格局中，求取解决生态环境问题的理路和方法。

在现实层面，"全面个性"的个人，首先在能力上是全面的，他的体力、智力、交往能力等都是全面发展的；其次在需要上也是全面的，他不仅追求物质生活需要，而且追求精神生活和审美愉悦的需要，同时在节约资源的前提下能够合理地消费，具有合理的需要结构。另外，在伦理道德和价值选择方面，具有"全面个性"的个人能够把利己、利他、利环境有机统一起来，在实现个人的内在价值的过程中，能够同时关照和尊重他人的内在价值、自然的内在价值和自然生态系统的整体价值。因此，"全面个性"的个人的价值生成过程与人的类本质价值的生成过程以及自然价值的生成过程在本质上是同一个过程，这就是人类文明的高级阶段。

第七章

"三维伦理"并存的后现代伦理

　　严峻的全球生态危机、市场经济体制的确立和多元价值取向的并存,共同催生着新时期中国社会的伦理分化与伦理转型,在现实生活层面逐步呈现出传统利他型伦理、市场利己型伦理与生态环境伦理的兼容并存。因此,按照科学发展观的本真精神,构建和遵循利他、利己、利环境的"三维伦理"规范,将有助于促使经济持续运行、社会和谐稳定、文化繁荣进步、环境舒适宜人。随着人类的环境意识、生态理念的觉醒与提升,人的自由全面发展的理想目标将日益临近,这样的理想目标不是凭空的悬设,而是能够一步步地变为现实。

第一节　"三维伦理"并存时代的来临

一、"三维伦理"的内涵

　　一般来说,在不同的社会历史条件下,将形成与之相适应的伦理规范。因此,那种所谓绝对地适应于一切社会历史时代的伦理规范是根本不存在的。

　　改革开放以前,我国的社会结构是同质的、封闭的、单质一元的。为适应单一的所有制形式与统一的政治导向,在精神文化领域就需要一种把全体社会成员结合起来的"黏合剂"或"凝聚力",需要一种统一的、意识形态化了的精神力量来协助政治权力实现国家治理与社会整合。于是,传统的一维的"利他伦理"规范便应运而生。它对于调节、规范和指导人们的道德行为,曾经发挥过特殊的凝聚功能和积极的引导作用,对于在全社会树立"助人为乐"、"热爱集体"、"无私奉献"的精神风貌,营造与经济落后和消费品匮乏相适应的社会境域,建构与生产力状况和国家总体战略目标相符合的精神理念,提供了较为适宜的精神支持。在当时的社会生活领域,伦理规范体系"以道德的约束性、规范性取代了它固有的引导性、主体性和创造性;以道德对社会的依附性排除了它与社会的互动作用方式和批判性角色;以道德是人类对世界的一种'特殊把握方式'的认识掩盖了它同时是(且更多的是)一种人把握自身的特有方式的内在化特点"①。然而,道德伦理规范并不单纯是一种社会意识形态,也不只是社会政治制度的观念表达,从根本意义上说,"道德是人民在社会生活条件下选择其价值目标、确立其生活态度、处理其所遭际的各种人际关系,并由此决定其行为取向的规范、态度和方式"②。所以,当时良好的社会道德风尚,实际上在一定程度上对个人正当利益与价值追求有所忽视。

改革开放以来,中国选择和确立了社会主义市场经济体制,一元同质社会结构代之以多元异质社会结构。这种深刻的社会变革,带给人们多种价值选择的可能性:既可以在市场领域从事商业活动以谋求个人利益,又可以在非市场领域从事公利性的社会实践活动或公益事业,并且可以在各种实际活动中对自然环境和社会环境施加不同的影响,从而有利于个人价值、社会价值和环境价值的应然生成。有鉴于此,重新审视和调整传统的一维"利他伦理"规范的社会定位与适用限度,兼容市场伦理与环境伦理,坚持和倡导不同行为主体在不同生活领域选择和遵从不同的伦理规范,就不仅是合情、合理、合法的应然之举,而且是符合中国特色社会主义事业发展需要、符合和谐文化建设与生态文明建设内在要求的必然之举。

传统一维利他伦理也可称之为关系经济伦理,它更多地保留了中国传统文化和传统伦理因素,具有天然的"草根化"或"本土化"特点。关系经济伦理规范的核心是公利性或利他性原则,它主要包括国家法律保护下的社会舆论、意识形态伦理导向以及传统习俗和社会公德。在这里,公而忘私、舍己救人、

---

① 万俊人:《伦理学新论》,中国青年出版社1994年版,第42页。
② 万俊人:《思想前沿与文化后方》,东方出版社2002年版,第14页。

不计报酬、无私奉献等集体主义原则成为基本的道德生活内容。人们对于这些伦理原则的选择、内化和用以指导其道德实践的外化活动,往往缺乏足够的主体内驱力。因此,推行这些伦理原则就需要依靠行政力量的制导、思想政治教育的启蒙以及社会舆论的强力引导或灌输。

市场伦理规范的核心内容是自利性原则,它主要包括自由原则、竞争原则、公平原则和效益原则。市场经济的特点,在于使人们具有在法律许可范围内的充分的自由度,鼓励人们依据社会条件、个人需要和个人能力自主地选择开放的、多样化的生活样态和价值追求。在这里,人们有选择个人行为、规划个人生活、实现个人价值的自由,有通过竞争获取个人经济利益的自由。当然,竞争必须是公平的,公平作为调节市场经济中利益关系的杠杆和伦理尺度,成为市场伦理的重要原则。这是一种当今社会条件下的市民气质,它以商业和赚钱为目的。这种精神气质在马克思那里,同时具有"拜物教"和个体独立性发展的双重规定性。用韦伯的经典社会学语言表述方式则是:"节制有度,讲究信用,精明强干,全心全意地投身于事业中。"①

环境伦理规范的基本价值旨向在于协调和优化人与自然的关系。现代工业文明的负面效应所引起的"全球问题",加剧了人与自然的对立关系,使自然界和人类同时遭受到难以承受的巨大伤害,也使双方的正常存在和价值的应然生成同步陷入难以为继的严重危机。因此,作为有理性的现代人类,理应对自然界作出主动的"施善"行为,在"两个尺度"相统一的原则下,认真反思自己的活动方式与生存方式,审视自身的活动过程和活动结果是否有害于自然界,适时作出符合环境伦理规范的矫正或调整。

当然,全面遵循环境伦理规范的意义,绝不限于调整和优化人与自然的关系。它在更加广泛的意义上,还同时涉及人际伦理、代际伦理和普世伦理中的环境正义问题,诸如对于那些由于污染和破坏生态环境而给人类带来近期的和长远的生态灾难的问题,对于那些把环境污染后果嫁祸于人的不义之举,环境伦理将予以强烈的舆论谴责,并呼吁诉诸法律的惩治。

---

① [德]马克斯·韦伯:《新教伦理与资本主义精神》,于晓、陈维纲译,三联书店 1987 年版,第 50 页。

二、"三维伦理"的内在关系

"从事实际活动的人"既是马克思主义理论的出发点,也是理解"三维伦理"之间关系问题的出发点。利己、利他、利环境的"三维伦理"规范的主体根据,在于自利性主体、公利性主体和环境利益主体的现实生成。在市场经济背景下,个人利益是经济社会发展的驱动因素,自利性伦理规范的作用,在于尊重和维护个人的正当利益;而个人利益的全面实现和个人价值的应然生成,离不开适宜的社会条件,离不开人与人之间的交往与合作。因此,利他性伦理规范就是实现自利性伦理规范的必要条件。而自利性伦理规范与利他性伦理规范的实现,又都离不开一定的生态环境基础,因此,善待自然、关爱生命的环境伦理规范又是实现自利性伦理规范和利他性伦理规范的必要条件。个人、社会和自然环境之间本来就存在着相互规定、相互作用、相互过渡的有机联系。

在我国当今时代条件下,市场经济为人们充分发挥其能动性、创造性提供了活动平台;社会主义的民主政治建设和法制建设为尊重人们的知情权、话语权和社会归属需求疏通了人文渠道。与之相应,在精神文化和伦理领域,人们的精神文化需求日趋旺盛,思想理论活动的独立性、选择性、多变性、差异性明显增强,多重利益主体必将在全面满足自身多样化需求的过程中相互融通和相互生成,片面的、单一的利益主体将代之以全面的、综合的利益主体,从而促使个人利益与集体利益、眼前利益与长远利益、社会利益与自然利益的彼此协调和有机统一。

在全面开放的时代条件下,"三维伦理"作为新时期中国社会生活的有机内容,不仅是多元社会结构的必然产物,同时也与现实人的素质和需要密切相连。基于现实人的群体属性、个体属性和类属性的有机统一,集体利益、个人利益和环境利益在实际上是不能彼此分割的。在市场经济条件下,如果不言自利或利己原则,不给人们追求自身的价值选择和利益创造机会,就难以有效地激发人们生产经营的积极性,难以有经济的繁荣、社会的进步和个人的发展,难以实现人类社会从"人的依赖关系"阶段向"个体独立性"阶段的历史性跃迁。然而,如果只言利己而不言利他、只顾追求个人利益而不顾他人利益,那么,任何正常的市场经济和商业行为都难以如愿施行和健康推进。当然,假如不顾自然资源的有限性而肆意浩劫,不顾人的环境需要和生命安全而继续污染和破坏生态环境,听凭"厄尔尼诺"现象和"拉尼娜"现象肆虐全球,那么,人类和非人类生命体将同步陷入空前危机,任何个人利益和集体利益都将无从谈起。

马克思的"世界历史理论"认为,基于世界范围内市场经济的商品交换关系,每个人必须依赖于他人的劳动才有望得到需要的满足,这样一来,"每个人追求自己的私人利益,而且仅仅是自己的私人利益;这样,也就不知不觉地为一切人的私人利益服务"①。到了自由人联合体的高级社会阶段,利己原则与利他原则将达到彼此交融和有机统一,成为人的自由全面发展和自身价值应然生成的根本途径,"不应认为,这两种利益会彼此敌对,互相冲突,一种利益必定消灭另一种利益;相反人的本性是这样的:人只有为同时代人的完美、为他们的幸福而工作,自己才能达到完美"②。

三、构建"三维伦理"规范的意义

在全球生态危机日益严峻的情势下,一切忽视和贬低环境伦理规范重要地位的价值选择,都统统有违环境正义和生态良知。从发生论角度来说,环境价值是人文价值的"母体"和人的生命之源,人文价值永远蜕不掉环境价值的脐带。在生态哲学和环境伦理学的视域内,人类主体和非人类生命体均有满足自身需要的内在价值,都是特定价值取向的选择者、创造者和实现者。其中,人的实践活动是实现人文价值的能动环节,自然选择是实现自然价值的能动环节。人类主体和非人类生命体只有在环境伦理规范的规制下,才可能实现和谐相处、彼此合作与共同发展,共同维护自然生态系统的内在价值和良性运行。

"三维伦理"规范兼容并存的伦理学,是适应中国社会历史转型期的要求,反映当今中国人生样态的新的伦理规范体系。新时期的中国,正沿着马克思所说的"真实共同体"的发展方向,尽力促进个人利益与集体利益、国家利益与人类利益、社会利益与自然利益的协调统一。因此,传统公利性伦理规范

---

① 《马克思恩格斯全集》第30卷,人民出版社1995年版,第106页。
② 《马克思恩格斯全集》第1卷,人民出版社1995年版,第459页。

作为意识形态的重要组成部分,对于市场伦理和环境伦理仍具有一定程度的涵摄与指导作用。国家在依法保护个人正当利益不受侵犯、倡导人们热爱自然和保护环境的同时,防范和消除社会消极现象,惩治个人利益恶性膨胀所引致的一切违法行为,依法督察治理污染环境、破坏生态的工业企业,有效推行节能减排,加大环保投入。在这里,否认传统公利性伦理规范的核心地位与指导作用,就会模糊社会发展的正确方向,迷失健康正义的人生价值目标。但是,正确发挥传统公利性伦理规范对于市场伦理和环境伦理的核心指导作用,必须坚持维护环境利益和人类利益的大前提,促进国家利益、集体利益、个人利益与全人类利益的协调统一,逐步摆脱生态危机困境,走生态可持续发展道路。

改革开放以来,学术界在推进"三维伦理"建设中已经做了许多有意义的研究与探索。针对传统伦理过分张扬"为群体性"而忽视"为个体性"的惯性思维,有学者作出了精当的分析:"如果将道德的'为群体性'等同于道德的全部本质属性,就必然将'不为群体性'视为不道德的,视为道德的异化。由于从群体表现本位走向个体表现本位是人的发展的必然趋势,所以当后续的个体本位表现、个体化发展来临之时,这种'为群体'的道德本质观就会将人的个体化发展基础上的'为个体行为'视为不道德,并将其当做道德异化严加处治。这在本质上就是用道德'为群体'的起源性表现遮蔽道德'为个体'的后续性表现。"①在我国的现实生活中,既存在道德风尚的某些"预势"与传统公利性伦理的窘迫,又存在市场伦理与环境伦理生成的艰难,这就很有必要切实推进"三维伦理"规范兼容并存的复合伦理体系的建设,在尊重个体差异性与合理性的前提下,有效促进人与自然、人与社会、人与自身活动成果之间的和谐共处与可持续发展,从而切实提升人的道德素质,全面建设和谐社会。

中国的市场经济所超越的直接基础虽然是单一计划经济体制,但仍然难以摆脱几千年来的封建伦理文化的影响,因此,依然还处于不规范的初级阶段。在初步建立的市场领域内出现了从不言私利到私欲膨胀、从重义轻利到

---

① 易小明:《从传统道德观的认识失误看"为个体道德"生成的艰难性》,《哲学研究》2007年第6期。

诚信缺失的现象,在利益驱动之下,难免滋生出市场与政治的"畸形联姻":"政缘商业"与"商缘政治"同命相连和同时并存。为了促使我们的市场经济健康有序地发展,急需实现传统公利性伦理规范与市场伦理规范的现代统一,以便有利于人们能够运用公平、公正、公开、信息对称、等价交换和自由竞争等市场伦理规范,在正确发挥传统公利性伦理规范的道德规约和文化引领作用的同时,防止公利性伦理规范不适当地替代或僭越市场领域的自利性伦理规范,以便引领我们的市场经济逐渐发育成长为规范的契约经济、诚信经济和法制经济。

建设和谐社会,不仅要求人与人、人与自然、人与社会以及人与自身活动成果的和谐相处与可持续发展,同时要求社会的经济、政治和精神文化等社会诸要素的彼此协调。胡锦涛总书记在党的十七大报告中指出:"要按照中国特色社会主义事业总体布局,全面推进经济建设、政治建设、文化建设、社会建设,促进现代化建设各个环节、各个方面相协调,促进生产关系与生产力、上层建筑与经济基础相协调。坚持生产发展、生活富裕、生态良好的文明发展道路,建设资源节约型、环境友好型社会,实现速度和结构质量效益相统一、经济发展与人口资源环境相协调,使人民在良好生态环境中生产生活,实现经济社会永续发展。"①基于我国的市场经济体制和民主政治建设、文化伦理建设也必须与之相适应,而不能"生产力围着生产关系转"、"经济基础围着上层建筑转"。鉴于历史的沉痛教训,我们有必要立足于社会主义市场经济基础,尊重实践活动多样化、政治民主化和环境舒适化的内在要求,构建适合不同领域、不同活动主体的三维伦理规范。这样一来,人们就可以根据自身的不同价值诉求,在市场领域内坚持正当的自利性原则,在市场领域之外的社会公共领域坚持公利性或利他性原则,在与自然打交道的实践活动中自觉保护生态环境。

我国的社会转型期,需要"三维伦理"与之相适应。如果片面强调和坚持传统公利性伦理,那就会冷漠和弱化市场伦理与环境伦理,从而难免导致缪尔达尔所说的"软政权"现象。所谓"软政权"现象,是指来自政治国家的制度、

---

① 胡锦涛:《高举中国特色社会主义伟大旗帜 为夺取全面建设小康社会新胜利而奋斗——在中国共产党第十七次全国代表大会上的报告》,人民出版社 2007 年版,第 15 页。

法律、规范、指令、条例等都只能是一种"软约束",都可以"讨价还价";即使国家制定了法律和制度,也不能被普遍遵守,难以在社会的实际生活中加以有效实施。以致在现实生活中不同程度地存在"领导指示比红头文件有效,红头文件又比法律有效"的现象,不少法律、制度没有领导批示就难以实施。这就容易在伦理领域衍生出"软道德"现象,即国家所倡导的一维伦理规范诸如大公无私、舍己救人、重义轻利等原则,虽然在形式上似乎完全覆盖社会生活的一切领域,但很少有人去真心选择和潜心内化;而市场经济所需要的自利性或功利性伦理规范则会普遍缺失。于是,市场经济也就很难摆脱"关系经济"的纠缠。在被"关系经济"扭曲了的市场领域做生意,市民不得不耗费时间、精力和金钱去找关系,不得不支付巨大的"租耗"成本去"打通关节",而纯粹建立在信用、契约、合同基础之上的交易原则很难规范地推行,这就必然极大地降低市场效率甚至导致市场失灵。因此,构建市场伦理规范有助于我国在培育和发展规范市场经济的过程中,逐步实现市民社会同政治国家的相对分离,使官有官德、商有商道,从而有助于从体制或制度配置方面铲除权力商品化和权力腐败的土壤。

科学发展观引领下的中国特色社会主义事业的整体过程,内在地包含或伴随着社会伦理生活的根本性转变,促动着伦理格局从传统一维伦理向"三维伦理"的分化、延伸与拓展。"三维伦理"规范对于适应新时期人们的精神文化需求、建设和谐社会与生态文明、促进人的自由全面发展具有重要的理论前导性与切实的价值必要性。

第二节 多样化主体与多维价值选择

一、市场经济下的个体差异性

中国历代封建社会中等级森严、政治独裁、思想专制、人身依附、压抑个性,整个社会以自给自足的自然经济为基础,普遍缺乏与商品经济相匹配的独立个体和市场伦理的土壤。自从 20 世纪 70 年代末 80 年代初的改革开放以来,中国社会进入了一个历史转型期,逐步建立了社会主义市场经济体制,民主政治建设和法制建设不断取得新进展,与之相适应,思想文化领域中对伦理规范的丰富发展提出了新的要求。

20 世纪 70 年代末 80 年代初,我国发生了根本性的社会转型,社会的经济、政治、精神文化三大社会生活领域先后实现了重大的转变,出现了不同领域之间彼此相对"分离"的趋势。逐步呈现经济开放、政治民主、文化繁荣的和谐局面。于是,作为体现个人发展和文明进步的个体差异,也随之冲破"一元论思维模式"而开始萌动、生发和充分地发挥作用。可以说,与单一计划经济体制相对应的是无差别的个体,与市场经济体制相对应的是生机勃勃、独立自主的个体。

市场经济及其商品交换关系,把人与人、企业与企业之间的相互联系空前地扩大了、加强了,它使每个人必须通过他人的劳动才能得到需要的满足和自身劳动的实现,企业与企业、企业与市场、生产者与消费者、买方与卖方、服务业主与顾客之间的相互依存,表征着在分工与交换的中介链条上,人们越来越广泛地发生着"相互需要、相互创造、相互交换其活动"的密切联系。在这种新型的社会联系中,充满了个体自主的多样化选择的机遇,外力的干涉减少了,个人的独立思考、独立判断、独立选择的地位和作用日益强化和提升了。这样一来,不同的个人就有机会按照自己的素质、能力和价值选择,在市场领域内依法从事有利于个人的商业活动,在市场之外自觉自愿地从事公益活动和慈善事业,在与自然打交道的过程中,选择有利于自身和他人健康的生活方式与活动方式,自觉投身于治理、优化和保护生态环境的全人类的活动之中。

当今时代,包括中国在内的一切欠发达国家,之所以能够从"人的依赖关系"为主导的历史阶段走上市场经济体制之路,多半是为历史潮流和时代发展的大势所迫,是由于外部因素的强势干预和外来市场规则的渗入。即是说,对于这些国度的国民来说,市场规则大多是"舶来品",并非是国民自身发育成长起来的社会因素使然。这就难免出现一些与规范的市场规则不相协调的现象,诸如制假贩假的问题、以次充优的问题,等等。解决的办法或根本出路,只能是着眼于大局和未来发展,着眼于本国、本民族的"内功建设",着重从提高国民的自身素质、主体能力,特别是从提高人的精神文化素养做起,加盟世界通联,赶上时代步伐,按照规范市场经济规则逐步"消化吸收"一切外来的有益经验,向着成熟的市场经济社会一步步地靠拢和迈进。而不是把这些市场规则当做与己无干的、纯粹外在的东西"驱逐"、"清除"、"净化"出去,重新复归到人身依附的前市场经济社会。

二、个人经济权利觉醒的合理性

早期的人类由于生产能力低下而过分依赖于自然界,在朦胧的血缘种群意识下同大自然融为一体,作为生态系统中的一员,以朴素的人类中心主义的活动方式扮演着盲目的环境伦理主体的角色。在人身依附的社会形态中,集体利益与个人利益之间的矛盾始终存在。集体利益与个人利益的不同道德祈向,在彼此对立和分置的状态下很少有平等可言。于是,在"虚假共同体"君临人间的条件下,处于强势的集体利益的道德主体就普遍遮蔽和吞噬了处于弱势的个人利益的道德主体。因此,第二大社会形态在伦理领域的积极意义,便集中体现在对个人利益道德祈向的张扬上。

基于现实人的个体属性、群体属性和类属性的有机统一,个人利益、集体利益和环境利益在实际上是不能彼此机械切割开来的。在市场经济条件下,如果不言利己原则,不给人们追求自身利益的选择机会,就难以有效地激发人们生产经营的积极性,难以有经济的繁荣、社会的进步和个人的发展,难以实现人类社会从"人的依赖关系"阶段向"个体独立性"阶段的历史性跃迁。然而,如果只言利己而不言利他,只顾追求个人利益而不顾他人利益,那么,任何市场经济和商业行为都难以正常进行和健康发展。同样,假如不顾有限能源的枯竭与生态环境的破坏,听凭生态危机在全球蔓延,那么,自然生态物种和人类本身将同步陷入空前危机,任何个人利益和集体利益也都将无从谈起。在资本主义这个被马克思称为人类社会"第二大阶段"的历史时期,个人由于分工而互相依赖,"这种互相依赖,表现在不断交换的必要性上和作为全面中介的交换价值上。经济学家是这样来表述这一点的:每个人追求自己的私人利益,而且仅仅是自己的私人利益;这样,也就不知不觉地为一切人的私人利益服务,为普遍利益服务。关键并不在于,当每个人追求自己私人利益的时候,也就达到私人利益的总体即普遍利益。从这种抽象的说法反而可以得出结论:每个人都互相妨碍别人利益的实现,这种一切人反对一切人的战争所造成的结果,不是普遍的肯定,而是普遍的否定。关键倒是在于:私人利益本身已经是社会所决定的利益,而且只有在社会所设定的条件下并使用社会所提供的手段,才能达到;也就是说,私人利益是与这些条件和手段的再生产相联系的。这是私人利益;但它的内容以及实现的形式和手段则是由不以任何人为转移的社会条件决定的。"①到了自由人联合体的高级社会阶段,利己原则与利他原则的区别界限将自行消失,二者的有机统一将成为人完善自身、发展自身、实现自身的根本途径。"不应认为,这两种利益会彼此敌对、互相冲突,一种利益必定消灭另一种利益;相反,人的本性是这样的:人只有为同时代人的完美、为他们的幸福而工作,自己才能达到完美。"②社会是人的社会,社会的生机源于个人的素质、能力的充分发展;个人利益是社会利益的根基和生发点。因此,在一个相当长的历史时期内,都需要在全社会呼唤对于个人利益的尊重,这不仅是当今时代的需要,而且是整个人类历史的终极目标,因为它是人的自由全面发展的有机内容和基本价值旨向。

三、不同利益主体的相互冲突与相互协调

在现实生活中,由于不同个人之间的素质、能力和社会归属的实际差异性,不同利益主体之间的利益矛盾和冲突就是难免的。这根源于产权的有限性,因为任何一种财产权利都是国家依法明确划分的各类产权主体行使权力的财产范围和管理权限的一种法权。产权之所以是有限的,在于任何一种产权都是人的一种排他性的权利,这种排他性源于社会经济活动中对人的责权利的规范,强调的是产权作为可交易的法权,其核心功能是确立和维护均衡的产权关系,即责权利对称的产权关系。一旦权利脱离了责任就会导致权利的错位和滥用,就会使产权关系失衡,从而导致市场的混乱和不同利益主体之间的矛盾与冲突。因而,对任何产权的界定和使用,都要有法律依据,依法行事。不同财产的所有者、经营者、使用者之间,应该始终遵从责权利均衡的法律及经济的约束关系。特定主体对某一产权是否拥有完全的权利,还是拥有部分的权利,都要接受法律的约束;否则,一切越权或侵权行为都要受到法律的制

---

① 《马克思恩格斯全集》第 30 卷,人民出版社 1995 年版,第 106 页。
② 《马克思恩格斯全集》第 1 卷,人民出版社 1995 年版,第 459 页。

裁和惩罚。

但是,市场经济说到底是利润经济,在利益驱动下很容易导致经济的垄断和文化的失落,由于不同个人之间的素质、能力和社会角色的差异,即使在"得其应得"的原则基础上,也难免出现"贫富悬殊"现象,于是,不同利益主体之间的冲突就是难免的,这就提出了不断协调不同利益主体之间关系的要求。一般来说,正确协调不同利益主体之间的关系,不能推翻"得其应得"的分配体制和伦理原则,而是借助于税收等手段实行经济利益的"再分配",并通过发展社会福利保障事业和褒扬、推行社会慈善事业,达到缓解和缩小贫富悬殊的目的。

被奉为"西方青年造反者的明星和精神之父"的马尔库塞,是西方马克思主义的重要研究者。他在反思和批判资本主义现代性的过程中认为,马克思的《1844年经济学哲学手稿》是马克思主义研究史上的划时代事件,并认为现代资本主义的罪恶病态在于它压抑和扭曲了人的本性,它使革命的潜力衰退,而使新的、强硬的社会控制形式增强了。由于资本主义的消费模式的引领和控制,把人变成了"一维的人",使人们盲目地从事物质化生产,追求物欲的需求和享受,从而促使人与现存的资本原则和经济秩序保持高度的同一化。他于是认为:"技术进步=社会财富的增长=奴役的加强。人创造的技术反过来奴役人、控制人,这种技术异化实际上也是人的异化,即人的物化。"[1]马尔库塞在这里所揭示的异化现象,不仅普遍存在于资本主义社会,而且也存在于盲目追求"现代化"的一切社会场域。由此看来,协调不同利益主体之间的关系,不仅需要法律的和经济的硬约束,而且需要精神文化和伦理规范的积极引导或软约束,需要人本身的素质、能力的全面发展,需要优化人的消费结构,拓展人的交往关系,提升人的道德风尚,增强人的生态环境意识。

"物质欲望"的无限膨胀是生态产权关系中"非公平性"产生的人性根源。由于人的"物质欲望"的无限膨胀在社会生活中的无孔不入,社会不公平的问题就必然存在。这种社会不公平,往往是社会强势群体的牟利行为所致,弱势

---

① [美]赫伯特·马尔库塞:《单向度的人——发达工业社会意识形态研究》,重庆出版社1993年版,第5页。

主体往往蒙受经济上的损失和超经济的困扰,被迫承受着生态恶化的一切恶果,其中体现了生态产权领域中强势主体对弱势主体的侵害或剥夺关系,反映了权利主体之间责权利关系的不对称性。例如,一些经济发达国家和地区占有、使用和消耗着地球上大量的自然资源,给周边国家和地区以及全球造成严重的生态灾难,理所当然地应当承担生态治理的主要责任。然而,在这方面,有些发达国家往往是说的多而做的少,或者是许诺多而兑现少。

生态产权制度的逐步完善是摆脱生态危机的制度保障,既是提升产权主体自律意识的重要手段,也是维护生态平衡、摆脱生态危机的必要的制度配置。摆脱生态危机需要法权的强制,生态产权关系的均衡也需要法律来维护,市场经济中的生态产权关系需要法律来调整。一般说来,生态环境保护过程中遇到挑战的根本原因在于:保护和破坏行为背后的环境权利和经济利益。保护者与受益者、破坏者与受害者之间的分配关系的错乱和扭曲,必然导致保护环境与发展经济的矛盾冲突。只有从法律方面提供一个含有约束机制和激励机制的产权制度安排,才能让实施生态环境的保护者真正从生态恢复工程中受益,这样才能充分调动多方面的社会力量在生态恢复与治理中的主动性、积极性,才能使那些生态环境的破坏者真正得到相应的制裁,从而发挥法律在协调利益关系、治理环境污染和恢复生态平衡中的"硬约束"机制或权威效用。

第三节　环境伦理建设与人的全面发展

一、道德自利性与道德利他性的统一

在环境伦理学视域下,与人相互作用的自然界不仅仅是作为有机的或无机的物质而存在,而且是作为追求和创造生命的独立的生命力而存在,作为有生命的主体而存在。这样一来,人与自然都是作为价值主体,在其价值选择和价值生成过程中,既各有其自利性的内在价值,又有其利他性的工具价值。这种情况反映在伦理关系中,就相应地形成了自利性的道德和利他性的道德。

在全面推进物质文明、制度文明、精神文明和生态文明建设,构建和遵循"三维伦理"规范的过程中,需要特别关注兼具自利性、公利性和生态环境价

值"三位一体"诉求的道德主体的现实生成与全面发展。为此,应着重解决以下四个问题。

第一,走出单纯经济观念的误区,不断提升道德主体的生态环境意识。改革开放以来,在关于效率原则与公平原则之间究竟孰为优先的问题上,曾经持续地发生拉锯战式的争论。后来人们终于发现,当公平原则被抬上巅峰的时候,往往充当了效益原则的马前卒,一些表面上高喊"公平"的人们,暗地里却在拼命地追求经济"效益",致使发展经济与保护环境尖锐冲突的死结至今都难以破解。人们看到,哈丁提出的"公用地悖论"的悲剧正在中国一些地方上演,赌上环境代价发展经济急于脱贫、追求眼前利益的欲望难以得到有效遏制。个人利益恶性膨胀的各式本位主义,正驱使一些地方政府官员绞尽脑汁地在环境问题上打"擦边球"。在他们心目中,实惠是自己的,环境是大家的,所谓"有环境污染的地方,经济必然发达"的评价标准至今仍牢牢盘踞在一些行政领导和众多利益高端者的内心深处。这就告诫我们,当今道德主体的全面发展,必须走出财富的积累与环境的恶化同步攀升的怪圈。

第二,切实加强规范市场主体建设。中国作为发展中国家,在规范市场经济主体方面至今仍有许多工作要做。"我们选择市场经济,不是首先具备了规范市场经济的行为主体和市场交易规则,然后再从事市场经济活动,而是市场经济来到了我们面前,迫使我们一边发展市场经济,一边进行市场经济主体素质和能力的'补课'。"①规范市场经济主体,不仅要求在经济上讲求效益,而且要能够在道义上讲求正义,在政治上讲求法制、遵守法律,在道德上讲求诚信、利己利他、保护生态环境。有了规范的市场经济主体,才能有规范的市场经济活动,才能促进社会的全面发展。

第三,进一步转变政府职能,强化决策过程中的反馈机制,提高决策主体的生态素质和环境自觉。当今时代,政府的一切决策和立法导向,都必须经受环境伦理规范的审视,不断加以调整和有效矫正。近几年,我国陆续出台的"珍惜资源"、"节能减排"、"退耕还林"、"退牧治草"等相关政策,都是有效的

① 崔永和、黄晓燕:《集体主义的现代演进与马克思的原典回归》,《河南师范大学学报》(哲学社会科学版),2007年第6期。

环境保护举措。当然不容忽视的是,我们尚有众多经不起环境伦理审视的现行政策有待认真反思和修订。

第四,矫正粗放型重复生产,加强对质量低劣的建筑工程的排查修复,破除愚昧落后的社会风俗。低层次的重复建设造成大量粗放型重复生产,严重浪费能源、污染环境、破坏生态,成为当前我国经济领域的突出问题。重复性生产的直接消极后果是产品无销路、库存爆满、生产虚假过剩,导致一批批粗放型污染企业不得不纷纷倒闭,为社会带来沉重负担。

据《中国青年报》2010年2月23日报道:2月6日,由于规划与设计问题,江西南昌一个使用不到13年的四星级大酒店,在"浪费公众财富"的质疑声中,被爆破成约4万吨的废墟。在一些发达国家,大型建筑的使用寿命一般都超过50年,而我国"短命"建筑不在少数:2007年,沈阳五里河体育场才用18年就废掉了;2010年,福建一所投资1500万元的小学,只使用了2年就面临被拆迁的命运。

现实生活中一些广泛流行的社会风俗和生活习惯,也在制造大量的生产和生活污染,给生态环境增加了沉重包袱。如有些地区至今仍在放火烧山、焚烧秸秆,造成严重的环境污染;我国的白色污染,在"于民方便"的同时却加剧了生态环境的退变;中国约3.5亿烟民随处释放的"二道烟",成为公共场所环境污染的一大祸患。然而,由于烟草业经济十分可观的经济效益,至今难以找到一个比较妥善的解决烟草业生产—销售—消费链条上的环境污染的办法。据国家烟草专卖局2008年1月14日所发布的数据显示,"2007年全国烟草行业实现工商税利3880亿元,同比增长25%。2002年至2007年,税利年均增长20%以上。然而烟草行业的优良表现,却实在让我们高兴不起来。近年来,在中国企业纳税排行榜的前十名中,烟草企业始终占据三到四席。在2007年9月公布的'2006年度中国纳税百强'排行榜上,烟草制造业以1761.50亿元的税收贡献独占鳌头,约占全部40个行业税收贡献的17.02%,甚至超过了位居次席的石油和天然气开采业近200亿元。难怪有人戏说,这样的纳税大户榜单是用'油烟'熏出来的。"①这种情况说明,要堵塞烟草行业

---

① 沈彻:《不要为"烟草第一大国"感到骄傲》,《东方早报》2008年1月22日。

损害人体健康和生态环境的污染漏洞,还可能有一段相当长的艰难的道路。

这一切都说明,兼具自利性价值、公利性价值和生态环境价值的"三位一体"诉求的道德主体的生成与发展,既是一个极为紧迫的任务,又是一项需要我们付出不懈努力的系统工程。构建和谐社会,不仅要求人与人、人与自然、人与社会以及人与自身活动成果的和谐相处与可持续发展,同时要求经济、政治和精神文化等社会诸要素的彼此协调。胡锦涛总书记在党的十七大报告中指出:"要按照中国特色社会主义事业总体布局,全面推进经济建设、政治建设、文化建设、社会建设,促进现代化建设各个环节、各个方面相协调,促进生产关系与生产力、上层建筑与经济基础相协调。坚持生产发展、生活富裕、生态良好的文明发展道路,建设资源节约型、环境友好型社会,实现速度和结构质量效益相统一、经济发展与人口资源环境相协调,使人民在良好生态环境中生产生活,实现经济社会永续发展。"①我国的市场经济体制和民主政治建设,也要求文化伦理建设必须与之相适应,不能"生产力围着生产关系转"、"经济基础围着上层建筑转"。鉴于历史的沉痛教训,我们有必要立足于社会主义市场经济基础,尊重实践活动多样化与政治民主化的客观规律,构建适合不同领域、不同活动主体的"三维伦理"规范。这样一来,人们就可以根据自身的不同价值诉求,在市场领域内坚持正当的自利性原则,在市场领域之外的社会公共领域坚持公利性或利他性原则,在与自然打交道的实践活动中坚持环境伦理规范,自觉保护生态环境。

二、热爱自然、保护环境的生命意识

在全面满足人们多样化需求的过程中,多重利益主体必将随之而相互影响、相互融通、相互提升,片面的、单一的利益主体将逐步成长为全面的、综合的利益主体,从而促使个人利益与集体利益、眼前利益与长远利益、社会利益与环境利益彼此统一起来。传统人际伦理始于人与人的相互交往,在这个领域内,土地、水源、空气、矿藏、动物、植物这些自然物只能被视为对人有"义

---

① 胡锦涛:《高举中国特色社会主义伟大旗帜 为夺取全面建设小康社会新胜利而奋斗——在中国共产党第十七次全国代表大会上的报告》,人民出版社2007年版,第15页。

务"、被用来满足人类需要的工具。"但是,当我们探寻的不是资源而是我们的根源时,我们就上升到了环境伦理学的高度。人们会发现,自然环境是生养我们、我们须臾不可离的生命母体。自然一词的最初含义是生命母体,它来源于拉丁文 natans,其意为分娩、母亲地球。"①大自然是生命的源泉,是世间万物的创造者,这正是自然本身的内在价值。

生命意识是后现代文化的核心理念,它主要包含如下内容:其一,热爱自然、关爱生命的环境意识。对生态环境的污染和破坏,对自然生命的过分残害和杀戮,是西方现代工业经济的显著弊端之一,拿资本主义所创造的全部生产力或全部社会财富,都难以治理好被他们所破坏的生态环境,更无法挽救由于生态环境的破坏而惨遭灭绝的物种。其二,从生态危机的贫瘠土壤中滋生的忧患意识和人类良知。现代生态危机的衍生结果,直接危害了人的健康和生命安全,伤害了人类和非人类生命体,于是,凡是稍有生态良知和生命意识的人,都会为生态环境的继续恶化而忧心忡忡,都会投身于保护生态环境的时代洪流中。其三,摒弃生产物质化和生活物欲化倾向。生态危机的深刻根源,在于物欲的畸形膨胀以及由它所刺激的市场经济利益最大化原则,工业文明以来的利润经济和畸形消费欲望,普遍摧垮了人类的一切优秀文化和精神家园。其四,呼唤人的全面需要与适度消费,追求人的真正的幸福。这里有一个值得认真反思的重大理论问题,即在人类历史上的一个相当长的时期里,人们对于经济利益和个人经济权利的觉醒的意义曾经给予了过高的估价,对于未来理想社会的憧憬,也曾经过多地强调"社会物质财富的极大丰富"的决定性意义。这种估计,如果在欠发达社会里还有一定的实际意义的话,那么,在发达社会就值得重新审视了。近代以来的大量经验事实证明,人类社会的文明与进步,并不总是与社会物质财富的增长成正比,甚至伴随社会物质财富的增长,反而会引发出许多新的社会矛盾和复杂的社会问题,比如,分配不公、贫富悬殊、腐败滋生、生态环境危机难以遏止、消费结构不合理或不真实、人的生活或心理体验中的幸福指数下降等等,这也许正是西方世界的理论界长期重视研究分配正义问题的原因之一。

---

① [美]H.罗尔斯顿:《环境伦理学》,杨通进译,中国社会科学出版社 2000 年版,第 269 页。

在泛科学主义盛行的今天,跟随着市场经济的世界潮流,人们在不知不觉中迈进了工具理性时代。在这里,无论什么理论、学说,都要在经济的天平上接受审视,经受"是否有用"的经济标准的裁决。近代以来,随着科学技术的进步,人们的物质生活越来越丰裕,物质享受的方式也越来越丰富多彩,人的自然本能不再遭受压抑,人的官能刺激的需要便越来越能得到预期的满足,在这种被誉为"发达社会和幸福时代"的境遇下,人们"没有时间进入深层的精神生活,艺术、哲学和宗教不再被人需要,也就更没有人去建设它们。由此可见,科学理性不但不能促进人类精神生活的进步,反而是在消灭真正的精神生活"①。人的精神生活的重要性和丰富多彩,实际上并不亚于物质生活领域,只是在人类历史的早期和稍往后的时期,由于生产力的低下和物质生活资料的极度匮乏,人的自然生理需求常常难以得到满足而危及人自身自然生命体的存在,因此人的活动也就几乎长期局限于谋生的物质生产领域。然而,随着生产力水平和社会文明程度的提高,人的需求将逐渐趋于丰富、全面、均衡与合理,人的自由发展的条件将逐渐从主要依赖于物质生产领域转向主要依赖于精神活动领域或审美领域,这时候,人的精神生产和主观创造活动将越来越具有不可忽视的重要意义。

生命意识的不断丰富和人性的不断完善,是摆脱生态危机的人性论根据。人性是复杂的多面体,甚至是一种悖论性的存在。这就需要加强人文素质的培养和人文精神的孕育。人文精神是摆脱生态危机、遏制人性"欲求"无限性的内在动力。科学精神与人文精神是人类生存与发展不可缺少的因素,是推动社会文明进步的内在动力。科学技术的发展,曾经给人类带来了巨大的物质福利,但也导致了生态环境的破坏和人类生存的危机,引发了人性的否定方面,使人性迅速地物化和非人化了。因此,需要孕育和倡导人文精神,用于优化人的需求结构,提升人生的文化品位。扬弃工业文明,建设生态文明,需要从根本上调整产业结构、改变经济增长方式,尊重人的真实而合理的需求选择,建设资源节约型和生态友好型社会,这就不仅需要制度和法律的保障,同时需要人文精神来丰富人的生活内涵,提升人的生存境界。

---

① 张志伟:《是与在》,中国社会科学出版社 2001 年版,第 165 页。

总之,利己、利他、利环境的"三维伦理"规范将真正适应未来社会人们的全面需求,从而在建设生态文明、促进人的自由全面发展中,显示其重要的理论前导性和切实的价值必要性。

三、环境伦理建设的主体依据

在遵循"三维伦理"规范全面推进物质文明、制度文明、精神文明和生态文明的过程中,兼有自利性、公利性和生态环境价值祈向的"三位一体"的道德主体的现实生成,是至关重要的能动因素。因为,没有与环境伦理建设相适应的社会主体,就难有生态文明建设的实践样态。

首先,环境伦理建设的主体应该是自利性的主体。人的自利性是人类摆脱"人的依赖关系",走向个体独立性阶段的首要素质,是人的能力发展到足以能够从事独立活动的重要标志。与人的活动方式的独立性相适应的道德追求,是现实人的欲望和需要结构的自主性,它与人的个体素质能力彼此对应和相互规定。而人的行为和人的欲望具有内在相关性,或者说,欲望驱动行为,行为满足欲望。因此,尊重人的个性就必须尊重人的欲望和需要。但是,人的需要是一个过程,相对于需要过程而言,人的欲望本身不存在"有限"与"无限"的问题,只能根据具体历史条件,对欲望的性质和满足的可能性作出比较分析。比如,具有文化底蕴和伦理约束的欲望,是文明社会的人性的象征;而超脱或游离于文化底蕴和伦理约束之外的欲望的满足,则必然是吞噬人性的野蛮和愚昧。因此,走出生态危机、确立环境伦理,不能从人的生物适应性入手,不能从限定人的欲望入手,而应该基于人的自然属性与社会属性的对立统一关系,尊重人的富有文化底蕴的价值选择,发挥社会制度的整合作用和伦理文化的调节功能,不仅重视发展经济,为满足人的需要不断创造丰富的物质生活资料;而且,还要丰富人的文化意蕴和完善伦理规范,使人的需要结构尽量趋向于全面与合理。假如人的需要结构畸形,欲望无度膨胀,那么,再丰富的社会财富也难以达到文明社会的理想境界。

在资本主义制度下,一切生产活动都是资本增值和资本的再生产过程,人们同自然打交道的劳动过程,也就是把自然资源转化为资本的活动过程。以至于"工人的个人消费对他自己来说是非生产的,因为这种消费仅仅是再生产贫困的个人;而对资本家和国家来说是生产的,因为它生产了创造他人财富的力量。因此,从社会角度来看,工人阶级,即使在直接劳动过程以外,也同死的劳动工具一样是资本的附属物。甚至工人阶级的个人消费,在一定界限内,也不过是资本再生产过程的一个要素"①。这样一来,人的活动和人的需要都同时被扭曲了,财富的增长同个人的发展呈反比例变化。

其次,环境伦理建设的主体应该是利他性的主体。在社会历史领域,人的利他与自利是一体两面的对立统一关系,现实的人总要通过他人而实现自身,通过他人的劳动而生成自身,通过他人的生活而实现自己的劳动。人是经济的主体,经济是为人服务的。在经济发展和人的发展的关系中,经济发展是手段,人的全面发展才是经济发展的终极目标和价值尺度。所以,任何特定经济主体对生态资源的开发利用,都不应以牺牲国家、地区、民族和人的利益为代价,更不能以牺牲人类的长远利益或后代人的利益为代价。然而,在现代化工业经济的运行过程中,经济发展与人的全面发展存在严重冲突,在经济高速发展给人类带来物质财富的同时,不仅加剧了人与自然的矛盾,而且造成了生产活动和社会关系的单一物质化倾向,造成了人的异化和自然的异化。一些经济组织和利益主体为了本国利益、局部利益或个人利益,置他国利益、他人利益、长远利益、自然利益和全球利益于不顾,大肆施行掠夺性开发、低效率利用,不择手段地攫取各种自然资源,不仅破坏了当代的环境公平,而且也破坏了代际环境公平。同时,"个人无限占有物质财富的贪欲所带来的只能是摒弃价值理想、忘却终极关怀,使人成为物质巨人和精神侏儒"②。可见,环境伦理主体只有兼具利他的美德,才能够在与自然打交道的过程中,兼顾个体利益和他人利益。

最后,环境伦理建设的主体应该是保护生态、有利于环境的主体。资本主义大国的崛起,几乎都是从发现、占有和掠夺异地或异族的自然资源起步的;资本主义国家的工业化道路,实际上是以对自然资源的过分掠夺、占有、消耗为代价的。由此而引起生态环境的破坏和社会伦理文化的危机就具有历史的

---

① 马克思:《资本论》第 1 卷,人民出版社 2004 年版,第 661 页。

② 何建华:《经济正义论》,上海人民出版社 2004 年版,第 30 页。

必然性,特别是 20 世纪中后期以后,一些发达国家依据其相对强大的经济实力和科技优势,一方面掠夺、占有、耗费了地球上绝大部分地区的自然资源,另一方面却推卸保护生态资源的义务、治理生态环境的责任。这就必然导致全球资源日益匮乏,能源日趋紧张,从而加剧了国与国之间的摩擦和纷争。在经济全球化背景下,一些发达国家为了本国利益,把资源耗费高、环境污染严重的生产企业陆续转移到落后国家和地区,随即把环境治理成本和责任义务同时转嫁给了缺乏经济实力和技术能力的落后国家和地区。一些发展中国家,由于单纯追求经济增长,忽视社会公平和代际公平,不重视保护环境、节约能源和经济社会的可持续发展,其结果不能不导致经济结构的失衡、社会发展的滞后和生态环境的急剧恶化,从而全球性的生态危机与资源分配不公也就日益凸显。

从国内看,这种资源占有和经济发展的不对称或不均衡状况,是造成我国生态环境不断恶化的重要制度根源。在改革开放过程中,受市场经济单向度价值取向的影响,加上人的生态保护意识淡薄,相关政策、制度、体制滞后,尤其是生态产权制度不完善,导致产权主体在对于自然资源的占有、使用、消费等方面的责权利关系失衡。有些产权主体在自然资源的占有、使用、消费等方面,往往是权力大责任小、利益多义务少、开发多治理少、重效益轻环保,片面追求速度、效率、数量,忽略生态资源的保护与治理,造成了生态环境的破坏。到头来,个人利益、社会群体利益和生态环境利益都难有保障。因此,环境伦理建设主体应当拥有生态生产能力、具备生态生活素质的人,他们应该具有关爱自然、热爱生命、保护环境的文化底蕴和道德情怀。

第八章

中国的后现代农业与生态文明建设

中国作为世界第一农业大国和人口大国，长期以来曾经为"吃饭问题"而犯难，为人口问题而负重不堪。但是，一旦选择对路，决策合理，兼顾全面，持续发展，就完全有可能依靠自己的力量，在借助外在有利因素的情况下逐步战胜困难，经由可持续发展的路径达到理想的彼岸。基于特殊的国情，中国的发展不可能走西方发达国家的老路，而要继承和发扬本民族"天人合一"的文化传统，参照和吸收全人类的文化遗产和先进科学技术，以后现代农业为主要经济支撑，走生态文明建设的东方道路，在扬弃"工具理性"的过程中通达"天地人和谐"的文明境界。

第一节 "天人合一"与后现代"天地人和谐"

一、"天人合一"的文化传统

中华民族具有五千年文明史，曾经是世界"四大文明古国"之一，尤其是"天人合一"文化传统，更是经世不衰。对于历史悠久的中华民族文化，需要随着时代发展采取缜密分析态度，明察借鉴和辩证扬弃其中的思想资源与文化精义。

早在春秋战国时期，中国就曾出现儒、道、墨、法、名、阴阳、纵横等众家蜂起的文化景观，为文明古国准备了厚重的思想铺垫。认真发掘、继承和发扬这份历史文化资源,借以弘扬当今中国的学人风范与学术创新精神,开创新时期的生态文明,是颇具理论价值和实践意义的伟大事业。

先秦春秋战国时期,由于中国尚未建立起统一的封建集权国家,因此也就没有一国的"舆论一律"的意识形态导向来规制和干预学术活动,没有统一的政治标准用以限制文人学士的自由思维,各派学人都能够独立思考,不同学术思想都可以自由发表。知识学人无需趋炎附势,无须随波逐流,各家各派都能够不受外在干预地畅想天下大事,坦言个人见解,发表社会主张,抒发学理情怀。在如此宽松的文化氛围之下,各家各派的师尊和门徒们不必依遵周天子的恩准和诸国王侯的特许,只需凭借各自的独立见解和学术创新精神开展学术活动。一些开明的诸国王侯对此不仅不加干预,反而还谦恭地问政于文化士人。百家争鸣、群星璀璨的先秦文化,在我国学术史、思想史、文化史上留下了光彩夺目的一页。

中国传统文化在整体态势上呈现儒道互补的格局,自春秋战国第一次文化勃兴以降,儒道两家文化就成为中国文化的两大支柱。儒、道思想不仅渗透到中国古代政治、宗教、哲学、史学、文学、艺术等各个文化学理领域,影响了这些文化门类的精神风貌;而且左右了士大夫的人格心理、行为规范、生活情趣、思维方式,造就了一代又一代的所谓既能兼济天下、又可独善其身的文士气质与天道风范。

儒家思想是中国文化的基干,在中国传统文化中占有特别显著的地位。离开儒家思想,中国文化便失去了灵魂。中国古代儒家思想的发展大致经历了三个时期:以伦理亲情为纽带的先秦儒学;以阴阳五行为框架的两汉经学;以心性本体为核心的宋明理学。其中,重道德、重人本、重和谐,是儒家思想的要义。

道家思想代表了中国文化的另一脉,在中国传统文化中同样居于突出地位。据实而论,道家思想对中国文化的影响大体与儒家旗鼓相当。中国古代道家思想的发展,先秦时期的原初形态是"老庄之学"。在其后的历史沿革中,主要呈现为三个形态:汉初的"黄老之学"、魏晋的"玄学"、隋唐及其以后的"道教"。道家思想具有强烈的超越意识和批判精神,其要义在于强调逍遥自适、无欲无为而治,主张顺其自然。

　　儒道两家虽然各有其不同的发展形态和基本精神,但在中国文化史中却以互补互济的方式交织糅合、共同发展,从而构成支撑中国传统文化的两大精神支柱。中国文化的儒道互补格局大致有两种表现形态:一是儒道两家思想之间通过互相渗透、互相吸收,达到丰富完善各自学说的目的;二是儒道两家各取"揭弊"的形式,互相揭露和批评对方的弊端,克服对方的偏颇,在历史上形成儒道两家交互递补的演化过程。

　　儒家是春秋战国时期的重要学派,传承数千年而绵延不断,其代表人物是孔丘、孟轲、荀况等,代表作有《孔子》、《孟子》、《荀子》。儒家的思维特点在于重视道德伦理教育和人的自身修养,强调教育的功能,主张"有教无类",提倡对统治者和被统治者都应该进行教育,使全国上下人人都成为道德高尚的人。在他们看来,重教化、轻刑罚是国家安定、国民富裕的必由之路。春秋时期郑国的子产,总结了当时天人关系的积极成果,比较系统地阐述了天人和谐的社会伦理关系,他说:"夫礼,天之经也,地之义也,民之行也。天地之经,而民实则之,则天之明,因地之性,生其六气,用其五行。气为五味,发为五色,章为五声。淫则昏乱,民失其性,是故为礼以奉之⋯⋯为君臣上下,以则地义;为夫妇外内,以经二物;为父子、兄弟、姑姊、甥舅、昏媾、姻亚,以象天明;为政事、庸力、行务,以从四时;为刑罚威狱,使民敬忌,以类震曜杀戮;为温慈惠和,以效天之生殖长育。民有好恶喜怒哀乐,生于六气。是故审则宜类,以制六志。哀有哭泣,乐有歌舞,喜有施舍,怒有战斗。喜生于好,怒生于恶。是故审行信令,祸福赏罚,以制生死。生,好物也;死,恶物也。好物,乐也;恶物,哀也。哀乐不失,乃能协于天地之性,是以长久。"①从中可见,在"天人合一"的文化传统中,天为社会生活和一切行为的根本法则;礼是天之运化、地之精义、人及万物生长发育的深刻秩序;维护社会秩序的刑狱赏罚,虽是针对人的好、恶、喜、怒、哀、乐六气,但其根据仍是天的气化;人间的"生殖长育",乃是体现天之生生之德,符合天的本性,以此维持社会稳定、和谐的秩序。面对当今历史条件下的生态危机,我们不妨对之作出这样的解读:"好物",即关爱生命、热爱自然,就会从中受惠,其乐无穷;"恶物",即掠夺自然资源、残害自然生命,其结

---

　　① 《左传·昭公二十五年》。

果就会遭到自然的惩罚,深陷于生态灾难之中,后患无穷。

道家是战国时期的重要学派,又称"道德家"。代表人物是老子、庄子,代表作有《道德经》、《庄子》。该学派的思维特点在于崇尚"天道",主张"推天理以明人事"。道家以老子关于"道"的学说作为理论基础,以"道"说明宇宙万物的本质、本原、结构和变化机理。认为天道无为,万物自然化生,否认上帝鬼神主宰一切,主张道法自然,顺其自然,提倡清静无为,以柔克刚,"无为而治",奉行"小国寡民"的政治理想。其实,道家的"无为"思想,不是取消人在自然界面前的自觉能动性,推崇无所作为,而是主张人的行为要顺随自然,顺应天道,与天地和谐相容,演化有序。

先秦时期的思想自由和文化繁荣,在中国历史上谱写了辉煌的"天人合一"的文化篇章,它给后人留下了诸多宝贵的思想资源与可贵的人生启示,为中华文明作出了杰出贡献。

首先,"天人合一"的精髓,实指人与自然的和谐。文化理论知识与学术精神是社会发展的重要因素。理论与实践本是两个不同层面的领域,差异思维和学术流派并不直接干预和主宰社会过程,因此它应该拥有宽松的发展空间。在学术理论与社会实践的关系中,积极的理论学说既可以服务和指导实践,又可以反思、批判、超越和提升实践。在人类历史上,这种理论批判精神是不断构建新的"彼岸世界"、促进人的全面发展、引领社会进步的极可宝贵的精神财富。所以,不能一味地要求理论只是局限于为实践服务,而禁止理论发挥对于实践的批判功能。

其次,学术士人、知识分子是思维创新、从事精神生产、推进社会繁荣进步的特殊主体。百家学人的独立人格与执著治学,是先秦百家并生的主体依据。不论在任何历史条件下,对于知识分子的尊重,都是提高社会公德和丰富人的文化内涵的迫切需要。这就是说,"天人合一"思想传统的实质包含着"一体两面"的真意:它一方面尊重自然,顺从天意;另一方面重人爱人,以仁待人。那种以天抑人或以人犯天的片面主张,都妨害或背离了"天人合一"的本意,有碍于人与自然的和谐共存。但是,在如何"爱人"的问题上,儒墨两家却存有歧义:墨家主张无差别的"兼爱",儒家主张有等级、分亲疏的"仁爱"。墨家主张的"兼爱",是祛除自私之心的相爱,爱他人就像爱自己。"若使天下兼相爱,国与国不相攻,家与家不相乱,盗贼无有,君臣父子皆能孝慈,若此则天下治……故天下兼相爱则治,交相恶则乱。故子墨子曰:不可以不劝爱人者,此也。"①儒家的爱人是有等级的"仁爱",是尊卑有序、亲疏有别的爱,集中体现在自己的家庭,家庭内部又有亲疏差异,爱的最后标准就是与自己关心的远近。

再次,独立思考或差异思维是理论创新的内在动因和直接表现。宽容或兼容精神、个性与差异思维、自由与独创意识,不仅是知识分子的可贵品质,而且是一个民族的理论风格,并且催生着促进社会进步的潜在因素。因此,在思想学术领域,任何仇视和压抑独立思考的"文化霸权",任何用"齐一思维"模式去强行规约人的情感、心理、认知、思维活动和价值选择活动的强权命令,都必然妨碍甚至扼杀积极的思想交流、学术创新和理论发展,从而堵塞言路,阻碍人的全面发展,远离社会的进步与文明。历史上自古多有关于秦王朝覆灭原因的评论,见仁见智。其中,秦始皇的"焚书坑儒",开了以国家强权之残暴手段,大搞"党同伐异"、剿灭差异思维、镇压学界知识分子的先河,这种"话语霸权"应当是秦王朝覆灭的深层原因。

最后,文化专制是思想解放的大敌。在"天人合一"文化传统的演变史中,还同时存在着文化独裁的嬗变。中国历史上的专制文化肇始于秦始皇的焚书坑儒。当时,只有法家因为适合秦始皇建立中央集权专制政治的需要而成为显学,即官方意识形态,凡不合或妨碍秦始皇这种政治需要的儒家和其余众家及其典籍,则统统惨遭强权政治的坚决祛除。因此,秦始皇推行的专制文化,也就是法家所提供的"权"、"势"并治的专制学说。秦王朝还通过建立户籍制度来限制国人的流动,这也就从国家的宏观管理角度限制了文化人士的流动、思想学术的交流和众家理论的传播。

到了汉代,董仲舒向汉武帝提出"罢黜百家,独尊儒术"的谏策,开创了儒家专制文化的历史。他的《举贤良对策》说:"春秋大一统者,天地之常经,古今之通谊也。今师异道,人异伦,百家殊方,指意不同,是以上亡以持一位,法制屡变,下不知所守。臣愚以诸不在六艺之科、孔子之术者,皆绝其道,勿使并

---

① 《墨子·兼爱上》。

进。邪避之说灭息,然后纪珂可一,而法度可明,民知所从矣。"①这里明确地昭示,他要汉武帝把所谓"天地之常经,古今之通谊"的儒家春秋大义、六艺之科,作为"纪珂可一"、"法度可明"、"民知所从"的官方意识形态,把其余的众家殊方和指意不同的百家之学,视为"邪避之说"和异道、异伦而采取"皆绝其道,勿使并进"的专制灭除措施。不仅如此,他还进而提出所谓"君子贱二而贵一","天道不二":"天之常道,相反之物也不得两起,故谓之一。一而不二者,天之行也"。可见,儒家专制文化的源头在董仲舒,应当是不争的事实。

董仲舒为汉武帝出谋划策的"罢黜百家,独尊儒术",为中国的封建大一统帝业作出了理论贡献,尤其为中国封建的专制文化提供了意识形态的根据和样板。儒学成为官方意识形态以后,孔子便以"大成至圣"、"万世师表"的至高封号登上了神坛,举国之内,都要拜尊孔圣人,以孔子之是非为是非;而在实际上,封建朝廷多是采取内法外儒的儒法并用策略,也就是用儒家文化教化百姓,规范社会人伦,用法家手段镇压百姓,维护皇家特权,其宗旨在于维护封建专制统治。宋代陈亮对于朱熹的尊孔、注孔提出讽刺:"不应二千年之间有眼皆盲也。亮以为后世英雄豪杰之尤者,眼光如黑漆,有时闭眼胡做,遂为圣门之罪人;及其开眼运用,无往而非赫日之光明。"②康有为在《请饬全国祀孔仍行跪拜礼》中甚至说:"不拜孔子,留此膝何为?"试想,在这种大一统的文化氛围中,哪里还会有独立思考的地盘?

宋明新儒家虽然在治学方法上援道入儒,借佛兴儒,在学理上吸取了道家特别是佛学禅宗的理论,因而使儒家得到了重铸而发扬光大,但却是以"天理"、"良知"一类更精致的形式,充当官方"存天理"、"灭人欲"、"正人心"、"破心中贼"的工具。特别是朱熹的"革欲复理"和"尊王贱霸"主张,更是为维护封建专制统治秩序作出了"重大贡献",其理学成为南宋以后的正宗儒家和官方意识形态,因而得到康熙的青睐,尊其为"集大成而绪千百年绝传之学,开愚蒙而立亿万世一定之规"。在继承"天人合一"文化遗产的过程中,首先需要用现实人的实践活动中介取代抽象的意识理念中介;其次,需要用心反

---

① 《汉书·董仲舒传》。
② 《陈亮文集》卷二〇。

思和清理"天人合一"文化传统过分求同、压抑个性的消极面,也是十分必要的。

二、"天人合一"对"主客二分"的超越

不同国家、不同地区和不同民族的理论思维、文化传统和价值取向,从来不存在所谓的普适模式,只要在一定历史条件下属于人们的自觉自愿选择的文化,就都具有一定的合理性或存在的根据。但是,随着历史过程的推演,特别是当人类社会进入到马克思所说的"世界历史"阶段,不同国家和民族之间发生普遍交往之后,人们对于不同的思想理论、文化传统和价值取向,就必然要进行分析、比较、反思、超越,从中作出是否适合于自身需要的判断和选择。

在当今全球化背景下,我们很有必要对于中西方不同的思想理论和文化传统进行认真的比较研究,用以指导、矫正、提升当下的实践活动,并对未来前景作出理性的展望。

如果我们用中国固有的"自然"("自己如此")概念来解读西语的"自然",二者也存在相通之处。在西方观念中,自然也具有"自己如此"的意义;同样,人的本性也是"自己如此"的。所以,人性就是"人的自然"。但是,西方观念与中国观念之间有一个显著区别,那就是在如何理解人和自然界的"自己如此"问题上的分歧。在西方传统中,这两种"自己如此"乃是彼此二元对峙的关系。他们认为人与自然本来就是二元对峙的。其实,这种二元对峙蕴涵着一种悖谬:一方面,对人来说,能够认识自然、改造自然、征服自然,是人的"自己如此"的本性,这是启蒙思想的一个基本内容。在这里,"自然"或者"自己如此"是好的。另一方面,那被认识、被改造了的自然,已经不能再称为"自然"了。因为它已经不再是"自己如此"、不再是"自然"的了,而是已经被"人化"、"文化"或"文明"过的存在了,而这对人来说仍然是好的、善的或是应该的;反之,则是"不文明"的、"野蛮"的或不好的。于是,那些未经人认识和改造的"自然"或者"自己如此"的自然就是不好的了。综观上述,有的自然是好的,如"人的自然";而有的自然则是不好的,如"不文明"的自然状态。这就是西方观念所导致的自相矛盾的悖谬,这个悖谬的源头在于人与自然的二元对峙,是人的欲望对自然的绝对占有。

　　中国传统观念与之不同,这里我们简要谈谈儒家的观念。在儒家观念中,"自然"亦即"自己如此"的意思,类似于胡塞尔现象学中的"自身所予":惟其自身所予,它才是无须前提的、自明的;惟其无前提的自明性,才是存在论的最高范畴。它既是自然界的价值的终极根据,也是人的价值的终极根据。因此,自然作为无前提的自明性,既是知识论的基础,也是价值论的基础,并且还是实践论的基础,由此也是我们今天解决生态环境问题的观念基础。从价值论视角来看,儒家既不认为自然界的价值取决于人,也不认为人的价值取决于自然界,而是认为人与自然界各具有自身的价值自足性,因为两者都是"自己如此"的"自然"。

　　在儒家观念中,"自然"并不被理解为与人对立的存在。这里既没有人与自然的二元对峙,更没有造物与造物主的二元对峙。在儒家看来,人性永远是自然的。人不仅是自然之子,而且还应该是自然的孝子。这个思想,张载曾经作出很透彻的表达:"乾称父,坤称母,予兹藐焉,乃混然而中处。"①所谓自然的孝子者,子曰:"武王、周公,其达孝矣乎! 夫孝者,善继人之志,善述人之事者也。"②孝子就是善于继承并发展父母的未竟事业;同理,自然的孝子就是善于继承并发展自然的未竟事业。即是说,人之于自然,也就存在着"继其志、述其事"的关系。这里蕴涵着儒家一个极为深刻的思想:自然是未完成的,需要人这个自然之子去接着完成。人凭什么继志述事、完成自然的未竟事业呢?《周易》指出:"继之者善也,成之者性也。"③人凭借着自身的自然、凭借着自身的善性去继志述事,而善性正是人自身的自然。这也就是《中庸》所说的"天命之谓性,率性之谓道"的意思。"天命之谓性"也就是《周易》所说的"乾道变化,各正性命"④。乾道就是天道。此处的"天"即是"自然",亦即"自己如此"。人得天为性,是说人性自己如此;物同样得天为性,也是说自然界自己如此;而人率性为道,就是说的人继志述事、继善成性,这就是人性之道。

---

① 张载:《西铭》。
② 《中庸》。
③ 《周易·系辞传上》。
④ 《周易·乾彖》。

在这种自然观念的支配下,人与自然界就不是彼此对立的关系,而是相亲和谐的关系。一方面,人视自然为父母,就不会想到要去占有它、利用它、征服它,而愿意去顺从它、爱护它、孝敬它;另一方面,人在自然面前也并非无所作为,恰恰相反,因为人遵循和孝顺自然,也就诚心去继其志、述其事,这样就能在与自然打交道中心存自然、有所作为。

可见,在儒家观念中,人的使命绝不只是局限于利用自然、征服自然,而是通过"赞天地之化育"①,完成自然、完善自然——既完善人自己的自然,也完善他在的自然。根据人与自然的内在关系,人之完成、完善的自然界乃是人的自然,而自然界之被完成、被完善,仍是自然界的自然,这两方面乃是一个统一和谐的自然过程。

通过以上简要的分析比较,我们可以从中体悟到"天人合一"文化所固有的通融兼顾天地人的博大胸怀,人以天为生命的寄托,以地为生命的根基,天地以人为化育的形态,人与自然并行不悖,和谐相处。在全人类面临空前严峻的生态危机的当今时代,急需一种能够超越"主客二分"的和谐文化,来逐步化育有理性的人类,矫正人类伤害生态环境的实践方式和生存样态。较之西方世界"主客二分"的文化传统,中国"天人合一"的文化传统更具有引领人类迈向天地人和谐的文化基因,具有超越"主客二分"的文化优势和充当普世文化的历史趋势。

三、从"主客二分"走向"天地人和谐"

"天人合一"文化传统与"主客二分"文化传统的根本分歧,在于"以人为本"与"以物为本"的对立。这种对立体现在环境伦理关系上,就是善待自然以求得天人和谐同征服自然以求得物质利益的对立。前者的价值观是自利性的内在价值、利他性的工具价值、互利性的系统价值相统一的全面价值观;后者的价值观则是单纯为了追求自然的工具价值而否认自然的内在价值,最终损害人的内在价值和自然生态系统价值而陷入生态危机困境。

"天人合一"的"以人为本"价值观,并不绝对排斥或否认人们对于物质利

---

① 《礼记·中庸》。

益和自然工具价值的追求。但是,这种价值追求以不妨碍自然内在价值和生态系统价值为原则,即对于物质利益的追求以不破坏生态环境为原则,始终警惕和防止"以物为本"排斥或取代"以人为本"。

中国"天人合一"的自然观中,"自然"这个词语原本不是什么外来语,而是为汉语所固有。道家和儒家都曾经把"自然"作为重要的概念来使用,而且具有共同的含义:即"自然"就是"自己如此"。道家认为,一切存在者本来就是自己如此的,这就是所谓"道",反之,便是"不道"、"失道"。例如,庄子认为,牛马四足,此乃自然,而穿牛鼻、络马首,则是人为,属于"不道"。庄子反对人为地对自然物的扭曲和戕害。道家这一观念,对于人来说同样适用。人的本性就是人的"自己如此",所以,人对于物,应该"物物而不物于物"(庄子);反之亦然,例如牛马对于人,应该"人人而不人于人"。总之,人和物都应该各守其"自己如此"。在儒家看来,人生来具有仁义礼智"四端",这就是人心的"自己如此";反之,便是"放心"(放失了本心)(孟子),甚至是"丧心病狂"。儒家的观念也适用于自然界,即自然界也是"自己如此"的。惟其如此,才有可能达到天地万物的"一体之仁"。

在中国文化传统中,儒家和道家的自然价值观念中,有一个相近或共通之处,即在自然的自然价值与人的自然价值这二者之间,都比较偏重于自然的自然价值,忽视或贬抑人的自然价值。比如,老子的《道德经》就常称道"虚"、"静",倡导平心静气、安静自守、洁身自好、节制欲望,忌讳争名夺利。于是,"静"、"思"、"悟"、"忍",成了大多数中国人思维和性格中的自我克制、自我压抑的内在特征。孔子曾经说:"智者乐水,仁者乐山;智者动,仁者静;智者乐,仁者寿。"[①]说的是聪明的人达于事理,智慧的流动就好像是水永不停止,所以喜爱水,灵动;又因为了解别人,从而取信于人,得到信任和帮助,所以他快乐。而仁德的人稳重,品德纯厚,胸襟宽阔就好像是山,所以喜爱山,安静;又因为他爱别人,从而自我舍弃,自我牺牲,得到更多受人尊敬的回报,所以他长寿。从思维类型看,"乐水"的智者思维侧重于"动态思维",而"乐山"的仁者思维侧重于"静态思维"。孔子的"仁"学思想几乎是贯穿全部儒家思想的

---

① 《论语·雍也》。

主线,这种对于自然的自然价值的尊崇和对于人的自然价值的贬抑的二元结构理念,其积极意义在于有助于保护生态环境,促进"天人和谐";其消极后果在于倡行人们自抑私心、清静无为、安分守己、知足忍让,从而压抑了人的求异探索和创新精神。尤其是当"自然"、"天意"与封建皇权的"天子"、"天意"相交会时,尊崇自然、贬抑人性就更是天经地义的事情了。宋明理学中的所谓"存天理,灭人欲"式的维护天理、压抑人性的主张,实质上是从根本上脱离了"天人合一"的文化传统。因为没有了欲望的人,就不再是本真的人,于是,"天理"灭绝了"人欲",也就等于以"天"吞噬了"人",哪里还有"天人合一"的本真文化呢?

其实,从古代"天人合一"经由"主客二分"的文化参照,再到今之"天人合一",经历了一个否定之否定的过程。中国古代的"天人合一"中的"合",并没有确切的现实中介,而往往是在意识中或意愿中的模糊撮合,是理想化的原初信仰;"主客二分"的文化思维特点,虽然从意识到行为都渗透了主体与客体的对立或对峙,但那主体却是切实的,是以自身的能力与客体相对抗,尽管这种主体失于片面;如今我们所强调的"天人合一",虽然是对古代"天人合一"文化传统的继承,但这里已经内含着现实实践的中介环节,这个环节既是能动的,又是全面的,因为新的实践观同时内含着自为性主体与对象性主体的同步提升。在这里,自为主体与对象主体经由实践中介而内在地实现了彼此的融合与统一,达到了"你中有我"、"我中有你"的境界。因而,借助于实践中介,天人关系或物我关系就是主体间性的共生共在关系,它既不是"自然中心",也不是"人类中心",当然也就用不着人对自然的"感恩"或自然对人的"感恩"。

从"天人合一"文化传统走向"天地人和谐"的后现代生态文明,既需要具备相应的精神文化和伦理道德条件,又需要具备相应的主体素质能力和感性实践中介。大致说来,这些中介条件可以归结为两大类:在精神层面,人们需要超越和反思"现代性"观念,确立生态理念和环境意识,善待自然,热爱生命,切实把人际之善推广到人与自然的关系中去,逐步趋向"天地人和谐"的彼岸世界;在实践层面,人们需要以生态生产和生态生活逐步替代过度耗费能源、浪费资源的生存方式,以循环经济、绿色经济、环保经济的增长方式替代反生态、反人道、不可持续的经济增长方式,以生态有机农业替代工业化的无机农业,倡导低碳生活以节约能源、保护自然资源和物种多样性,为人类的健康和全面持续发展创建生态、舒适的美好家园,实现人与自然的圆融和合。

第二节 "交往理性"对"工具理性"的扬弃与超越

一、"交往理性"和"工具理性"的内涵

马克思曾经指出:"整个所谓世界历史不外是人通过人的劳动而诞生的过程,是自然界对人来说的生成过程。"①人类的第一个历史活动,就是生产自己的物质生活本身。但是,人类为了生产满足自己需要的生活资料,必须同时生产自己的社会关系和精神关系,生产自己的社会环境和自然环境。由此,我们可以把人类的活动归结为两大类:一种是处理人类劳动与劳动加工对象的关系,另一种是处理活动主体之间的关系。前者也可称之为目的性活动,后者也可称之为交往活动。

人的目的性活动与人的交往活动的本质区别在于,人的目的性活动把活动对象视为满足自身需要的工具或手段,即具有把活动对象工具化的特征;而人的交往活动是主体间性关系,交往主体之间具有彼此平等和互补的特征。因此,交往活动是交往主体同步生成的过程,其中不存在交往对象工具化的问题。

近代以来的资本主义精神以"主客二分"为特征,人们在活动中对于活动对象充满利润的渴望,这一发财的目的几乎渗透于社会生活的各个角落,于是,工具理性就成为整个资本增值过程的催化剂和文化向导。哈贝马斯在反思和批判现代资本主义制度时认为,劳动与交往是人类两大基本行为方式。劳动是一种目的性活动,也叫工具性行为,这是一种具有目标取向的行动。在比较、权衡各种手段以后,行动者选择一种最理想的达到目的的手段,强调行为目的、行为手段与行为结果之间的内在一致性。因此,劳动是工具性的活动,它按照技术规则进行,而技术规则又以经验知识为基础;技术规则在任何

---

① 《马克思恩格斯全集》第 3 卷,人民出版社 2002 年版,第 310 页。

情况下都包含对可以观察到的事件的有条件的预测。合理选择的行为是以分析的知识为基础,分析的知识包括优先选择的规则(价值系统)和普遍准则的推论。这些推论或者是正确的,或者是错误的。目的性活动可以使明确的目标在既定的条件下得到实现。这就是说,劳动是人类追求自己的生存目的的活动,是建立在人介入自然的一系列行为基础上的活动,它构成了社会的生产力,其价值取向是特定的功利性的理性目标的实现。而交往与之不同,交往是一种主体间的行为,它是行动者个人之间的以语言为媒介的互动。行动者使用语言或非语言符号作为理解其相互状态和各自行动计划的工具,以期在行动上达成一致。相互理解是交往行动的核心,而语言居于特别重要的地位。交往行为是一种"主体—主体"遵循有效性规范,以语言符号为媒介而发生的交互行为,其目的是达到主体间的理解和一致,并由此保持社会的整体性、有序性与和谐性。简言之,劳动偏重于人与自然的征服与顺从的关系,交往偏重于人与人的理解和取信的关系。在哈贝马斯看来,"交往理性的范式不是单个主体与可以反映和掌握的客观世界中的事物的关系,而是主体间性关系,当具有言语和行为能力的主体相互进行沟通时,他们就具备了主体间性关系。交往行为者在主体间性关系中所使用的是一种自然语言媒介,运用的则是传统的文化解释,同时还和客观世界、共同的社会世界以及各自的主观世界建立起联系"①。

　　哈贝马斯认为,在现时代条件下,相对于人的劳动,人的交往行为的地位和意义将日益突出,因为劳动虽然也包含人与人的关系,但其主导取向和基本内容是以生产力的提高为尺度的人与自然的关系。而人与人之间的平等互信的交往和沟通,则具有更为深远和高尚的人本主义,是人的价值生成的应然过程,它在一定程度上暗含了人是目的的思想,人自身的发展是社会进步的方向和终极价值目标。但是,由于现代科技的迅速发展,劳动的"合目的性"便完全地趋向于满足"科技意识形态"的需要。于是,劳动与交往相统一的总体合理关系难以确立,劳动的"合目的性"日益趋向于物质化而脱离主体间的合理关系,从而难免把人的关系简约或降低为物的关系,使人无可挽回地屈从于技

---

①　[德]哈贝马斯:《交往行为理论》第 1 卷,曹卫东译,上海人民出版社 2004 年版,第 375 页。

术社会的统治而沦为工具,工具理性遮蔽或同化了交往理性。因此,要克服和扬弃技术社会对人的异化,就需建立主体间的理解与沟通,实现交往行为的合理化。根据哈贝马斯的见解,国内有学者把交往理性的特质概括为"语言性、程序性、包容性、多维性、可错性"①。依据这些特质,交往理性就有可能既肯定和包容工具理性有限度的合理成分,又限定工具理性的过分膨胀,以防止作为第一生产力的科学技术遮蔽人的本质,导致人的异化。

在马克思那里,个人的发展程度与个人之间的交往条件相互规定。他指出:"各个人在资产阶级的统治下被设想得要比先前更自由些,因为他们的生活条件对他们来说是偶然的;事实上,他们当然更不自由,因为他们更加屈从于物的力量,对于无产者来说,他们自身的生活条件、劳动,以及当代社会的全部生存条件都已变成一种偶然的东西,单个无产者是无法加以控制的。"②因此,"有个性的个人"与"偶然的个人"之间的划分,是以个人之间进行交往的条件是否与他们的个性相适应为准绳的,当交往条件与其个性的发展相适应时,个人就是"有个性的个人";反之,就是"偶然的个人"。这样,个人的发展就同与生产力发展的一定阶段相适应的交往形式的发展联结起来并与之相适应:交往形式的不断更替的过程,也就是个人不断地由"偶然的个人"向"有个性的个人"提升的过程。

二、"工具理性"与"交往理性"的关系

所谓"工具理性",实际上是指在劳动过程中通过实践途径确认工具(手段)的有用性,从而追求劳动成果的最大功效,为人的某种功利性目的服务。因此,工具理性是通过精确计算以期最有效地达到目的的理性,它是一种工具崇拜和技术主义的价值观。所以"工具理性"又可以称为"功效理性"或"效率理性"。这是一种简单务实的结果意识,具有明确目标的实用倾向。这种价值观在社会发展的一定时期是相当必要的。特别是在生产力不发达、经济发展水平相对滞后、人们的基本生活需要得不到满足的历史时期,工具理性曾经

---

① 胡军良:《论哈贝马斯的交往理性观》,《内蒙古社会科学》(汉文版)2010 年第 2 期。
② 《马克思恩格斯选集》第 1 卷,人民出版社 1995 年版,第 120 页。

引领人类创造了大量的物质财富和丰裕的物质生活。然而,工业文明以来的经验事实证明,工具理性并非是促进人类社会发展的唯一理性,并非可供人类一劳永逸地永远依赖下去的文化选择。随着社会的历史演进,人类就会产生更为高级的需要,诸如交往的需求、尊重的需求、自我实现的需求等等。当人的基本物质生活需要得到保障、物质生活丰富之后,其他高层次的新的需要将会逐渐成为"饥饿"的需要缺口,尤其是人与人的交往,是人作为"人"的类价值生成的基本需求。物质生活需要只是人与动物差别不大的需要,渴望、寻求和建立人际关系,是现实人内心活动的基本驱动力。人是有意识的主体,是文化的存在物,现实的个人只有在与他人发生联系的过程中,才能够生成并保持自己的内心活动和社会属性,才能够生成有别于他人的个性。

哈贝马斯对工具理性的批判具有重要的理论创新价值。他认为,资本主义现代化的历史,实质上是工具理性日益完备、运用范围日益扩张的历史,现代西方社会的许多弊病正产生于此。工具理性的实质在于,把人的活动的"合目的性"变成了解决问题的程序、方法和手段的合理性。在哈贝马斯看来,交往理性是比工具理性更加宽泛和富于包容精神的概念;同时,又可以把工具理性当做交往理性这个全方位的理性概念的内在向度之一,用以体现交往者对于客观对象世界的一种态度,把这种态度从其他态度中分化出来,有助于人们认识世界和改造世界。于是,人们就从各自的认识世界和改造世界的经验、知识和计划中进行沟通,这也是人的整个交往行动的重要内容。由此看来,工具理性并不内在地就是一种压制人、破坏人与自然之间和谐关系的东西。作为交往理性的一个环节,工具理性有其自身不可替代的重要作用,它同时又受到其他理性环节的制约。现代资本主义社会之所以出了毛病,并不在于工具理性本身,而在于工具理性超越了自己的合理性限度。工具理性的发展是社会现代化的一个重要成果,但它逐渐脱离了人类的整体理性,即脱离了交往理性的合理系统,从交往理性中独立出来,越来越膨胀,甚至反过来压制或遮蔽理性的其他环节,占据了至高无上的支配地位。要克服工具理性的这种异化结局,并不需要全盘否定工具理性,而是要让它返回到自己的合理范围以内——让它回归交往理性,以全面的人类理性调理和改善人和自然的关系,真正提高人的社会行为的效率和后续历史价值。

实际上,交往理性与工具理性并非截然对立,是一方吃掉另一方的关系,而是交往理性内含着工具理性,工具理性是交往理性的一个内在环节。只是工业文明以来,工具理性的环节被畸形地膨胀了、无限地放大了,从而不仅导致了人和自然的异化,而且导致了人类理性的异化。这个结局一旦被越来越多的人们洞察到,用交往理性统摄或扬弃工具理性就为时不远了。

三、"交往理性"对实践样态的提升

工具理性的张扬,是激发人征服自然、开发自身潜能、实现主体本质力量对象化的内在动力,是创造社会财富的价值尺度。现代社会是理性社会,这就注定了工具理性的不可或缺性。工业文明以来,工具理性作为维系社会的基本原则,逐步渗透到社会的体制结构和社会生活的各个方面,它以其卓著的效率功能带给人类丰厚的物质文明成果。当然,工具理性的负面效应也是不可忽视的,而必须对之进行认真的反思和批判。但是,对工具理性批判必须是理性的和全面的,也就是说,对工具理性的批判并非简单地否定或推倒工具理性,而是正确限定工具理性发挥作用的领域和程度,对工具理性超越其应有地位和领域而导致的人的异化、自然的异化以及生态环境的异化状态进行清理和反思。

马克思的唯物史观中的"物",其实并非是什么"物质"、"实体"或人以外的"客观存在",而是"从事实际活动的人",是人的活动、人的生活、人的现实关系(包括人与自然的关系和人与人的社会关系)。《德意志意识形态》对此作了具体的阐述:首先,马克思和恩格斯申明,"我们的出发点是从事实际活动的人"①;由此出发,进一步展开了人的现实活动的四重关系——生产物质生活本身,这是一切人类生存的第一个前提;需要的满足和新的需要的产生,是第一个历史活动;每日都在重新生产自己生命的人开始生产另外一些人,即繁殖;生产自己和生产他人生命的人,同时生产着自己的双重关系——一方面是自然关系,另一方面是社会关系。② 可见,现实人的生活与活动,离不开人

---

① 《马克思恩格斯选集》第 1 卷,人民出版社 1995 年版,第 73 页。
② 同上书,第 78—80 页。

与人、人与自然的交往,换句话说,交往使人与人、人与自然之间的交往联系成为可能。从这种意义上来说,不断发展扩大的交往是人类本身的生成、进化与可持续发展的重要推动力,交往行为的普遍合理化即交往理性是人类文明进步的重要标志。当人类的普遍交往趋近于"世界历史性的阶段"时,"地域性的个人为世界历史性的、经验上普遍的个人所代替……而这是以生产力的普遍发展和与此相联系的世界交往为前提的"①。

中国社会与西方社会在经济发展阶段和思想文化特征等方面存在巨大差异,因此,我们对待"工具理性"的批判也当然有别于西方社会。现阶段的中国还必须大力发展生产力,始终不渝地进行经济建设,提高综合国力和人们的生活水平,而这一切无疑需要先进科学技术和工具理性的支撑。总之,我们今天对工具理性的批判,需要结合中国国情,既要发展科学技术,适度发挥工具理性的功能,又要防止对于科学技术的误用和滥用,特别需要警惕利用科学技术的力量破坏生态环境、制造有害于人的健康和生命安全的生活用品。从而在批判工具理性的同时,防止单一物质化倾向的生产和过度膨胀的物欲享受对人的价值或人的本真生存意义的遮蔽,牢牢坚持"以人为本"的原则,尊重人,关心人,张扬人是目的的价值取向。

在当今中国,能否自觉运用交往理性,并正确发挥其包容和超越工具理性的功能,从而不断提升实践样态,集中体现在如何发展生产力的问题上。马克思曾经指出,影响劳动生产力的情况包括许多复合的因素,例如,工人的平均熟练程度、科学的发展水平和它在工艺上应用的程度、生产过程的社会结合、生产资料的规模和效能以及自然条件等等。因此,人们对于不同条件的不同利用,将决定着发展生产力的多种可能性、多维路径和多重后果。于是,对于发展生产力的价值评价和理论反思就是随时必要的。中国的改革开放,确立了社会主义市场经济体制和"以经济建设为中心"的战略目标,为解放和发展生产力创造了良好的社会环境,也为中国社会的文明进步带来了广阔的前景,科学技术因此发挥了"第一生产力"的积极作用。但是,发展生产力本身是具有其时代特征、多维路径、多种后果及其不同的后续效应的。因此,需要根据

---

① 《马克思恩格斯选集》第 1 卷,人民出版社 1995 年版,第 86 页。

具体条件及时对之进行反思、矫正与提升。在"全球问题"肆虐的当今时代，发展生产力尤其需要时刻经受环境伦理规范的审视与评价，以期充分发挥其有利于人和自然的正效应，避免其破坏生态环境、有违人及人类社会可持续发展的负效应。当今时代条件下的生产力发展，需要警惕和扬弃工业文明所带来的"社会异化"和"自然异化"，把发展经济与保护环境有机结合起来，用兼顾自然价值与社会价值、生态价值与经济价值、近期价值与历史价值相统一的系统价值观，逐步代替狭隘的单纯经济观念和只顾眼前利益的实用主义和机会主义的片面价值观，同时兼顾人的物质生活需要、精神生活需要和生态环境需要。

在人类历史上，发展生产力的深刻动因在于人本身的生存与发展需求的主体驱动。需要和生产彼此规定，发展生产力是为了满足人们的实际需要，而人们的需要本身又是一个动态的历史过程，"已经得到满足的第一个需要本身、满足需要的活动和已经获得的为满足需要而用的工具又引起新的需要，而这种新的需要的产生是第一个历史活动"①。不断发展着的人的需要反过来又促进生产力的发展。因此，生产力的发展从来都具有其不同的时代特征和条件制约。

根据马克思关于影响生产力的条件性论述，至少可以罗列出以下发展生产力的多种可能性或不同路径：

（1）发现、开发、占有和利用自然力以发展生产力。先在自然力或自然资源是人类发展生产力的基本对象或客观平台，马克思说："外界自然条件在经济上可以分为两大类：生活资料的自然富源，例如土壤的肥力，鱼产丰富的水域等等；劳动资料的自然富源，如奔腾的瀑布、可以航行的河流、森林、金属、煤炭等等。在文化初期，第一类自然富源具有决定性的意义；在较高的发展阶段，第二类自然富源具有决定性的意义。""土壤自然肥力越大，气候越好，维持和再生产生产者所必要的劳动时间就越少。因而，生产者在为自己从事的劳动之外来为别人提供的剩余劳动就可以越多。"②在人类历史的纵向发展历

---

① 《马克思恩格斯选集》第 1 卷，人民出版社 1995 年版，第 79 页。
② 马克思：《资本论》第 1 卷，人民出版社 2004 年版，第 586 页。

程中,石器—青铜器—铁器—大机器生产—电子化和自动化生产的依次演进,标志着人类对于自然力的开发、占有和支配方式的发展,这是发展生产力的重要内容或基本标志。但是,人们在对于自然力的开发、占有与利用的过程中,存在着一个客观的限度,那就是自然界的承受力,如果超过这个限度,生产力的发展就会走向它的反面,带来破坏生态环境、危害人类的负面效应。

(2)增强和提升人自身的自然力(体力与智力)以发展生产力。人是生产力中的能动因素,人的素质和能力如何,集中体现着生产力的发展水平。"良好的自然条件始终只提供剩余劳动的可能性,从而只提供剩余价值或剩余产品的可能性,而决不能提供它的现实性。"①这就是说,外在自然条件或自然资源只是可能的生产力而并非现实的生产力,自然条件的优劣,只是发展生产力的可能性,而要把这种可能性转化为现实性,必须发展和提升人自身的自然力,丰富和提升现实人的素质,发展人的体力、智力以及人的社会交往和彼此协作的能力。因此,人们之间的社会联系和交往关系的协调、发展与互补,是生产力的内在规定性。

(3)发展和正确利用科学技术以发展生产力。在工业文明代替农耕文明的历史过程中,科学和技术的发展与利用,在生产力中占有特别重要的地位。"劳动者"所掌握的现代科学技术及其在工艺上的运用,不仅是人的素质和能力发展的表征,而且极大地扩充了人类占有和支配外在自然力的能力,从而成为现代生产力的显著特征。但是,令人遗憾的是,人们对于科学技术的掌握与运用,并不总是产生有利于人的正效应;相反,"现代化"中的科学技术的应用过程,导致了严重的生态环境问题,直接危害了人的健康和生命安全,根本颠覆了人与自然的和谐共处关系。如果不彻底扭转这种科学技术应用中的严重偏颇,则人类命运堪忧。

(4)坚持科技发展的人文取向,进一步开发人类智慧,提升文化"软实力",不断更新人的生存样态与活动方式,是新时期发展生产力的新领域。一般说来,所谓文化"软实力"的内容,主要包括个人智力的发展、伦理道德的进步、民族精神的发展及其对外开放的文化交流、精神生活的丰富与审美需要的

---

① 马克思:《资本论》第1卷,人民出版社2004年版,第588页。

发展、新的人生价值追求等等。在生产力客观要素大致相同的条件下,不同的文化"软实力"能够发挥出迥然不同的现实生产力功能。人际交往的发展不仅体现为交往手段的发展、交往范围的拓展,而且体现为交往主体及其交往活动的丰厚的文化内涵。那种"重利忘义"、缺乏诚信的交往,实质上是文化的退步和人的主体意识的失落。

(5)拓展人的社会交往关系,创生"扩大了的生产力"。发展和提升人的分工与协作关系,也就是创造不同个人之间"主体间性"的综合系统功能,丰富人的社会关系,提高人的生活质量。而社会关系的含义"是指许多个人的共同活动……而这种共同活动方式本身就是'生产力'"①。许多个人的分工协作能够通过个人之间的技能交流、能力互补和文化互济,从而产生出超越单个人能力机械加和的全新功能,于是,"受分工制约的不同个人的共同活动产生了一种社会力量,即扩大了的生产力"②。同时,就生产力的保存而言,"只有当交往成为世界交往并且以大工业为基础的时候,只有当一切民族都卷入竞争斗争的时候,保持已创造出来的生产力才有了保障"③。人际交往不仅有利于提高人的活动效率,保持已经创造的生产力和优秀文化,而且有利于全面丰富和发展人自身的素质和能力。

(6)更新和优化生产力要素的结构方式或配置方式,这是"内涵式发展生产力"的重要途径。按照现代系统论的原则,生产力系统的实体性要素的机械累加与简单结合,只能发挥生产力系统的"元功能"和"本功能"。如果着眼于生产力系统内在要素的结构方式或配置方式的更新、调整和优化,则会形成生产力系统的高端功能——"构功能",这是生产力系统中任何个别要素都不具备的功能。与此同理,人与人之间的交往所产生的实际效果,是任何单独个人的活动所无法达到的。

中国的改革开放在带来经济腾飞的同时,还在更加宏观的总体层面导致了社会结构的分化,即由同质社会向异质社会转变。这一转变必然带来社会

---

① 《马克思恩格斯选集》第 1 卷,人民出版社 1995 年版,第 80 页。
② 同上书,第 85 页。
③ 同上书,第 108 页。

的社群或阶层的分化,于是,形形色色的社会利益群体、多元化的经济实体和社会成员便应运而生,从而就需要对新产生的社会利益群体、经济实体和新兴的社会成员之间的关系进行梳理和重构,以求保障各个利益阶层和不同社会成员"事其所能","得其应得",和睦相处,平等交往,保证社会秩序的和谐平稳,为人的生存和发展提供适宜的社会环境和自然环境。

实现我国社会秩序的和谐与社会结构的合理,不仅需要各阶层之间的和谐,需要人与人之间的和谐以及人与自然的和谐,同时需要社会分工的合理,城乡资源配置和利益分配的公平。当前,社会生活中的干群矛盾突出,城乡经济发展不平衡,城乡地域分布格局不合理等不断涌现出新的问题,都向我们提出了严峻的挑战。这就需要我们认真面对,深入研究,努力探讨解决问题的新的有效的途径。比如,我国大城市建设的膨胀,挤压了农村的地盘(耕地)和农民的生存空间;由于工业化经济的推进,农村经济相应地被边缘化;由于农业生产的普遍"工业化",无机农业全面替代有机农业,不仅使农村的生态环境遭到严重的污染破坏,而且化肥、农药、工业添加剂使食品中所含的有利于健康的维生素、矿物质和微量元素普遍减少,农作物和牧草的多样性减退,农产品质量下降。所有这些问题,都从根本上影响社会的和谐与人本身的健康持续发展。这就要求我们的政府在制定决策时,尽量做到逐步向农村倾斜、向农业倾斜、向生态节能型目标倾斜。从根本上讲,人与人的关系最终还是要落实在利益关系上。因此,社会资源的合理配置与利益关系的彼此协调,将有助于不同利益群体的互助互动,有助于社会成员在经济增长和社会变革中互惠互利,这无疑是社会实践中的当务之急。和谐社会,在一定程度上说来就是以合理的人际交往为基本准则,以人际和谐为主要尺度的社会构建模式。人与人之间的合理化交往行为是和谐社会的基础性依托,合理的人际交往行为相对于劳动行为,在今天更能有助于实现人自身的价值诉求。

从全球范围说来,现代工业文明的负面效应所引起的生态灾难,日益加剧了人与自然界的对立,使自然界和人类同时遭受到难以承受的巨大伤害,双方的存在与发展同时陷于难以为继的严重危机。这就在实际上凸显了善待自然、关注自然价值的环境伦理建设的紧迫性。在这种情势下,任何贬低环境伦理地位的价值选择,都有违人类正义和生态良知。因此,凡是在战略决策和实践层面上尚未从根本上解决生态环境问题的国家和地区,无论其经济发展多么的卓有成效,社会事务的处理多么的得心应手,它所选择的任何具体发展道路都没有资格充当所谓的"世界模式"。况且,由于不同国家、不同民族、不同地区的地理环境、历史背景、民族习俗和思想文化的彼此差异,其后现代生态文明建设的具体形式、内容和途径将各具特色,不可能有一个普遍适用的固定模式。国际间没有这样的模式,国内也同样没有这样的模式。即使发展后现代农业本身,也存在不同的经济模型和不同的产业形式,比如,可以因地制宜地发展沿海生态渔业、平原生态农业、山地生态林业、高原生态牧业等等。因此,那种试图把一国一地的发展路径强加于他国异地的做法,其结果都只能事与愿违。

第三节 "后现代农业"与生态文明建设

中国作为世界农业大国和人口大国,要正确寻求自己的发展之路,就需要立足于自己特殊的国情,既要善于做好"农业"的文章,确立适合本国国情的以农为主的经济模式,又要善于处理好城市与乡村、工业与农业、城市发展与乡村发展的合理布局。那种在中国"建大城"的蓝图,那种迷恋于"农业工业化"的现代化潮流的理想追求,并不一定真正适合中国的国情和国人的选择,也不一定能够经受得住环境伦理规范的审视和历史的检验。参照西方世界现代工业经济发展的教训,冷静地分析中国国情,我们可以初步得出一个结论:"后现代农业"将是中国未来发展具有一定合理性的战略抉择。

一、后现代农业的基本特征

关于人类文明形式的历史演进,长期以来积淀了一种不可动摇的逻辑思维定势,即人类社会从古至今,先后经历了渔猎文明—农耕文明—工业文明—后工业文明。尽管对于正在到来的"后工业文明"的具体理解不尽一致,但是,断定不同的人类文明形式彼此间是单值一维的新旧更替的线性关系,却几乎没有什么疑义。实际上,不同的人类文明形式之间究竟是单值一维的推陈出新的线性关系,还是不同文明形式之间具有彼此包容、交错递进或是在特殊条件下呈现复杂的迂回跳跃？这是很有必要进行重新考察和研究的重要问题。比如,农耕文明本身是否涵摄渔猎文明？农耕文明在工业文明时期是否还仍然继续存在并具有其应有的地位和价值？工业文明之后还会不会复兴发展出新的农耕文明？当今实践层面所普遍倡导的"农业工业化"和"农村城镇化",是否有必要从生态论角度作出可持续发展的进一步反思？对于诸如此类的问题,生态哲学和环境伦理学表现出浓厚的兴趣。

现代工业文明同时造成了双重污染,即工业文明不仅给人类招来可以直观的生存环境的荒漠,而且也同时导致人的内心世界的荒芜,导致人文精神和人类文化的崩溃,这恰恰是生态环境问题的深层根源。国内有学者早就从文化人类学角度洞察到西方工业文明的弊端,从而发出历史前瞻性的反问:"随着人类征服自然能力的'进步',人类自身的生存反而受到了威胁。人们原来只是看到工业文明和科技进步给人类带来的好处,今天忽然发现,科学和技术也给世界带来了毁灭性的发展……人们原先期待,物质的进步将伴随以人类精神生活的丰富和道德境界的完善,但事实上,现代人正备受精神空虚和生存无意义的折磨。现代人在'富裕的异化'中活得并不快活。人们发现,物质进步了,精神却在颓废。"①并由此进一步追问:"鉴于目前的能源、资源危机,我们脑子里是否可以生出一丝预感:西方工业文明是否也恰如其他盛衰的文明一样,不过是一个短命的文明,而非代表人类历史普遍规律的必然趋向？我们是否可以对自己问一句:在中国搞全面大工业化并非明智之举,那么在一种中等程度或适度工业化的条件下继续保持一种'准农业文明',是否具有历史合理性？"②

回溯历史可知,近代资本主义以"羊吃人"的实践样式拉开自身发迹的序幕之后,货币资本化过程中的产业选择却只是对于工业大生产情有独钟,逐渐把农业逐步排斥在它的视野之外。工业文明的原料和立足根基是直接依赖于农耕文明的,因而在某种程度上也曾经促进了农业的发展。而工业文明的进一步深化和拓展,便同步造成了生态环境的破坏和农耕文明的没落。有论者

---

① 河清:《现代与后现代》,中国美术学院出版社 1998 年版,第 369 页。
② 同上书,第 374 页。

做过这样的描述："养牛场的经营是这样的：先放火烧掉大片的森林，再用推土机清整，然后养植牧草，若干年后即放弃变成红土荒漠！"①直接毁坏农田林木、对抗和葬送农耕文明的工业文明，在地球上带来了前所未有的环境污染，气体、液体、固体等各种工业废料与日俱增地污染着天空、陆地、湖河和海洋。被这种污染了的环境包围着的现代人类，越来越难以喝到干净的水、呼吸到洁净的空气、吃到生态（无公害）的食品。随着世界人口的增长、粮食需求的增加，农业技术的进步必然导致农业生产的全面工业化，而农业工业化的直接后果，是作物和牧草的多样性遭到破坏，生物基因库中品种的减少，使基因对病虫害的抵抗能力随之降低，于是便造成对作物的灾难性破坏，尤其大面积耕作的作物更是如此。

马克思在评弗里德里希·李斯特的著作《政治经济学的国民体系》时，曾经对工业大生产排斥农业的趋势作出理论的预见，并对工业化的农业形态进行认真的分析与批判："土地的开垦一经达到一定的程度，大工厂工业——当然，这里不包括像北美这样一些还有大量土地可供开垦而保护关税一点也不能增加土地数量的国家，——肯定就具有束缚土地生产力的倾向，正如从另一方面说，用工厂方法经营农业，就具有排挤人和把全部土地（当然是在一定的限度之内）变成牧场从而用牲畜取代人的倾向。"②工业文明所业已造成的能源危机和生态破坏的严峻现实，不能不使现代人产生疑问："工业文明是否也要像人类历史上曾经兴废过的诸文明一样，有朝一日也归于衰亡？低技术、低效率的农耕文明是否会在工业文明衰亡后重新再起？"③马克思揭露了大工业和大土地所有制的危害："小土地所有制的前提是：人口的最大多数生活在农村，占统治地位的，不是社会劳动，而是孤立劳动；在这种情况下，财富和再生产的发展，无论是再生产的物质条件还是精神条件的发展，都是不可能的，因而，也不可能具有合理耕作的条件。在另一方面，大土地所有制使农业人口减少到一个不断下降的最低限量，而同他们相对立，又造成一个不断增长的拥

① 河清：《现代与后现代》，中国美术学院出版社 1998 年版，第 297 页。
② 《马克思恩格斯全集》第 42 卷，人民出版社 1979 年版，第 267 页。
③ 河清：《现代与后现代》，中国美术学院出版社 1998 年版，第 289 页。

挤在大城市中的工业人口。由此产生了各种条件,这些条件在社会的以及由生活的自然规律所决定的物质变换的联系中造成一个无法弥补的裂缝,于是就造成了地力的浪费,并且这种浪费通过商业而远及国外。"①马克思对于传统小土地所有制和大土地所有制进行了比较:"如果说小土地所有制创造出了一个半处于社会之外的未开化的阶级,它兼有原始社会形式的一切粗野性和文明国家的一切贫困痛苦,那么,大土地所有制则在劳动力的天然能力借以逃身的最后领域,在劳动力作为更新民族生活力的后备力量借以积蓄的最后领域,即在农村本身中,破坏了劳动力。大工业和按工业方式经营的大农业共同发生作用。如果说它们原来的区别在于,前者更多地滥用和破坏劳动力,即人类的自然力,而后者更直接地滥用和破坏土地的自然力,那么,在以后的发展进程中,二者会携手并进,因为产业制度在农村也使劳动者精力衰竭,而工业和商业则为农业提供使土地贫瘠的各种手段。"②这是中国在建立市场经济体制和实行现代化的道路上,需要立足于农业大国的国情,认真加以警惕和反思的重大问题。

后工业时代复兴的农耕文明,绝非人类历史的机械重复或倒退,它将在一方面继承传统农业的生态、有机、循环以及保护植物遗传资源或生物多样性的优势,在另一方面又是对于以往一切文明形式的扬弃与超越。在著名后现代农学家、澳大利亚国家级工程"绿色澳洲项目"主任大卫·弗罗伊登博格看来,后现代农业是一种再生性的循环农业。所谓"再生"的意思是指,后现代农业必须更新自己,而不是依赖外部投入以矿物燃料为基础的农业化学品。他将再生农业的基本要求归结为如下四条规则:"(1)必须认识并尊重土地的潜力。(2)裸露土壤是对地球的犯罪。(3)应普及彻底生物化的、太阳能化的农业方法。(4)应尽量拓展并维护各种生态体系服务。"③

在维护自然生态系统价值、以"两个尺度"相统一的原则推进中国生态文

---

① 马克思:《资本论》第 3 卷,人民出版社 2004 年版,第 918—919 页。

② 同上书,第 919 页。

③ [澳]大卫·弗罗伊登博格:《后现代农业原理》,《山西农业大学学报》(社会科学版) 2008 年第 5 期。

明建设的过程中,需要逐步实现两个根本性转变:一是从工业支柱产业向农业支柱产业的转变,即用生态农业、绿色农业的循环经济的正值,逐步克服和抵消现代工业浪费能源、污染环境的负值。二是从环境污浊的城市中心向亲近自然的农村中心转变,即逐步矫正现代城市建设中的反生态误区。首先,避免建设过多、过大、过高的城市建筑群,在城市建设的总体规划中,要慎重设计,精心布局,减少或尽量避免"短命建筑";其次,要坚持生态建设原则,尤其在城市下水道系统中,逐步推广生态分流设施,把城市人群的粪便排泄物不再当做垃圾废水排入江河湖海,而是集中回收处理,用于化学能源和农业有机肥料,逐步实施"化肥替代工程";再次,在农村建设中,要尊重和保持农村传统的生态安居风格,不要盲目追赶所谓的城镇化潮流,自觉构筑防范现代城市工业污染和"现代病"的生态防线;最后,在发展生态农业的过程中,要有步骤地实施土壤治理、土壤改良、土壤保护工程,逐步改变无机农业的耕作方式,扭转化肥、农药污染破坏土壤、威胁农产品安全的被动局面,以农家有机肥料替代化肥,变无机农业为有机农业,以绿色农业的循环经济替代无机农业的反生态经济。这是中国走经济社会可持续发展道路的必然选择。

较之传统农业和工业化农业,后现代农业具有以下基本特征:

第一,高科技含量的高效富民经济。传统农业生产是低技术含量的手工劳动,效率低,笨重费力;现代农业虽然具有了高科技含量,但却严重污染生态环境;后现代农业则采用先进的科学技术手段,效率高,成本低,绿色生态,它所反对和拒斥的只是那些破坏生态环境的科学技术的研制与推广,防止科学技术损害生态系统价值的误用和滥用。

第二,全面开放的互补经济。传统农业是自给自足经济,现代农业虽然是开放经济,但其利益形式仍是个体的、狭隘的;而后现代农业中的个人,则以广泛的社会交往和经济交流,在实践中以全新的形式和内容趋向于马克思的"世界历史性的个人"的理想目标。后现代农业的生产形式不再是孤立、分散的个体生产,而是全面开放的集约化生产,其经济形态是突破地域性局限的交换——互补的"世界历史"经济。

第三,国际分工下的产业格局。传统农业是封闭的个体经济,现代农业是开放的个体经济或企业实体经济;而后现代农业将逐步趋于"世界互联网式"

的产业格局,在这种产业格局下,有利于充分发挥不同地域、不同民族、不同国家的区域经济优势,在国际分工的格局下彼此交流,互通有无,取长补短、优势互补。所以,后现代农业是广义的交往经济、全方位的开放经济。

第四,文化多元主义。传统农业中的个人是分散、封闭、孤立的自耕农,其生产活动不仅落后低效,而且容易导致优秀民族文化的悄然绝迹;而后现代农业则将是全球融通的"类经济"、"类文化",它在兼容不同民族的生产样式和民族文化的同时,并不妨碍任何一个民族的特色经济和特色文化的发展。

第五,价值多元主义。传统农业和现代农业的价值追求,仅限于物质生活需求层面的经济效果,而后现代农业则兼容多样化的价值取向,其生产结果既可以满足人们的物质生活需要,又可以满足人们的精神文化生活需要和生态环境需要,还可以赋予农业生产过程和结果以娱乐的、审美的意义。因此,后现代农业将同时涵摄生活资料的生产、人类自身的生产、生态环境的生产和艺术审美的生产。

总之,后现代农业是后工业时代的农业发展形态,它的首要目的是为人类提供绿色、安全、健康的食品和愉悦的服务。建设和发展后现代农业虽然没有统一的固定模式,但对于它的基本特征则可以作出大致的理论抽象,如有论者曾经概括的"有机性、生态性、艺术性、效益性、永续性"①等特征。这就不仅突出了后现代农业的生态、健康与可持续特征,而且在克服传统农业封闭低效等弱点、矫正现代农业污染、破坏生态环境等弊端的同时,使未来农业从单纯物质化价值追求跨入了精神、审美的文化领域。

二、后现代农业与中国城乡格局

新中国成立以来,特别是改革开放以来,中国在农业发展方式方面,实现了由单一集体化农业经济向多种所有制并存的农业经济的转变,中国13亿多人口的粮食问题,已经得到基本解决,并达到自给有余的水平,其成就令人振奋。与此同时,我们也付出了巨大的环境代价:一是耕地资源的严重污染和流

---

① 余永跃、王治河:《当代西方的永续农业与建设性后现代主义》,《马克思主义与现实》2008年第5期。

失;二是农村草根化的生态人居环境遭到了污染破坏;三是饮食安全问题日益凸显;四是人与自然的关系日渐紧张,生态环境急剧恶化。有鉴于现代西式工业化农业所造成的负面效应以及我们自身的实践教训,人们越来越清楚地认识到,物质生活水平的提高固然必要,但不能忽视精神生活和文化建设;发展生产力固然必需,但不能因此而破坏生态环境;人类不能一味地向自然界索取,而必须尽到保护生态环境的责任。于是,后现代农业便成为我们必然的历史性选择。

当前,中国的人地矛盾已经十分尖锐,在连年正增长的人口压力下,耕地面积却急剧减少。其直接原因是大量农田被用于基本建设,其中主要是用于城市建设。具体体现在:一是新增城市用地数量巨大。我国城市数量已从新中国成立前的 132 个增加到 2008 年的 655 个,城市化水平由 7.3% 提高到45.68%。我国 100 万人口以上城市已从 1949 年的 10 个,发展到 2008 年的122 个。二是原有城市成几倍或十几倍、几十倍地扩建。三是农村的厂房、民宅基本建设用地占地数量剧增,同样是一个不争的事实。这样一来,一方面是城市基本建设空间或城市房地产业向农村的延伸,另一方面是农村的基本建设占用原有的耕地。于是,双方的合力共同挤压了中国人的农业用地和生存空间,人地矛盾接近了危机底线。

对于这些问题,大卫·弗罗伊登博格曾经给我们提出建议:"对于中国来说,挑战在于,要从自己过去和当前的那些高度污染能源和侵蚀土地的非持续性做法中吸取教训。挑战还在于,应创造一种后现代的'务农文化',其中有数百万的受过良好教育的富裕农民参加。而不应该是由少数人依靠矿物燃料、肥力枯竭的土地和大量的资金来经营一种'务农商业'。要发展一种后现代的'务农文化',关键在于创造在社会方面公正、在生态方面健康的种种成套的方法,它们将把农场和城市、城市和农村人的需要紧密地结合起来。一个后现代社会是否可能,这取决于一种后现代农业。"[①]他进一步作出中肯的分析和比较:"虽然现代农业暂时解决了养活 65 亿人的问题。但是,现代农业

---

① [澳]大卫·弗罗伊登博格:《后现代农业原理》,《山西农业大学学报》(社会科学版)2008 年第 5 期。

没有解决土壤侵蚀、土壤盐化以及农村贫困问题。更有甚者,现代农业虽然支撑着现代城市和经济,它却依赖矿物能源(煤、气和油),因此其基础摇摇欲坠……难道中国真的渴求发展与澳大利亚和美国相同的'现代'农业吗? 如果真的那样,那么,中国充分'现代化'的农业只需要1300万农民(中国人口的百分之一)。充分'现代化'的农业工业会让大约8亿人继续向业已拥挤的大城市大规模地迁移。这一迁移会迫使中国再建80个像北京、上海那样能容纳1000万人的城市。正如人们所见,这在美国、欧洲的大部分国家以及澳大利亚(它是全球最城市化的大陆)是可行的。然而,中国需要80个巨型城市吗? 或者说,是否存在着一种适于中国的后现代的未来? 就像世界上很多地方一样,对于澳大利亚的很多地方来说,要挽回局面已为时太晚。森林已经消失,剩下的是贫瘠的土地和遭罪的农民。我目前在'绿化澳大利亚'组织的工作就是帮助农民重新种植澳大利亚森林,以保持当地野生动物,恢复土壤肥力,改变河水质量。这将是一项长期的任务,需要新的思维和新的农业方法。现代农业不可能为澳大利亚提供将来。我们认为,中国别无选择,唯有发展一种独特的后现代农业。现代农业完全依赖矿物燃料,随后又要释放二氧化碳。它需要太多太多的人离开农村的家园,迁居到本就人满为患、遭到污染的大城市。现代农业是靠过去100年的发明创造发展起来的,它不可能以它现在的形式再持续100年了,更不消说1000年。必须发明一种后现代农业。"①他的这些分析和建议十分严肃、认真,贴近中国实际。立足于中国农业大国的基本国情,可以断言:农业将永远是中国的"基干产业",农民将永远是中国的"基干人群",这个"基干产业"的未来发展必将逐步超越传统农业,扬弃工业化的无机农业,步入生态、循环、高效、可持续的后现代农业;这个"基干人群"的未来生存样态,也将随之而步入生态、富庶、健康、愉悦、文明、和谐与全面发展之路。

一个时期以来,世界范围内流行着一个判定社会发展先进与否的公认标准,那就是城市化率的高低,即高城市化率的社会被认定为发达社会,低城市

---

① 　[澳]大卫·弗罗伊登博格:《中国应走后现代农业之路》,周邦宪译,《现代哲学》2009年第1期。

化率的社会被认定为欠发达社会或落后社会。由此派生的人口从业结构,便是农业从业人口与非农业从业人口的比例决定社会的基本面貌。比如说,美国的农业从业人口占全国总人口的3%以下,被认为是发达社会的重要标志;而中国至今仍有近9亿人口在农村,被认为是欠发达社会。这种逻辑在中国的推演,便衍生出中国新农村建设的如下两种选择:一是大量人口从农村向城市转移;二是把所有的农村都建设成城镇——960万平方公里的土地上布满城市高层建筑,所有原来的农村消失得无影无踪之日,就是中国农村的城镇化实现之时。这种过于美好的理想尽管十分诱人,但却脱离中国国情,难以经受历史的检验。

诚然,对于经济相对贫困落后的中国广大的农村来说,其实际生活水平与城市存在较大差距。因此,在相当长的历史时期内,集中力量发展农村经济,提高广大农民的物质生活水平,将是中国新农村建设的主题。但是,从整体上和长远的观点看问题,新农村建设绝不仅仅是一个"城镇化"的问题。西方文明的源头在于"城邦文化",而中国文明的源头在于"乡土文化",中国的"乡土文化"之根必将是中国现代发展的历史依据和重要特色。可是,多少年来,"消灭城乡差别",切断"乡土文化"之根,却似乎成了中国人的美好愿望,农村人和城里人相比,总觉得自己"低人三分",盼望早日过上城里人的生活,这尽管是可以理解的,但却未必是明智的最佳选择。从对于当代人生活质量的全面考察衡量中,人们不难发现,人的需要结构正在发生重大变化,特别是"环境需要"逐步地上升为人的重要生活需求,诸如人们对于清洁饮水的需求、对于清新空气的渴望、对于宁静无噪音环境的期盼等等,如今竟然越来越成为常人生活的"奢望"。于是,"先进的农村,落后的城市"的文明"倒挂"格局,尽管至今都尚未进入多数"现代人"的视野,但在实际上它早已经存在并将日益凸显,中国生态文明建设中的"农村包围城市"的态势将不可避免,以"乡土文明"为基干的现代生态文明的浪潮迟早会到来。

美国著名生态学家奥德姆在其《生态系统的发展战略》一书中写道:"一般来讲,人类一直致力于从土地中获得尽可能多的'物质生产资料',其方式是发展及维持生态系统的早期演替类型,通常是单一的农业经营。但是,人类当然并不是仅靠食物和纤维就可以生活的,他们还需要二氧化碳和氧气保持平衡比例的大气层、由海洋和广阔植被所提供的气候保护以及文化与工业需用的清洁用水(那是不能生产的)。很多生命循环的基本资源,除了供娱乐和审美需要的资源之外,基本上都是由缺乏'生产创造力'的土地提供的。或者说,土地不仅是一个供应仓库,而且也是一个家——我们必须生活于其中的家。"①当然,作为反映和体现中国传统农业文明的乡土文明,历来都具有二重性,即分散性、封闭性、滞后性与亲近自然、勤劳诚实、生态和谐同时并存,而后者则恰恰为人们提供了熟悉的"家园感"与天然温情。现代技术理性与疯狂的物欲追求,在孕育工业文明的同时,却产生了巨大的负面效应和历史局限性,过分膨胀的经济祈向普遍地导致了人的异化与自然的异化这样双重的异化现象,带来了人的意义的失落与自然价值的沉沦,加剧了人与自然的二元对峙,助长了现代化城市文明排斥或吞噬乡村文明的倾向。中国的乡村社会,实际上已经被强制性地嵌入了工业化、城市化、市场化的再生产轨道,"在今天的中国行政版图上,几乎每天都有约 70 个村落消失。原有的传统村落社会网络被打破"②。原有农村的"消失"有着各种不同的形式:有的变成了工厂区;有的变成了新型城市公寓;有的虽仍保留其传统的人居外貌,但村里只剩下了老人和孩子,村庄成了往返于城乡打工者临时歇脚的处所。从建设生态文明的发展维度说来,乡土文明不能简单地被城市文明所替代,因为,这两种文明形式各有所长,二者的同时并存,有利于两者的相互补充,共同发展。广袤的农村较之于"现代褊狭"的城市具有较多的潜在生态优势。的确,工业文明造就了无数现代化大都市,极大地改变了人们的生活方式,使众多的人们享受到了现代文明成果。然而,事物总是具有两面性,现代化在给人们带来巨大财富和丰裕生活的同时,也给人们带来了众多的困惑、"贫困"与环境灾难:交通拥挤、空气污染、人际紧张、噪声弥漫、水源污染、温室效应,成为困扰城里人的突出生活难题。与此不同的是,远离城市的偏远农村,往往是另一派景象:空气清新、饮水清洁、生活宁静、人与自然和谐一体。城乡相比较,究竟何者生活质

---

① [美]唐纳德·沃斯特:《自然的经济体系——生态思想史》,侯文蕙译,商务印书馆 1999 年版,第 426 页。

② [法]H. 孟德拉斯:《农民的终结》,李培林译,社会科学文献出版社 2005 年版,第 1 页。

量更高一些,究竟哪种生活环境更有利于人的生存与可持续发展？恐怕不能简单化妄作结论。现在看来,城市的"丰裕中的贫困"与农村的"贫困中的丰裕"已经同时存在于我们的现实生活之中。

近代以来的工业文明,以现代化科技手段征服自然为主要特征,它为人类创造了大量物质财富,极大地拉动了人类的消费;它在唤起个人经济权利的普遍觉醒的同时,也促使人们对于物欲和金钱的追求日益达到了难以遏制的程度。从而在发展经济、不断提高消费水平的过程中,激化了物质生产发展与资源能源短缺的矛盾、经济发展与生态环境的矛盾,最终导致了人与自然关系的全面紧张,令人类和自然同步陷入生态危机之中,以至于人类要想继续生存,就必须在工业文明的活动范式下改弦更张,从扬弃"现代化"的异化中扬弃人的异化。

有人以为,发达国家已经享受到了工业现代化的成果,而发展中国家却迟迟落在后边,不仅生产力相对落后,而且生活水平也普遍低下。因此,对于发展中国家,全面实现现代化无疑是正确的经济发展战略。但在现代化进程中屡屡置人于困境的生态环境灾难和其他相关的困难却频频降临,这就不能不令我们警醒:"现代化"是否也应该加以认真反思？它能够给我们带来的究竟是福还是祸？或者说,现代化带来的"福""祸"比例究竟是多大？

三、后现代农业与中国的生态文明建设

当前,建设"资源节约型、环境友好型"的新农村,是体现科学发展观的本质要求,全面推进中国农村经济社会发展的战略举措;后现代农业是继承传统有机农业和扬弃现代无机农业的综合过程,是对现代农业污染破坏生态环境的根本性修复。因此,中国的"两型"农村建设,必然与后现代农业的发展彼此同步,并且应该在后现代农业发展的基础上逐步得以实现,而不能脱离农业生产的生态、高效的历史性变革而孤立地实施所谓的"农村城镇化"工程,更不能使新农村建设沦为现代工业经济发展的附属物,企图靠"城市反哺农村"去实现农村的"城镇化"。

具有中国特色的"两型"农村建设和后现代农业选择,一方面是对西式现代无机农业进行反思和超越的结果。在这个意义上,中国的"两型"农村建设

必然是高于西式农村建设的后现代文明形式,后现代农业是扬弃工业化农业的生态农业。按照农村经济社会和农业生产同步推进的发展战略,我们将会逐步建设一个资源节约型、环境友好型、农民尊重型、社区繁荣型、审美欣赏型的后现代新农村,走出一条既符合世界生态化潮流、又适合中国国情的新农村建设和"后现代农业"之路。

中国选择的"两型"农村建设和后现代农业,另一方面是对中国几千年来的传统农村习俗和传统农业的清理、反思、继承和发展的结果。在这个意义上,中国的"两型"农村建设必然是中华民族优秀文化的继续,后现代农业必然是对中国传统农业的亲近自然、有机生态、绿色循环、有益于健康、维护生物多样性等耕作方式的珍惜、继承和发扬光大。这一历史继承性的顺延,将使我们所选择的后现代农业在生产物质生活资料的同时,兼顾精神文化建设和生态环境建设,走出一条具有中国特色的富民、强国的生态文明建设之路。

被我们所扬弃和超越的"现代农业",实际上原指"现代西式农业",它在西方又被简称为"工业式农业"或"石油农业"。现代农业普遍采用高水平无机化学农用制品,进行大规模单一品种连续耕种的规模化农业生产。第二次世界大战后,现代农业所带来的短期高速增长曾经令世人瞩目,但是,由于现代农业竭泽而渔的生产方式,其发展的局限性和导致的生态危机日益凸显。现代农业的弊端可概括为:榨取地力、危害健康、巨耗资源、污染环境、破坏生态、误导经济、扰乱社会、侵蚀文化。

现代化农业不仅在历史上和现实中是西方世界的农业生产样式,而且,在全球经济一体化的过程中,它已经在世界范围内得到了普及和蔓延,中国的现代化农业也毫不例外地受其影响。所以,现代化农业带给人类的沉痛教训,不单是西方世界的教训,同时也是中国的教训。现代农业的教训之一,就体现在它发展生产力过程中的如下特点。

1. 用牺牲人和人的本质力量发展生产力

按其本质来说,生产力的发展不仅意味着人占有自然力的手段、从事生产活动的方式以及谋取生活资料的效率的发展和提高,而且意味着人的才能、素质和本质力量的发展,是人本身的自我发展。把马克思的用语"Produktivafte"译为"生产力"(Productive forces),其实是不确切的,而应译为"生产能力"

（Productive powers）则更加接近马克思的本意，也更能反映生产力的工具价值与目的价值相统一的属性。生产力在实质上是将物统摄于人自身的发展过程，是工具价值与目的价值相统一的双重发展过程。但是，长期以来的发展生产力却被片面误解为"物的发展"、"工具的发展"和"财富的增殖"，从而几乎忽略了其中人的本质力量发展的实质。马克思曾经深刻指出："工业的历史和工业的已经生成的对象性的存在，是一本打开了的关于人的本质力量的书，是感性地摆在我们面前的人的心理学；对这种心理学人们至今还没有从它同人的本质的联系，而总是仅仅从外在的有用性这种关系来理解。"①如果把发展生产力的意义仅仅局限于经验生活的效用层面，而忽略了其中所蕴涵的人的对象性活动的本质，忽略了人的本质力量的发展和人生价值的文化意义，那就是用外在工具价值淹没了人自身发展的内在价值，用物的价值淹没了人的价值。对于资本主义条件下生产力发展的反人道性，马克思作出过多次的深刻批判，他一贯反对那种把人的能力混同于或者等同于人以外的"水力、蒸汽力、马力"，从而贬低人的能力的意义的观点，并由此揭示资本主义条件下生产力中的伦理悖论："因为机器就其本身来说缩短劳动时间，而它的资本主义应用延长工作日；因为机器本身减轻劳动，而它的资本主义应用提高劳动强度；因为机器本身是人对自然力的胜利，而它的资本主义应用使人受自然力奴役；因为机器本身增加生产者的财富，而它的资本主义应用使生产者变成需要救济的贫民。"②机械化程度的提高，一方面是增强了农业抵御自然灾害的能力，另一方面则降低了农民热爱自然、保护生态环境的自觉意识。

2. 用掠夺自然资源、破坏生态环境发展生产力

在经济利益驱动下，现实中发展经济的常见模式就是赌上环境代价，结果堵塞了经济社会可持续发展的后路，甚至招致难以预料的生态恶果。国内有论者曾经对美国西部城市波兹曼和中国贵州的一个山区作出了颇有生态环境韵味的分析比较：波兹曼是美国西部一个风景优美的城市，那里的空气清新，水源清洁，环境宜人，但经济发展水平却偏低，家庭年收入两万美元左右，低于

---

① 《马克思恩格斯全集》第 3 卷，人民出版社 2002 年版，第 306 页。
② 马克思：《资本论》第 1 卷，人民出版社 2004 年版，第 508 页。

美国年均家庭收入三万美元的水平。而当地拥有蕴藏量很大的白金矿,假如开发该矿便可足以使该地区的经济迅速崛起,立即提高当地居民的收入水平。但是,当地的居民和历届竞选议员的人士在环境保护方面的共识却是惊人的一致——宁要环境幽雅、青山绿水的高质量生活,不要赌上环境、破坏生态的短期致富。而我国一些地区的做法却与此相反,如贵州有一个山区,原本是一个绿水青山、环境优美之地,可惜在地方政府的鼓励下,当地居民在没有采取任何环保措施的条件下,进行土法炼铅。几年时间,空气中弥漫的铅粉等有毒物质将附近的树木花草全部毒死,方圆 150 多平方公里的地区,再也没有一条干净的河流,居民饮水需从外地购买矿泉水;铅粉污染还严重损害了当地居民的健康,一些人的眼睛被铅毒熏瞎,患上了不治之症。如此以"人体健康和生存家园为代价所获得的人均收入提高,这样的'发展'对人类又有什么意义?"①当然,赌上环境代价以祈求眼前经济发展招致生态祸患的,远不止贵州的个别山区。假如继续用破坏生态环境的短期行为去发展生产力,其结果必然很难给人们带来好运。

3. 用刺激和膨胀人的需求结构发展生产力

处于动态变化中的人的需求结构,与人本身的自由全面发展并非是始终相吻合的,而是彼此存在着"互补"关系与"互斥"关系。因此,发展生产力的正面导向,在于谋求人的正向的健康需求或"真实需求"的满足,防止和矫正那些用刺激或拉动人的负面需求或"虚假需求"的满足来充当经济发展杠杆的错误倾向。这就是说,经验层面上所谓发展生产力的"赚钱生意",并非都是值得肯定的,只能以是否有利于人的健康全面发展为标准。根据这一原则,在非法的毒品生意之外,还存在诸多值得反思和矫正的经济现象。比如,烟草的生产和销售,农药、化肥、化学添加剂的生产和销售等,这类生产,在今天几乎成了财政收入的重要角色和经济发展的有机内容,成了人们须臾不可离开的生产—生活需求。然而,这些生产链条所产生的有害于人体健康和有害于生态环境的后果,正在日甚一日地显现出来,很值得人们去认真面对和深刻反思。

---

① 何清涟:《我们仍在仰望星空》,漓江出版社 2001 年版,第 390—391 页。

　　发展生产力是为了谋求人类的幸福,因此必须符合人道主义和伦理原则。这就涉及"幸福与德行"的关系这样一个哲学史上的千古难题。在古希腊哲学那里,"斯多亚派主张,德行是整个至善,幸福仅仅是意识到拥有德行属于主体的状态。伊壁鸠鲁派主张,幸福是整个至善,德行仅仅是谋求幸福的准则形式,亦即合理地应用谋求幸福的手段的准则形式。"①这里的分歧,在于德行和幸福之间,究竟是谁涵摄谁的主从问题。但二者的统一或一致的属性,却是显而易见的。而康德的解决方式,则是采取了"逻辑在先"的原则,他设定纯粹道德法则作为命令,认为:"至善为这个存在者的那个愿望添加了一个条件,也就是幸福,亦即这些理性存在者的德性,因为只有它包含着他们据以能够希望凭借一个智慧的创造者之手享有幸福的标准,盖缘从理论上来考察,智慧意指对至善的认识,而从实践上来考察,它意指意志与至善的切合。"②于是,他便在至善的纯粹道德法则的基础上,完成了德行与幸福的统一。

　　哲学史上康德所试图实现的幸福与德行的统一,是先验设定的纯逻辑路径,它同现实人的生活与活动并不具有同构性,因而很少具有切实的价值论意义。从主体角度或人的对象性活动看问题,发展生产力以谋求人的幸福的过程,必须受制于伦理规范的审视与规约;放眼历史和世代人的幸福,发展生产力必须受制于环境伦理规范的审视与规约。概略说来,后现代农业发展生产力将遵守以下基本原则:

　　第一,在以目的价值统摄工具价值的前提下,突出发展生产力"为人"的价值论原则。生产力的发展首先是人的本质力量的发展,是为了满足人的需要而同时提升人自身的能力和谋求生活资料的手段,因此,在任何情况下都不能撇开人的需要和人本身的发展去孤立地发展生产力。如果一边发展生产力,一边却引起人的普遍工具化嬗变,人的体力和智力同时受到扭曲和摧残,人的精神或主观感受遭到折磨,那么,这种所谓的发展生产力就是反人道、反主体的历史衰变过程。其结果,生产力成了有碍于人的发展的"异在",这只能是有违主体利益的反生产力或负生产力。

---

① 康德:《实践理性批判》,韩永法译,商务印书馆2003年版,第123页。
② 同上书,第143页。

第二,在坚持人与环境和谐发展的前提下,突出发展生产力的经济价值与生态价值相统一、自为主体与对象主体相和谐的生态论原则。人类主体和非人类生命体都具有自身需要和满足其需要的"价值期盼",并且彼此间具有"一荣俱荣、一损俱损"的相互依存和相互制约关系。因此,经济价值与生态价值不仅是同等重要的,而且,在可持续发展的意义上生态价值往往重于或内涵着经济价值,发展生产力就有必要同时兼顾经济价值和生态价值,并有一种生态价值优先的博大胸怀,以有利于双重主体的生存发展与和谐共处。对于当今时代的人类来说,更加重要的素质和能力是要自觉遵循生态伦理规范,学会同时对自身负责、对环境负责、对后代负责,在发展生产力的活动过程中,力求促使生产资源的可再生性、生产过程的可持续性、生产产品有利于双重主体的安全、健康与良性发展的生态性。

第三,在兼顾当前利益和长远利益相统一的基础上,突出发展生产力的可持续性原则。所谓发展生产力的可持续性,主要包括:其一,生产资源的可再生性,禁忌做那些"吃了上顿没下顿"、"今朝有酒今朝醉"的自断后路的事情,不要赌上环境代价只图一时的所谓发展;其二,生产过程的开放性与可循环性,超越那种"生产—消费—废品"的传统模式,遵循"生产—消费—再生产"的循环互补的生产模式,把不同层次、不同流程的生产门类彼此渗透和交叉互融于统一的整体生产过程;其三,生产效果的生态性与对象性,生产过程作为人的对象化活动,本质上既是自觉的,又是自由的。所谓"自觉",就是对于生产活动的"外在尺度"的自觉内化和遵循,力求达到活动结果的"合规律性"。所谓"自由",就是对于生产活动的"内在尺度"的自觉体悟和尊重,力求使活动结果内在于主体,展示出生产活动全面实现人的价值的幸福感和无上的美感与荣光,防止生产过程与结果成为游离于人和有害于人的"异化过程"。

坚持发展生产力的人道原则、生态原则与可持续原则,就需下大气力转变思维方式和行为方式,自觉走出以下误区。

第一,走出自然资源无限论的误区。有限的自然资源分为可再生资源与不可再生资源两大类,其中,那些不可再生的自然资源具有一次性消耗的特点,消耗与丧失是直接同一的,因此值得人们格外地加以珍惜;可再生资源本身的再生过程也是有条件和有限度的,人们必须尊重和积极创设这些条件,自觉尊重资源再生的限度,而不能无视或破坏这些条件,不能认为资源的再生是无度的随意过程。比如绿色植被是能源转化的重要中介,破坏植被无异于对资源再生过程的釜底抽薪。人类对于自然资源的开发与利用,不应超越自然界本身的承受能力,不能违背自然界本身的演化程序,否则,就必然遭受自然法则的惩罚。

第二,走出人类中心论的狭隘价值论误区。在"人类中心主义"与"自然中心主义"的长期争论中,双方都在一定程度上内含着不同的狭隘"工具论"倾向:前者试图让自然界单方面地充当满足人类需要的"工具";后者则试图让人类消极被动地充当满足自然界需要的"工具"。这样两种相反的"工具论"的深层理论预期在于,试图殊途而同归地走出"全球问题"带给人类的深度困境。这样一来,两种恰正相反的狭隘"工具论"的对立形式,集中表现为用一种"片面性"去克服另一种"片面性",双方各自坚守着不同的"中心",于是,"强化中心、贬斥外围","强化统一、取消差异",便是双方共同的"用价值要素取代价值系统"的片面化思维方式。事实上,人文价值也好,自然价值也好,它们都是广义价值系统的构成要素,这些不同的价值要素,究竟谁对于整体价值系统起关键作用,将始终依据不同的条件发生着变换或转化,不存在固定的绝对不变的"中心"。按照现代系统论的基本原则,在彼此联系和相互作用的系统与环境、要素与系统、要素与要素之间,从来不存在所谓的绝对"中心",一旦人为地预设了这样的"中心",人的思维活动与实践活动便必然遭到严重的限制与扭曲,从而也就难以取得理论思维的实质性推进和实践活动的开放式拓展,这在发展生产力问题上是特别值得警惕的。大量事实证明,一切破坏生态环境的所谓发展生产力,终究都不可能有令人满意的结果。

第三,走出"先发展,后治理"的末端治理误区。由于生态环境的保护是一项极其复杂的综合工程,其中已知因素与未知因素共存,涉及许多至今尚属未知的深层领域,以至于有些环保动机、环保行为不仅未能取得预期的环保效果,反而适得其反,引起破坏环境的实际后果。按照生态论原则,土地产出的有机物,经过一定的新陈代谢环节之后,其废弃物还需还给土地。但是,在现代化的各大城市中,处理人畜粪便的办法却是以所谓环境卫生的要求,通过下水道设施将其排出,不仅不归还给土地,而且严重污染水源,切断新陈代谢的本来链条,破坏生态环境。国内有专家研究指出,目前城市环境建设中,出现了一系列值得注意的问题:拔除野草,清扫落叶,不适当地处理垃圾,引起城市土地荒漠化;在城市"绿化"建设中,种草只选色绿的,甚至不惜高代价地跨时空引进异地品种,用人工"恢复自然植被"的办法搞绿化,结果破坏了本地的草木资源;在城市绿地建设中还出现了"灯光工程",安装射灯,为植被照明,不仅增加了"光污染"和"温室效应",而且干扰了植物的"暗反应",搅乱了昆虫和鸟类的栖息地;个别城市出现了"硬化河床"工程,治理河道,把河床硬化,结果破坏了天然河床的"过滤"功能,引起严重的水质污染。① 凡此种种,致使环保动机与环保后果严重背离,如果不对此加以认真反思和矫正,后患无穷。所有这些现实问题及其解决,都预示着后现代农业与生态文明建设的历史同步性。

追溯人类社会经济发展的历史过程,大致经历了三种经济模式:第一种是传统"线性经济模式"。这是一种"资源—产品—污染排放"单向流动的线性经济,在这里,人们对资源的利用是粗放型、一次性的,在持续不断地消耗资源中实现经济的数量型增长。第二种是生产过程的"末端治理经济模式"。随着经济发展与环境污染的同步运行,迫使人们逐步意识到环境保护的重要性,于是,便设法采取措施治理被经济活动所污染与破坏的环境。这种"亡羊补牢"的做法,要求技术水平高,治理成本大,从一个足够大的经济周期内计算,成本与收益的正负价值相抵消,预期效益常常不能令人满意,甚至往往会出现"负效益"的最终结果。第三种是循环经济模式。人们经过反思前两种经济发展模式,逐步把经济活动组织提升成为"资源—产品—再生资源"的反馈式经济运行序列,使物质能量得到合理、充分而持久地利用,从而把经济活动对于自然环境的负面影响降低到最低限度。这是一种以可持续发展的经济运行方式对于传统线性经济模式和末端治理经济模式的根本性扬弃与超越,是经济增长方式的一次革命。循环经济的主要原则是"低消耗、少污染、资源重复利用",提倡生态生产、生态消费、节能环保、变废为宝。

20 世纪 70—80 年代以来,随着可持续发展理论的兴起与逐步完善,人们

---

① 　参见李皓:《我国城市环境建设中的问题和出路》,《新华文摘》2001 年第 10 期。

对生态环境问题的认识不断提升或趋于自觉。人们从自身所面临的生态困境中认识到,生态环境问题不仅是人与自然的关系问题,更是人类自身的问题,是涉及人类生存的现状与未来命运的大问题。因此,从生态文明的高度审视和改善生态环境状况,就成为迫在眉睫的时代话题。当代人类既不能再以牺牲环境代价片面地追求经济的发展或物欲的满足,也不能再以牺牲未来人类的继续发展为代价而只图眼前的暂时利益。

所谓生态文明,是人类文明的高级形态。它以尊重和维护自然生态系统为主旨,以可持续发展为目标,以人类未来的持续发展为出发点。生态文明的基本内容体现为人与自然相和谐、人与人相和谐、人与社会相和谐、人与自身活动成果相和谐。这就意味着,生态文明必然强调人的自觉与自律,强调人与自然的相互依存、相互促进、共处共融。这种文明观同以往的农业文明、工业文明具有共同点,即都主张在改造自然的过程中发展社会生产力,不断提高人的物质生活水平。但它们之间也有着明显的差异,即生态文明突出生态环境的重要,强调尊重和保护自然环境,强调人类在改造自然的同时,必须尊重和爱护自然,而不能在开发、占有和利用自然资源的过程中随心所欲,为所欲为。

人类对于文明的认识是一个长期的历史过程。按照马克思主义的观点,文明是相对于野蛮而言的。从社会形态的角度看,迄今为止人类已经经历了奴隶文明、封建(中世纪)文明、资本主义文明、社会主义文明;从生产方式的角度看,人类又经历了农业文明、工业文明等。但从生产方式角度看的以往的文明,其着眼点主要是物质财富的增加,是物质生产能力的提高,人类物质生活的改善。这当然没有什么不对。因为在生产力水平很低或比较低的情况下,人类对物质生活的追求总是居于第一位的,所谓"物质中心"的观念也是很自然的。然而,随着生产力的不断发展,人类物质生活水平的提高,"物质中心"的观念和实践却引发了严重的负效应。特别是工业文明造成的环境污染、资源匮乏、生态破坏、气候异常、"城市病"蔓延等等全球性问题的产生和发展,促使人类越来越深刻地认识到,物质生产的发展和物质生活的提高是必要的,但不能忽视精神生产和精神生活;发展生产力是必要的,但不能因此而破坏生态环境;人类不能一味地向自然索取,而必须保护生态平衡,为自然生态系统的持续运行与和谐发展作出人类应有的贡献。

20世纪七八十年代,随着各类全球性问题的加剧以及经济危机、"能源危机"的冲击,在世界范围内开始了关于"增长的极限"的讨论,各种环保运动逐渐兴起。正是在这种情况下,1972年6月,联合国在斯德哥尔摩召开了有史以来第一次"人类与环境会议",讨论并通过了著名的《人类环境宣言》,从而揭开了全人类共同保护生态环境的序幕,这意味着环保运动由民间活动上升到了政府行为。伴随着人们对公平(代际公平与代内公平)作为社会发展目标认识的加深以及对一系列全球性环境问题达成共识,可持续发展的思想随之形成。1983年11月,联合国成立了世界环境与发展委员会,1987年该委员会在其长篇报告《我们共同的未来》中,正式提出了可持续发展的模式。1992年联合国环境与发展大会通过的《21世纪议程》,更是高度体现了当代人对可持续发展理论的认识。由此可知,生态文明的提出,是人们对可持续发展问题认识深化的必然结果。

根据中国当今所面临的人地矛盾和城乡格局现状,建设生态文明需要遵守以下基本原则:一是要尊重自然的内在价值,有效遏制为了片面追求人的利益而随意污染环境、破坏生态的短视行为;二是要珍惜耕地资源,警惕和制止把大批耕地转变为房地产商业用地和城市盲目扩大的基建用地;三是要尊重传统农村的人居环境,尊重农村民俗,把农村的建设和农业的发展同步纳入生态文明建设轨道,防止为发展经济而污染破坏生态环境,警惕基本建设失度地侵占耕地资源,矫正城乡资源分配悬殊的倾向。

四、生态文明:人的自由全面发展的美好前景

文明是人类文化发展的积极成果,是人类改造对象世界和实现自身的物质成果、精神成果和环境成果的总和。如果说农业文明是"黄色文明",工业文明是"黑色文明",那么生态文明就是"绿色文明"。

自古以来,从历史阶段划分,人类文明经历了三个阶段:第一阶段是原始文明。在石器时代,人们必须依赖群体的力量才能生存,物质生产活动主要靠简单的采集渔猎,为时上百万年。第二阶段是农业文明。铁器的出现使人改变自然的能力产生了质的飞跃,为时一万年。第三阶段是工业文明。18世纪英国工业革命开启了人类现代化生活,为时三百年。从文明的构成要素的类别划分,人类文明的主体是人,体现为人们改造自然和反省自身的结果,包括物质文明、制度文明和精神文明。从文明分布的空间范围划分,文明具有多元性,如东方文明、西方文明、非洲文明和大洋洲文明等。其中,还可作若干的微观细分,如东方文明中,又包括中国文明、印度文明和南亚文明等。

罗尔斯顿曾经指出,虽然人类比其他生命物种有着更为优越的实践能力和生存方式,但最终还是要与自然环境相互适应。人类终究摆脱不了作为生态系统的普通一员的身份,这种身份使得人类的存在也应当具有双重的价值,这就是既要实现人自身的存在价值,也要为实现自然的存在价值履行人类的义务。人类所形成的环境道德的品格既不是完全由自然所赋予的,也不仅仅是发自于人类的内在良知,而是人与自然相互作用的结果。"这种力量最少也肯定是关系性的,是从人与自然的遭遇中产生出来的。如果从最大限度上说,那我们在自己这坚强和完善的生命中认识到并表现出来的,正是自然赋予我们的力量与善。"①当然,罗尔斯顿也意识到,自然并不总是向我们展现善的力量,有时也会呈现冷漠、残暴的一面。但是,"生态的观点试图帮助我们在自然的冷漠、残暴与邪恶的表象中及这表象之后看到自然的美丽、完整与稳定"②。

环境伦理学对于自然的道德关怀的理论根据。西方环境伦理学从价值论角度入手,力求从对自然的事实性追问中确立环境伦理学的价值论基础。罗尔斯顿认为,自然是有其价值的,是价值的承载者。这种价值不仅是对人而言的工具性价值,而且是有其内在价值的,它并且对于整个自然生态系统来说具有与其他价值主体互利的、用以维持自然生态系统运演的系统价值。这是一种不可否认的客观性事实。不承认这一点,所谓自然价值就失去了本真的根基。但是,这并不意味自然价值就是一种自为的东西,它似乎可以完全脱离人的意识而独立存在,而是要受到人的感知和评价。人类这种感知和评价的能力并非是先天的、先验的,而是要经常得益于自然的启迪和引导,"认为一切

---

① [美]H.罗尔斯顿:《哲学走向荒野》,叶平等译,吉林人民出版社 2000 年版,第 73 页。
② 同上书,第 76 页。

价值全都是由于我们的制作,而没有什么价值是由于我们所处的场景,那就错了。诚然,有一些意识的状态是有价值的,但这些状态中有些是由意识的自然客体引导而形成的"①。人作为评价主体与作为评价客体的自然之间,实际上存在着一种"生态关系"。

从总体上看来,罗尔斯顿是站在生态整体主义的立场上对人类中心主义的价值观发出了责难,认为这种价值观忽视了人与自然关系的性质,扭曲了该关系的内涵。这种责难不无道理,因为从极端人类中心主义的立场出发,是很难建立起彻底的环境伦理学理论的。这就促使罗尔斯顿把理论目光转向了自然,试图从对自然的价值关怀中确立环境伦理学的理论基石。他倡导人们要重新审视自然的性质,重新定位人类在自然界中的位置。在这个意义上,一方面有限度地承认自然主义的合理性;另一方面,要防止过于倚重自然生物的本能特征,从而轻视人的主体性、自觉性、能动性和创造性。

相对于西方环境伦理学的自然主义强势的理论倾向,人类中心主义观点在西方环境伦理学中属于相对弱势的理论声音,它以维护"人"的立场的理论姿态来回应自然主义的理论诘难。这种回应的基本理论态度就是:人类关心自然的最终目的还是关心人类自身,不论我们对自然作出何种理论思考和经验感受,也不论我们对人类的环境行为作出多少政策性的规范和具体实践的限定,都无非还是关注人类自身的现实存在和未来发展。因为作为人,人们首先只能从人自身而不是从他物的立场出发,这是人类不言自明的目的。正如美国现代人类中心论者默迪所说的那样:所谓人类中心就是说人类被人评价得比自然界其他事物有更高的价值。在这个意义上,所谓的环境道德其实仍然还是对人而言的道德,而不是一种纯粹的对自然而言的关切。当然,人类中心主义者也声称,从人自身的立场出发,主张保护人类自身的利益与保护自然环境的利益并不矛盾。因为,自然环境是渗透着人类利益的环境,即便是出于人类自身利益的考虑,也应当关心自然环境的存在与境况,更应当为此而建立一种道德观念作为人类环境行为的理论支撑。

这种人类中心主义的观点看到了自然主义过于强调自然的事实上的理论

---

① 　[美]H. 罗尔斯顿:《哲学走向荒野》,叶平等译,吉林人民出版社 2000 年版,第 184 页。

误区所在,也认识到人对自然的"伦理性"的理论表达应当向人自身回归,这些看法都有一定的合理之处。但问题的关键在于,这种人类中心主义并未能阐释清楚环境伦理学应当怎样向人自身回归,虽然它在理论上强调人自身的立场,却忽视了人与自然的关系的性质,忽视了人类在从自然获取利益的同时对于自然界应尽的义务,从而也就在根本上忽视了作为万物终极归属的自然生态系统家园。所以,这样的人类中心主义是否就是"人"的立场还有待澄清,也难以有效回应自然主义的理论诘难。

三百年来的工业文明,以人类征服自然为主要特征。现代化大工业的发展,驱使征服自然的文化遍及世界,一系列全球性的生态危机,标志着地球再也无力支撑工业文明的继续发展,这就需要开创一种新的文明形态以延续人类的生存、维护自然生态系统的持续演化,这就是生态文明。

西方环境伦理学中的自然主义与人类中心主义这两种理论观点各执一端,双方都没有能够解决环境伦理学的理论出发点和理论根据问题。于是,我们在扬弃现代工业文明、建设生态文明的过程中,除了参照吸收马克思主义生态论思想资源、西方生态学马克思主义思想资源以及西方环境伦理学的有益成果的同时,还需要认真追溯和继承中华民族"天人合一"的文化传统,在尊重自然、保护环境、积极开展环境生产的过程中,逐步提升人的生态理念和自然情怀;在自然价值的应然生成与人的价值的应然生成和谐统一的过程中,切实促进后现代生态文明建设和环境伦理建设,维护自然生态系统的稳定有序与持续演化,把人的全面、和谐、可持续发展推向新的历史阶段。

作为人类历史的高级文明形态,生态文明的生成过程中将发生一系列根本性转变:

首先,能源类型及能源开发消费观念的转变。伴随着生态文明的建设过程,能源类型将逐步从"石油能源"的基本类型向"低碳能源"的类型转变,即以太阳能源、水力能源、风力能源、植物能源、动物能源及其转化形式为主要能源类型的新能源结构系统将逐渐形成。与之相联系,自然资源有限性理念以及普遍爱惜自然资源、循环利用能源、避免高耗能高排放的节能减排的观念将日益深入人心。

其次,生产和生活方式的转变。工业文明的生产方式,从原料—产品—废弃物的系列,是一个非循环性的过程;与此相应的生活方式是以物质享受为基本原则,以高消费为主要特征,以对物质财富的尽量多的占有为幸福的标准,以对能源、资源的大量消费为拉动、支持、刺激和贡献经济发展的基本动力。生态文明条件下的社会形态,则是致力于建设以环境资源承载力为前提、以"两个尺度"相统一为准则、以人与自然的可持续发展为基本内容的环境友好型社会。与之相适应,这里的一切生产活动和生活方式,将在经济适度发展的基础上,成为快乐、享受、愉悦、有效的实际过程;人的生活方式将是以尽量少的消费实现尽量多的幸福,提倡实用、节约、和谐与适度合理消费,在追求闲暇时间和全面满足需要的过程中,崇尚环境舒适、心情舒畅、思想自由、文化高雅和审美愉悦。

再次,伦理价值观的转变。西方"主客二分"的文化传统认为:只有人是主体,自然界的生命和整个自然界是人的对象;因而只有人有价值,其他生命和自然界没有价值;因此只能对人讲道德,无须对其他生命和自然界讲道德。这是工业文明人统治自然的哲学基础。生态文明认为:不仅人是主体,自然也是主体;不仅人有价值,自然也有价值;不仅人有主动性,自然也有主动性;不仅人依靠自然,所有生命都依靠自然。因而,人类要尊重自然生命和自然界,人与其他生命共享一个地球,应当彼此和谐相处。无论是马克思主义的人道主义和西方的生态论主张,还是中国的"天人合一"的传统文化,都内含着一个共识性的原则:即把人性原则与生态原则有机统一起来,全面实施这一原则的社会形态将是人类社会的理想形态;生态文明是后现代的高级文明形式。在这里,人与自然的生态和谐以及人与人、人与社会、人与自身活动成果之间的协调发展,将是一切生命形式的存在和每个人自由全面发展的前提或基本特征。

最后,科学精神和人文精神的高度统一。中国"天人合一"的传统文化中所固有的生态和谐观念的内涵,马克思主义生态理论和西方马克思主义、生态学马克思主义的研究成果,为当今时代的生态文明和环境伦理建设提供了宝贵的思想资源;指导中国发展战略的科学发展观,在引领中国和世界的持续和谐发展的过程中,逐步促使和完善科学精神与人文精神的辩证统一关系,把科学精神的合理性限定在人文精神可包容的限度以内,把"人定胜天"的片面理念逐步提升和发展为"天地人和谐"的生态理念和基本文化形态。人与自然在生态论实践的中介之下的相互生成、和谐共在的本真关系的张扬,将成为后现代的主流伦理与主流文化信仰。

参 考 文 献

一、专著类

1.《马克思恩格斯选集》第 1—4 卷，人民出版社 1995 年版。

2.《马克思恩格斯全集》第 1、3、18、19、32、40 卷，人民出版社 1995、2002、1964、1963、1998、1979 年版。

3. 马克思:《1844 年经济学哲学手稿》，人民出版社 2000 年版。

4. 马克思:《资本论》第 1—3 卷，人民出版社 2004 年版。

5. 亚里士多德:《形而上学》，吴寿彭译，商务印书馆 1981 年版。

6. [德]康德:《实践理性批判》，韩水法译，商务印书馆 1999 年版。

7. [英]罗素:《西方哲学史》上卷，何兆武、李约瑟译，商务印书馆 1997 年版。

8. [美]H. 罗尔斯顿:《环境伦理学》，杨通进译，中国社会科学出版社 2000 年版。

9. [法]费尔南·布罗代尔:《资本主义的动力》，杨起译，三联书店 1997 年版。

10. [德]马克斯·韦伯:《新教伦理与资本主义精神》，彭强、黄晓京译，三联书店 1987 年版。

11. [英]A. N. 怀特海:《科学与近代世界》，何钦译，商务印书馆 1989 年版。

12. [美]赫伯特·马尔库塞:《单向度的人——发达工业社会意识形态研究》，张峰、吕世平译，重庆出版社 1988 年版。

13. [德]海德格尔:《路标》，孙周兴译，商务印书馆 2000 年版。

14. ［英］A. J. M. 米尔恩：《人的权利与人的多样性——人权哲学》，夏勇、张志铭译，中国大百科全书出版社 1995 年版。

15. ［美］奥尔多·利奥波德：《沙乡年鉴》，侯文蕙译，吉林人民出版社 1997 年版。

16. ［美］H. 罗尔斯顿：《哲学走向荒野》，叶平等译，吉林人民出版社 2000 年版。

17. ［德］哈贝马斯：《交往行为理论》第 1 卷，曹卫东译，上海人民出版社 2004 年版。

18. ［英］戴维·佩珀：《生态社会主义：从深生态学到社会正义》，刘颖译，山东大学出版社 2005 年版。

19. ［日］池田大作、［意］奥瑞里欧·贝恰：《二十一世纪的警钟》，卞立强译，中国国际广播出版社 1988 年版。

20. ［美］卡洛林·麦茜特：《自然之死》，吴国盛等译，吉林人民出版社 1999 年版。

21. ［美］巴里·康芒纳：《封闭的循环——自然、人和技术》，侯文蕙译，吉林人民出版社 1997 年版。

22. ［美］唐纳德·沃斯特：《自然的经济体系——生态思想史》，侯文蕙译，商务印书馆 1999 年版。

23. ［法］H. 孟德拉斯：《农民的终结》，李培林译，社会科学文献出版社 2005 年版。

24. ［美］艾伦·杜宁：《多少算够——消费社会与地球的未来》，毕聿译，吉林人民出版社 1997 年版。

25. ［美］约翰·罗尔斯：《正义论》，何怀宏、何包钢、廖申白译，中国社会科学出版社 2009 年版。

26. ［美］丹尼斯·米都斯等：《增长的极限》，李宝恒译，吉林人民出版社 1988 年版。

27. ［美］弗兰克·梯利：《西方哲学史》，葛力译，商务印书馆 1995 年版。

28. ［美］威廉·巴雷特：《非理性的人——存在主义哲学研究》，段德智译，上海译文出版社 2007 年版。

29. ［美］约翰·贝拉米·福斯特：《马克思的生态学》，刘仁胜、肖峰译，高等教育出版社 2006 年版。

30. ［美］弗·卡普拉:《转折点》,冯禹等译,中国人民大学出版社 1989 年版。

31. 孔汉思:《世界伦理新探——为世界政治和世界经济的世界伦理》,张庆熊主译,道风书社 2001 年版。

32. 高清海:《高清海哲学文存》第 2 卷,吉林人民出版社 1996 年版。

33. 叶秀山:《哲学作为创造性的智慧》,江苏人民出版社 2003 年版。

34. 刘仁胜:《生态马克思主义概论》,中央编译出版社 2007 年版。

35. 余谋昌:《生态哲学》,陕西人民教育出版社 2000 年版。

36. 梅雪芹:《环境史学与环境问题》,人民出版社 2004 年版。

37. 河清:《现代与后现代》,中国美术学院出版社 1998 年版。

38. 王荫庭:《普列汉诺夫读本》,中央编译出版社 2008 年版。

39. 万俊人:《伦理学新论》,中国青年出版社 1994 年版。

40. 万俊人:《思想前沿与文化后方》,东方出版社 2002 年版。

41. 郭齐勇:《传统道德与当代人生》,武汉大学出版社 1998 年版。

42. 赵汀阳:《论可能生活》,三联书店 1994 年版。

43. 李德顺:《价值新论》,中国青年出版社 1993 年版。

44. 李德顺:《价值新论》,云南人民出版社 2004 年版。

45. 曹飞:《生成价值论》,中华地图学社 2006 年版。

46. 张志伟:《是与在》,中国社会科学出版社 2001 年版。

47. 张怀承:《天人之变——中国传统伦理道德的近代转型》,湖南教育出版社 1998 年版。

48. 蒙培元:《人与自然——中国哲学生态观》,人民出版社 2004 年版。

49. 许纪霖:《另一种启蒙》,花城出版社 1999 年版。

50. 易小明:《社会差异研究》,湖南人民出版社 1999 年版。

51. 郑易生、钱薏红:《深度忧患——当代中国的可持续发展问题》,今日中国出版社 1998 年版。

52. 易小明:《文化差异与社会和谐》,湖南师范大学出版社 2008 年版。

53. 孙伟平:《价值差异与社会和谐》,湖南师范大学出版社 2008 年版。

54. 崔永和:《思维差异与社会和谐》,湖南师范大学出版社 2009 年版。

55. 崔永和等:《全球化与生态文明论纲》,当代中国出版社 2002 年版。

56. 段德智:《主体生成论——对"主体死亡论"之超越》,人民出版社 2009 年版。

57. 黄鼎成等:《人与自然关系导论》,湖北科学技术出版社 1997 年版。

58. 王炯华:《李达评传》,人民出版社 2004 年版。

59. 何清涟:《我们仍在仰望星空》,漓江出版社 2001 年版。

二、论文类

1. 张岱年:《论价值的层次》,《中国社会科学》1990 年第 3 期。

2. 毛如柏:《我国的环境问题和环境立法》,《新华文摘》2008 年第 17 期。

3. 余永跃、王治河:《当代西方的永续农业与建设性后现代主义》,《马克思主义与现实》2008 年第 5 期。

4. [澳]大卫·弗罗伊登博格:《后现代农业原理》,《山西农业大学学报》(社会科学版)2008 年第 5 期。

5. [澳]大卫·弗罗伊登博格:《中国应走后现代农业之路》,《现代哲学》2009 年第 1 期。

6. [澳]大卫·弗罗伊登博格:《后现代农业原理》,《山西农业大学学报》(社会科学版)2008 年第 5 期。

7. [韩]金圣震:《环境历史和生态危机的起源》,《南京林业大学学报》(人文社科版)2005 年第 3 期。

8. 赵汀阳:《论道德金规则的最佳可能方案》,《中国社会科学》2005 年第 3 期。

9. 赵汀阳:《我们和你们》,《哲学研究》2002 年第 2 期。

10. 王庆节:《道德金律、忠恕之道与儒家伦理》,《江苏社会科学》2001 年第 4 期。

11. 孙伟平:《马克思主义哲学中国化的路径选择——从"结合论"走向"创建论"》,《哲学动态》2007 年第 4 期。

12. 杨春时:《文学理论:从主体性到主体间性》,《厦门大学学报》(哲学社会科学版)2002 年第 1 期。

13. 罗炳良:《生态环境对文明盛衰的影响》,《新华文摘》2008 年第 6 期。

14. 胡军良:《论哈贝马斯的交往理性观》,《内蒙古社会科学》(汉文版)2010 年第 2 期。

15. 方立天：《佛教生态哲学与现代生态意识》，《文史哲》2007 年第 4 期。

16. 易小明：《从传统道德观的认识失误看"为个体道德"生成的艰难性》，《哲学研究》2007 年第 6 期。

17. 王雨辰：《马尔库塞的科技——生态伦理价值观》，《江苏行政学院学报》2004 年第 5 期。

18. 王雨辰：《西方马克思主义技术理性批判的三个维度》，《中南财经政法大学研究生学报》2007 年第 2 期。

19. 王雨辰：《论生态学马克思主义的生态价值观》，《北京大学学报》（哲学社会科学版）2009 年第 5 期。

20. 王雨辰：《略论我国生态文明理论研究范式的转换》，《哲学研究》2009 年第 12 期。

21. 王治河：《后现代主义的三种形态》，《国外社会科学》1995 年第 1 期。

22. 王治河：《中国的后现代化与第二次启蒙》，《马克思主义与现实》2007 年第 2 期。

23. 王治河：《中国式建设性后现代主义与生态文明的建构》，《马克思主义与现实》2009 年第 1 期。

24. 王治河：《建设一个后现代的五型新农村》，《江西社会科学》2010 年第 3 期。

25. 王治河：《后现代精神与后现代思想家的风骨——从敢于向霸权说"不"的格里芬谈起》，《浙江工商大学学报》2009 年第 2 期。

26. 王治河：《别一种生活方式是可能的——论建设性后现代主义对现代生活方式的批判及启迪》，《华中科技大学学报》（社会科学版）2009 年第 1 期。

27. 王治河：《后现代主义的实践意义——克里福德·柯布访谈录》，《马克思主义与现实》2005 年第 2 期。

28. 李皓：《我国城市环境建设中的问题和出路》，《新华文摘》2001 年第 10 期。

29. 王国进、窦德才：《火葬未必是最佳的殡葬取向》，《社会》1997 年第 12 期。

30. 崔永和：《生态价值：深化价值论研究的前沿视域》，《河南师范大学学报》（哲学社会科学版）2008 年第 4 期。

31. 崔永和:《发展生产力的多维路径及其生态伦理审视》,《人文杂志》2008年第6期。

32. 崔永和:《生态思维普适化与生态实践本土化的辩证统一》,《河南师范大学学报》(哲学社会科学版)2009年第5期。

33. 崔永和:《坚持"以人为本":从"两种生产"到"三种生产"》,《青海社会科学》2009年第6期。

34. 崔永和:《论人的价值研究维度的现代转换》,《河南师范大学学报》(哲学社会科学版)2005年第2期。

35. 王嘉川:《气候变迁与中华文明》,《学术研究》2007年第12期。

36. 董慧:《后现代农业是可能的——"后现代(生态)农业与西部开发"国际学术研讨会综述》,《马克思主义与现实》2008年第5期。

37. 姚忆江:《"祥祥"之死:野外生存的弱者》,《南方周末》2007年6月21日。

38. 郭建光:《河南沈丘癌症村》,《健康文摘报》2007年10月31日。

39. 沈彻:《不要为"烟草第一大国"感到骄傲》,《东方早报》2008年1月22日。

40. 王聪聪:《民调显示仅8%民众满意所在城市规划 短命建筑缘何屡现?》,《中国青年报》2010年2月23日。

后 记

本书为湖南省普通高等学校重点研究基地"差异与和谐社会研究中心"资助项目。书稿诞生的背景，一是当今生态危机和环境灾难的频频降临，令我们萌生了强烈的生命意识和生态忧患；二是绿色运动从世界的西方到东方的普遍勃兴，不断为扬弃工业文明的人文思潮输送新的活力，从而为反思现代性、前瞻后现代环境伦理学提供了可能。我们虽然明于理论研究的社会作用极其有限，呼吁生态文明的微弱声音实在难以抵挡大机器的轰鸣声和资本规则称霸世界的威力，然而却深信，无论人类追求生态舒适的"彼岸世界"的道路多么漫长，物欲的疯狂终究要代之以理智文明的消费，绿色、正义、人道、天地人和谐的生态良知终究会普遍地渗入人的心灵。

全书共八章。导论和第一、二、八章，由崔永和执笔；第三、六、七章，由张云霞执笔；第四、五章，由崔越峰执笔。崔永和负责全书统稿。

在本书的撰写过程中，承蒙吉首大学哲学研究所（原伦理研究所）、政治与公共管理学院、马克思主义学院，以及新乡学院社科部、新乡医学院社科部等单位的领导和同仁的关心、配合与支持；吉首大学哲学研究所温馨浓郁的学术氛围，为孕育和催生书稿发挥了特殊的重要作用；我们以中外学人为师，认真借鉴和参照了相关研究成果；承蒙人民出版社的领导、同仁及钟金铃编辑的关心、鼓励和热情支持，他们为本书的顺利出版付出了辛勤的劳动。在此，一并致以深深的谢意！

限于条件，本书纰漏错失之处在所难免，敬请学界同仁不吝指正！

作 者

2010 年 6 月 4 日

责任编辑：钟金铃
装帧设计：王春峥

图书在版编目（CIP）数据

走向后现代的环境伦理/崔永和 等著. -北京：人民出版社,2011.2
ISBN 978 - 7 - 01 - 009560 - 8

Ⅰ.①走…　Ⅱ.①崔…　Ⅲ.①环境伦理学-研究　Ⅳ.①B82 - 058

中国版本图书馆 CIP 数据核字(2010)第 257845 号

走向后现代的环境伦理
ZOUXIANG HOUXIANDAI DE HUANJING LUNLI

崔永和　等著

人 民 出 版 社 出版发行
(100706　北京朝阳门内大街 166 号)

北京瑞古冠中印刷厂印刷　新华书店经销

2011 年 2 月第 1 版　2011 年 2 月北京第 1 次印刷
开本：710 毫米×1000 毫米 1/16　印张：17
字数：260 千字　印数：0,001-2,500 册

ISBN 978 - 7 - 01 - 009560 - 8　定价：35.00 元

邮购地址 100706　北京朝阳门内大街 166 号
人民东方图书销售中心　电话 (010)65250042　65289539